自然と楽しくつき合うために

# ほんとの植物観察 1

## ヒマワリは日に回らない

室井 綽・清水美重子｜著

地人書館

# まえがき

二〇年前、皆さんに自然に対して目を開いていただくための贈り物として、『ほんとの植物観察』を世に出しました。そして、時代は二〇世紀から二一世紀に変わり、私たちを取り巻く環境は目まぐるしく変化し、人々の自然に対する考えも、ずいぶん変わりました。しかし、自然に関心を持つことの重要性は、いつの時代も変わるものではありません。動植物の生活を知ることによって、生命の尊さを知り、自然の仕組みに感動や驚嘆を覚え、いっそう自然に対する愛着がわき、ひいては発見・発明のきっかけをつかむことにもなるのです。

本書では、その目的に向かって、「見る工夫」と「見させる工夫」に重点を置き、野山でふつうに見ることのできる植物を選びました。皆さんが日頃、どれだけ関心を持って植物を見ているのかを、「うそっ！　ほんと？」で試していただけるよう、絵には全力を注ぎ、何度も手直しをしました。それらの絵から来るおもしろさをより広げるために、人間生活との結びつき、観察のポイント、栽培のコツ、その植物にまつわる話題などを補いました。

こうして、試行錯誤を繰り返しながら出版に漕ぎ着けた本書は、おかげさまでたいへん好評を博し、「続編を」という力強い声に後押しされ、新たな植物選びを始めました。そして、最後のまとめをしていた矢先の一九九五年、阪神淡路大震災に襲われました。偉大な自然に畏怖の念を禁じ得ませんでしたが、多くの方々の励ましにより、『ほんとの植物観察』を出してから一二年目のこの年、『続 ほんとの植物観察』を出すことができました。

この間、世間の人々の環境や自然に対する関心はますます高まり、ガーデニングブームを迎えますが、一方では、バブル期の乱開発などにより、豊かな自然は急速に減り、悲しいことに、それまで身近でごくふつうに目にしていた植物までもが、どんどん数を減らし、観察しにくくなるような状況も生じてきました。

そこで、『続』では、庭やベランダで栽培される園芸植物や、食卓にのぼる野菜や果物にも対象を広げ、身近なものから自然を見つめ直していくことにしました。打明け話をすれば、何十年も山野を歩いて植物観察をしてきた著者らでさえ、最近になって、ヤマコウバシの葉のつき方や、カギカズラの鉤のつき方が、図鑑に描かれている通りではないことを発見し、改めて注意深く観察することの大切さをひしひしと感じ、同時に自然を守ることへの思いを強くしたのです。

そして、現在。一九九二年に「生物多様性条約」が締結され、日本も生物多様性国家戦略を策定し、今年は「自然再生推進法」も施行となりました。環境保全への取り組みの必要性が、世界レベルで欠くことのできない状況となった今、ますます自然を見る目を養うことの重要性が高まっています。

そこで、本書も時代に合わせて見直し、新装改訂版として、再度送り出すこととなりました。観察する植物そのものには変わりはありませんが、生育地の破壊に伴い野生種は激減、園芸界ではバイオテクノロジーの発展によって品種改良が進み、次々に新しい植物が作り出されています。一方では、増加する外来種による生態系や環境に及ぼす影響など、二〇年前にはそれほど注目されなかった新たな問題も生じています。そこで、「植物の話題」では、こうした最新の情報も盛り込みました。

そしてこのたび、『ほんとの植物観察』『続 ほんとの植物観察』は、『ほんとの植物観察1』『ほんとの植物観察2』となって、生まれ変わりました。

読者の皆さんには、本書で取り上げたこれらの材料を起点に、植物を見る目や、愛着を持つ姿勢などを養ってもらうとともに、自然を正しく理解してほしいと思います。また、そのことが、日本の美しい自然を守り、育て、皆さんの生活にも潤いが生じるものと信じています。

最後になりましたが、新装改訂版の出版に当たり、地人書館の津田啓さん、塩坂比奈子さんにはたいへんお世話になりました。深く感謝申し上げます。

二〇〇三年三月

室井　綽

清水美重子

# もくじ

## 《花》



## 《実》

うそっ!ほんと?

# みんなアサガオです

《大輪の咲く順序に並べられますか?》

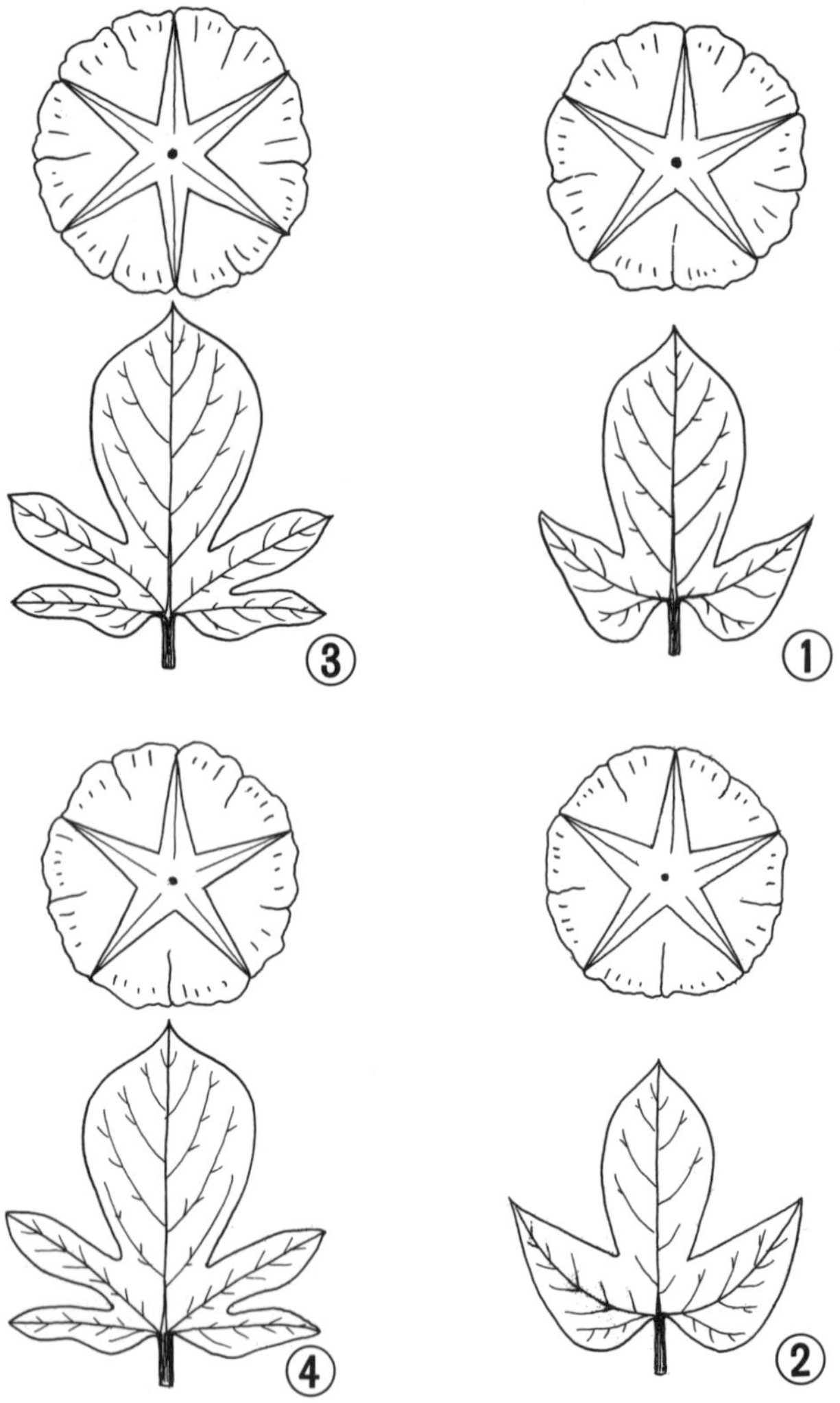


## アサガオ

ヒルガオ科

昔は、秋の七草の「アサガオ」に、外来種のアサガオ、ヒルガオ、ムクゲなど、いろいろな花があげられました。「朝顔は朝露負ひて咲くといへど夕影にこそ咲きまさりけれ」を見ると、夕方に美しいとあるので、正午にしぼんでしまう外来のアサガオは不適格ですし、ヒルガオでは優雅さに欠けます。また、ムクゲは朝に開いて、夕方にしぼみますが、しぼむ寸前が最も美しいので、なるほどと思えます。

一方、万葉の歌人山上憶良《やまのうえのおくら》は「秋の野に咲きたる花を指折り……」と野に咲いた花をいっているので、アサガオやムクゲのような庭に植えられた花ではありません。それでキキョウ説が浮上してきたのです。キキョウは夏から秋に青紫色の花を開き、朝露を受けた花は秋の野の秀逸で、いまでは秋の七草の一種としてすっかり定着しています。

### 蔓は左巻き

アサガオの蔓《つる》は左巻きです。ある文芸雑誌に、南半球では蔓は右巻きになると書かれていました。これはおもしろいと思って、先年、アメリカからメキシコ、ペルーに至る旅をしたときに注意して見ましたが、私の見る限りでは、すべて左巻きでした。

　どうしてか不思議に思いましたが、左巻き、右巻きの定義が、南米と日本とでは反対であっただけのこと、つまり巻き方には世界的な決まりがないということで納得しました。

## 観察のポイント

　蕾《つぼみ》の開く機構というか、花びらのほぐれ方の秘密を見たいのは、子どももおとなも同じで、それも短時間に見ることは、いっそう興味深いことです。それで翌日開花する蕾を選んで、夕方、図のような多少厚手の黒い紙帽子をかぶせておき、翌朝、全員揃ったところで帽子を取って見せます。同じものを二、三個準備しておき、時間を追って観察させます。その急激な開き方を見て、驚異の眼をもって記録することでしょう。

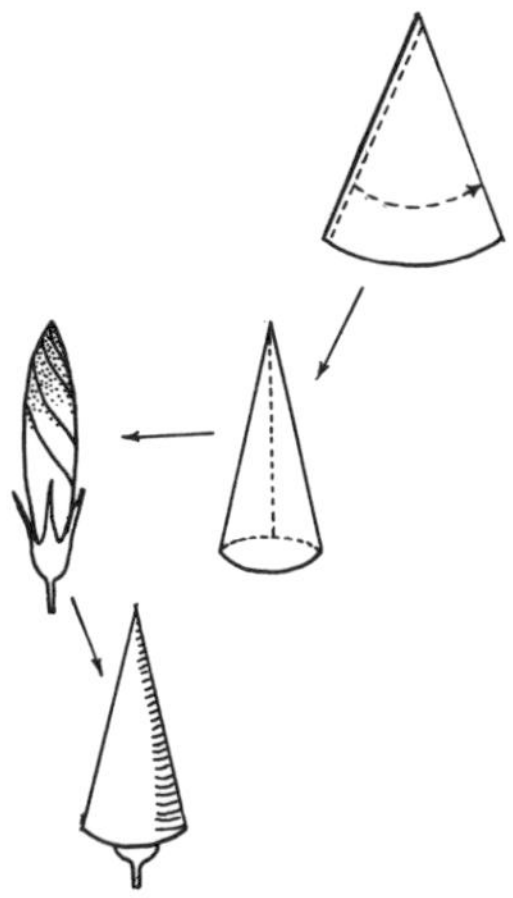

　なお、設問の図は、葉と花の大きさを同一にしてあります。葉が斑《ふ》入りでとんぼ型というのが、大きな花の咲く条件です。それで一番大きな花が咲くのは図③で、とんぼ葉、花は六曜《よう》(六枚の花びらが横でくっついたもの)からなっています。次は図④で葉はとんぼ型ですが、花は五曜です。図③、④ともに斑入り葉で、発育がよいと、細胞間隙が広くなって空気を含み、白い斑が入ります。三番目の花は図①で、葉の中央の裂片が大きいもの、最も小さい花は、図②の中央裂片の小さいもので、これは野生型です。

## 大輪を咲かせる

　本来、左巻きであるアサガオの蔓を、無理に巻き替えて右巻きのアサガオを作ってみましょう。蔓を柔らかい紙のこよりで毎日右巻きにくくる作業をすると、同一品種では五〜一〇ミリほど大きい花が咲きます。

　右巻きにすると、ホルモンの一種のエチレンが伸長生長を抑えるので、花へ行く栄養が多くなり、それによって花つきをよくし、かつ大きい花が咲きます。盆栽作りで針金を巻くのや、葉水を掛けるのもエチレンの働きを利用したもので、これによって花つきをよくし、大きな花を咲かせるのに役立っています。

　発芽したばかりの苗は、最も屈光性が著しいので、軒下などのように一方だけから光の射す場所におくと、胚軸《はいじく》が屈曲してしまいます。屈光性の観察にはよいのですが、大きな花を咲かせるには、やはり日当たりのよい所で育てる方が、よい結果が得られます。

## 植物の話題

　アサガオの栽培熱は、江戸時代、とくに文化文政期（一八〇四—三〇年）にさかんになり、多数の突然変異が出現しました。『朝顔水《あさがおみず》鏡《かがみ》』（一八一八年）には、当時の変異体の花形と葉形とが図示されています。

　アサガオの蔓の巻き方は、本によって右巻きとも書いてあって、読む方で混乱をきたしますが、文部科学省が編集した指導書の中に「アサガオの蔓は左巻き」と書かれています。日本ではアサガオの蔓の巻き方や台風の回り方を「左巻き」、「左回り」といい表しています。

　しかし、蔓の巻き方、ねじの呼び方は、国によってさまざまです。

うそっ！ほんと？

# アジサイは萼のきれいな装飾花です

《正しいスケッチは何番？》

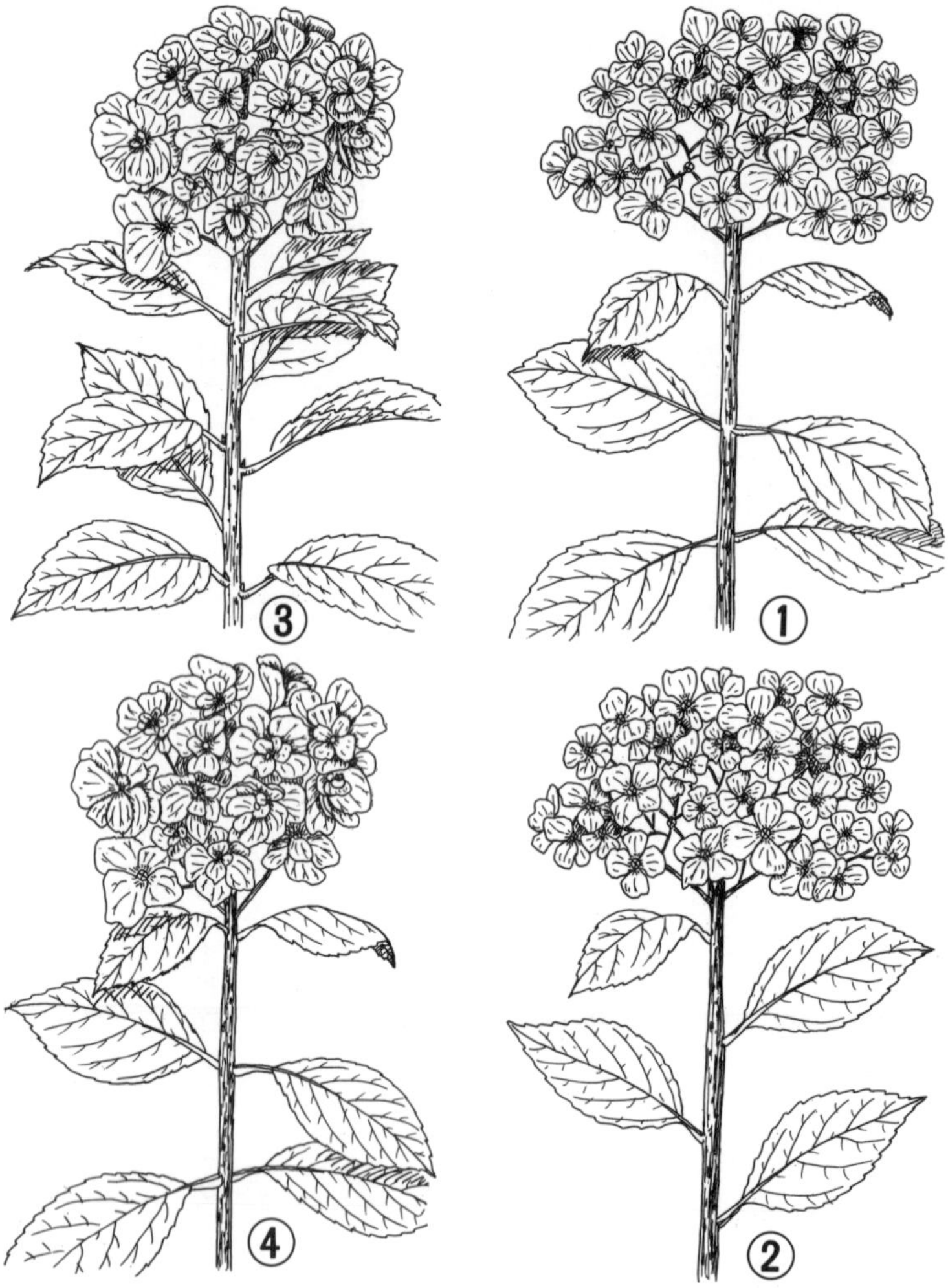


## アジサイ

ユキノシタ科

うっとうしい梅雨の時期を華やかに彩ってくれるのが、アジサイです。青い花がたくさん集まって咲くので、「集真藍《あづさあい》」が語源です。

江戸時代、アジサイの花に魅せられたシーボルトは、「ヒドランゲア・オタクサ」と、愛妻のお滝さんの名を学名にしました。彼が持ち帰ったアジサイは、たちまちヨーロッパ中に広がって品種改良が進み、近年、日本に里帰りして、「西洋《セイヨウ》アジサイ」とか「ハイドランジア」の名で親しまれています。

### 互生に多い見事な花

アジサイは日本に自生するガクアジサイの花序全体が装飾花に変化したもので、葉は鮮緑色で大きく、光沢があって、それだけでも観賞価値があります。ふつう葉は対生についていますが、三枚輪生の株もあれば、互生の株もあり、互生のものは見事な花をつけることが多いようです。

在来種のアジサイは葉が大きくて少し長めで、茎が緑色のものが多いのに対して、セイヨウアジサイは葉が厚くて丸味をおび、花茎が紫褐色に色づいていて、花色も鮮やかで変化に富んでいます。それで、在来の藍色の花を咲かせるものを「アジサイ」、西洋種を「ハイドランジア（花アジサイ）」と区別して呼ぶことがあります。

### 観察のポイント

アジサイの花で美しいのは花びらではなく、萼《がく》が変化した装飾花で、上下二枚ずつ四枚あって、それが相対してついています。ということは葉が対生で、上下二段が相接していることを意味しています。ときに五枚のものがありますが、それは異例です。その装飾花の真ん中に、マッチ棒の頭ぐらいの小さな花がつき、おしべとめしべが揃っていますが、不稔性なので実はできません。

庭園で多くのアジサイを観察してみると、ときに葉が互生になったものに出会います。この葉序に狂いがきたということは、花序にも狂いがきているということです。よく見ると、葉序が狂って右巻きになったものは、花序も右巻きになっています。これはヤエアジサイという半八重咲きの品種で、左巻きのものもあります。ときに三枚の葉が輪生することがありますが、このときも、装飾花は五枚か六枚です。葉序と花序とは一連のものだけに、葉序が異常だと花序も変わったものができているので、気をつけて見ると新しい発見ができるかもしれません。

図①はアジサイ、図③はヤエアジサイで、ともに実在のものです。図②は葉序が互生で、花序が十字対生、図④はその逆で、ともに実在しません。

### 挿し木でふやす

二一ページ「ガクアジサイ」の項を見てください。

### 植物の話題

アジサイの花の色は、時間とともに微妙に変化していきます。その原因は細胞の中に二酸化炭素が蓄積されると、水素イオン濃度が変化し、それによってアントシアンやフラボン系の物質も変化するからで、これほど正直に体内の変化を外部に現す花も少ないといえましょう。

また、アジサイは土壌の性質によって、花色が変わることも知られています。一般に酸性の土壌では青色はいっそう冴えて美しくなります。これは土の中のアルミニウムや鉄が、酸に溶解して吸収されるからで、鉄やアルミニウムが可溶性の状態で存在することを示すものといわれています。花の色を決めるのは、アントシアンやアルミニウム、さらに別の有機化合物（助色素）がお互いに作用し合うのではないかと考えられています。アルミニウムの吸収は窒素が抑制し、カリウムが助けるので、肥料によっても花の色は変わりますが、薬品などで極端に土壌の酸度を変えると、観賞価値はなくなるし、枯れる原因にもなります。

日本の土壌は酸性なので、一般に青色のものが多く見られます。しかし、ベニガクは酸性土壌でも美しい赤で、これは、品種の特徴です。

アジサイは日本のガクアジサイが母種の園芸品で、中国からの渡来品ではないので、「紫陽花」や「八仙花」「紫繍毬」などの漢名を用いるのは誤りです。紫陽花はライラックのこととといわれ、そもそもの間違いは『倭名類聚《わみょうるいじゅ》鈔《しょう》』（九三四年ごろ）を著した源　順《みなもとのしたごう》が、唐の白楽天の詩の中にあった紫陽花に、アジサイの名を当てたことによります。

現在、中国ではアジサイに「天麻裏花」「瑪哩花」「洋繍毬」などが使われています。

うそっ！ほんと？

# チョウチョ　チョウチョ　菜の葉に止まれ！

《正しい観察記録は何番？》

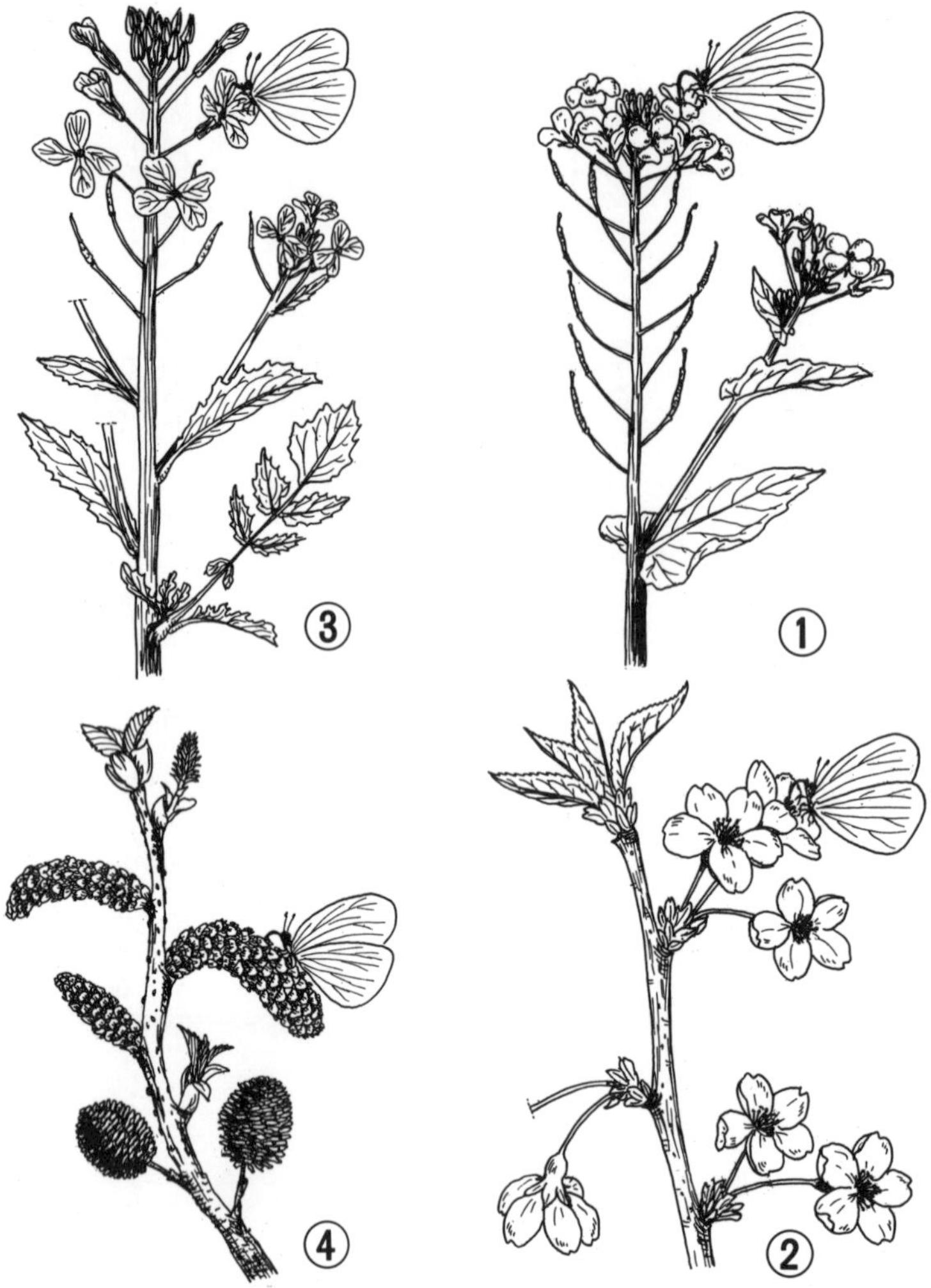


## アブラナ

アブラナ科

チョウチョ　チョウチョ
菜の葉に止まれ
菜の葉に飽いたら
サクラに止まれ

春らしいのどかな歌です。これを話題に取り上げてみました。

### 止まるのは花か葉か

この歌に登場するチョウは、モンシロチョウです。「菜の葉に止まれ」と歌っていますが、これは春の歌なので「菜の花に止まれ」の方がピッタリのような気がします。しかし、こうすると歌として語呂が悪いので、「菜の葉」となったのでしょう。情操教育的には「菜の花」として、花から花へ飛んで、花粉の媒介をする情景を頭に描いて歌う方が子どもの歌らしく、いっそう楽しみを増すことになります。

しかし、花ではなく葉に止まる理由は、別にあるのです。それは葉の中から絶えず放出されている芳香物質シニグリンの香りにつられて、モンシロチョウが卵を産みに来るからなのです。卵からかえった青虫に食べられてボロボロになった葉を思うのでは、情操教育としてはおもしろくありません。

さらに、「菜の葉に飽いたら花の上で休め」と歌うと、いっそうかわいらしさが増すように思いますが、「サクラ」ではちょっと意味がなさそうです。というのは、モンシロチョウはサクラの花に止まることがないからです。

いくら子どもの歌であっても、基礎はどこまでも科学的であってほしいものです。

### 観察のポイント

図①はアブラナ、図③はダイコンで、ともにアブラナ科の植物で、モンシロチョウが花への吸蜜と葉への産卵に訪れているので正しい図です。図②はサクラ（ソメイヨシノ）で、吸蜜にも産卵にも来ることがありません。図④はオオバヤシャブシで、これは花粉が風によって運ばれる風媒花なので、モンシロチョウが飛来することはありません。

ちなみにサクラは、ミツバチやハナアブの仲間などによって花粉が媒介されます。昔は野壺《のつぼ》、肥壺《こえつぼ》、汚水中に尾の長い白いウジ虫が泳いでいましたが、今日ではほとんど見られなくなってしまいました。これがハナアブの幼虫で、変態して成虫のまま越冬するので、早春の花にはとくに多く飛来するのです。このように、昆虫によって花粉が運ばれて受粉・受精する花を虫媒花といいます。

### 植物の話題

歌や俳句を拾っていると、非科学的なものが目に止まることがあります。歌などの味わい方、意味の取り方はなかなかむずかしく、安易に批判することはできませんが、そのよい例が次の俗謡です。

有明の灯す明かりは菜種なり
てふがこがれ会ひに来る

この歌では、モンシロチョウが灯火に飛来すると考えてはいけません。灯火に集まるのはガなので、本質的に違ったものであるとよく昆虫学者が書いています。この「灯す明かり」というのは灯火ではなくて、菜種が畑一面に咲いて、パッと明るくなった情景を「花明かり」と表現しているのです。だから、モンシロチョウがこの花明かりに誘われて、花から花へと楽しそうに飛んでいるという情景なのです。そう考えてみると歌も生き、作者の意にも添えるというものでしょう。

もし、花明かりを観賞するチャンスがなくて知らないと、せっかくの作者の意を汲むことができず、非科学的な歌であるといって非難することになるのです。

はじめの歌の中に「菜の花」とありますが、「菜の花」という名前の植物はありません。「菜」というのは食べられる植物の総称で、アブラナ科の植物だけを指すのではありませんが、この科に属する植物が多く、ミズナ、タカナ、スグキナ、ノザワナなど、数多くあげることができます。どれもみな四枚の花びらを持って十字形に並ぶと、さまざまな書物に書いてありますが、事実はX字形に並んでいます。孫引きのよい例で不思議でなりません。以前はアブラナ科のことを「十字花科」といったことも、先入観として間違いに拍車をかけているのではないでしょうか。

アブラナの花は花びら、萼《がく》とも四個、おしべは六本でそのうちの四本は長く、中央に一本のめしべがあります。長いおしべの葯《やく》は、蕾《つぼみ》のときは内側に向いていますが、開花すると葯の上部でねじれて外側を向き、訪れる虫に花粉がつきやすいようになっています。

14

うそっ！ほんと？

# イの花の上に座った気分はいかが？

《正しいスケッチは何番？》

## イ（イグサ）

イグサ科

「イ」は植物の中で一番短い名前ということで、よく話題になります。これ以上短いものは他にありません。あまりにも短すぎていいにくいとか、聞き違えやすいので、よく「イグサ」の名が使われます。イは住居に用いたところから「居」が語源で、畳表はイの花軸で織られています。つまり、私たちはイの花の上で寝起きしているといってもいいわけで、そう考えると、ロマンチックな気分になりますね。

草本ではイが最も短い名前ですが、木本では「エ（榎）」があり、これも「エノキ」と呼んでいます。

それに対して一番長い名前は、海の泥地に生えるアマモ（アマモ科）の別名「リュウグウノオトヒメノモトユイノキリハズシ（竜宮の乙姫の元結の切り外し）」です。また、濁点の多いのでは、「ゲジゲジシダ」が筆頭です。

### 美しい花軸の緑

私は兵庫県西部の赤穂で生まれました。イの産地の岡山県とは背中合わせの所です。イの植えつけは厳寒の二月に行われ、生長した花軸を夏に刈って泥水につけ、干し上げるのです。その泥は明石（兵庫県）のものが一番よいということで、泥染めすることによって、色・形・弾力がよくなるそうです。

こうして、夏の晴天下で干し上げた真っ直ぐな花軸の緑は、目にしみる美しさでした。新しく仕上がった畳の香りに接すると、藺《い》田とそれを干し上げる風景がいまも頭に浮んできます。

## 観察のポイント

イは多年生草本で、短い地下茎が土の中を這《は》い、そこから花軸を伸ばして花を頂生し、また、そのすぐ下から若い地下茎が出て、花軸に花を頂生するということを繰り返して、横へ横へと広がっていきます。

図は理解しやすいように、地下茎を長く描きました。葉は発育が不完全で鞘《さや》となって地下茎につき、芽の生長点を保護しています。また、この地下茎から出た花軸の基部にも数枚の小さな葉鞘《ようしょう》がついて、花軸を保護しているのです。花軸は四〇～一一〇センチにも伸びて、先端に花を総状につけます。花より先は、花軸とは異質の一本の苞《ほう》で終わっていますが、一見すると花軸の途中に花序がついているように思えます。

イは花軸が日光を受けて同化作用をしますが、葉は葉緑素を欠き、茶色をおびていて同化作用をすることはありません。

図②が正しいスケッチで、地下茎が短縮した葉で保護され、花軸の下部も葉鞘ばかりからなった葉で包まれています。図①はクサイのようで、葉鞘の先に葉身の付属物が伸びて葉状になっているし、図③には葉鞘がないので、ともに実在しません。

## 深く植えるのがコツ

イは寒中に田植えをするので、どうしても浅植えになりがちです。浅いと倒れて水に浮いた浮苗《うきなえ》となって、うまく活着しません。また、施肥が少ないと、花軸が短くなって畳幅に通したものが織れません。しかし、あまり伸ばしすぎると倒れて品質が低下するので、「先刈り」といって六〇センチぐらいの高さで刈り取ってしまいます。これを中継ぎして織るのですが、このようにしてでき上がったものが最高の畳表となります。

生育中に硫酸銅の薄い溶液を与えると、葉緑素の中のマグネシウムが銅に置き換わるので、畳表にしたときに長く鮮緑色を保たせることができます。しかし、この色を好まないときは、刈り取ってから硫酸銅の液に浸します。

## 植物の話題

イは畳表の材料で、日本の家屋になくてはならないものですが、近年、住宅の洋風化に伴って畳表の需要が減少の一途をたどっています。

そんな折、ネギ、シイタケと並んで、イも中国からの輸入特別制限品目に挙げられ、その動向が注目されています。伝統的な日本住宅に欠かせないイまでが、輸入品でまかなわれ、その占める割合が大きいことに、改めて驚きました。全国シェアの約九割を生産するイグサ王国の熊本県八代《やつしろ》市では、安価な中国品に対抗するため、高級品の生産販売で巻き返しをはかっています。

イの花軸の外皮を除いて白い髄を出したものは、軽くて油をよく吸うので、昔は行灯《あんどん》やランプの灯芯としてよく利用されました。それで、一名を「トウシンソウ（灯芯草）」といいます。この名は漢名から作られた和名です。

16

うそっ！ほんと？

# オオイヌノフグリの花冠は触れると落ちます

《正しいスケッチは何番？》

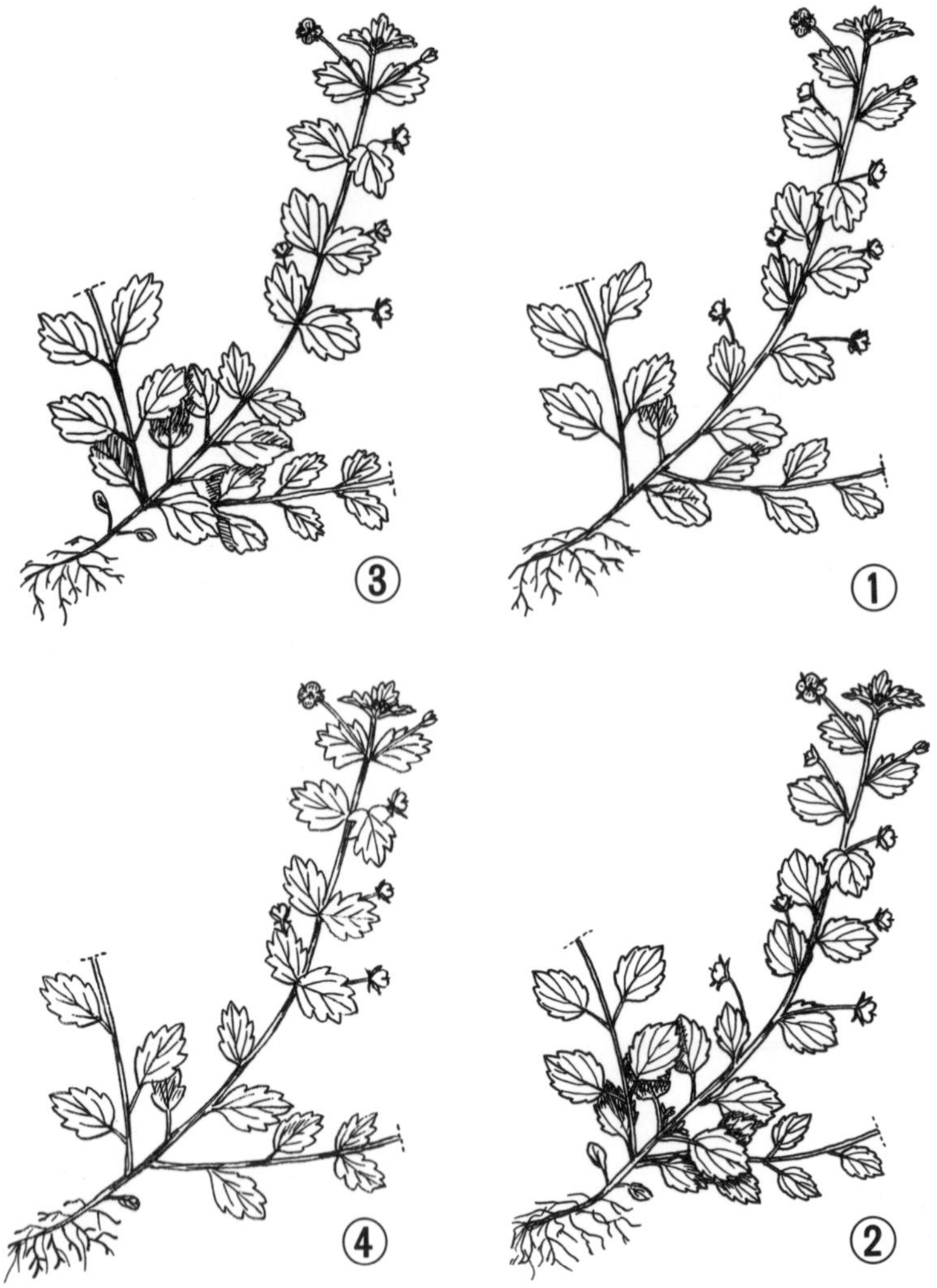


## オオイヌノフグリ　ゴマノハグサ科

早春に開花するオオイヌノフグリは、密生した茎葉上にコバルトブルーの花が咲きこぼれます。あまりにもかわいいので摘もうと手を出すと、ポロリと花冠が落ちてしまいます。そのとき、おしべとめしべが接触して受粉するのです。また、虫が止まったときも同じように受粉します。この花を見ていると、「野の花は野におけ」ということばを地でいく代表だという気がします。

### 巧妙な受粉の仕組み

オオイヌノフグリは日中は昆虫の助けを借りて同花受粉をします。この花を訪れる虫はハナアブやハナバチなどで、花に虫が止まると、その重みで花が傾くので、虫は必然的におしべにしがみつき、その結果、おしべの葯《やく》とめしべの柱頭とが触れ合って、花粉が柱頭や虫の体につくのです。そして、日がかげり出すとゆるやかな運動によって、おしべとめしべが近づいて互いに触れ合い、自動的に受粉します。この効率のよい受粉の仕組みによって、オオイヌノフグリは、帰化植物であり

## 17　オオイヌノフグリ

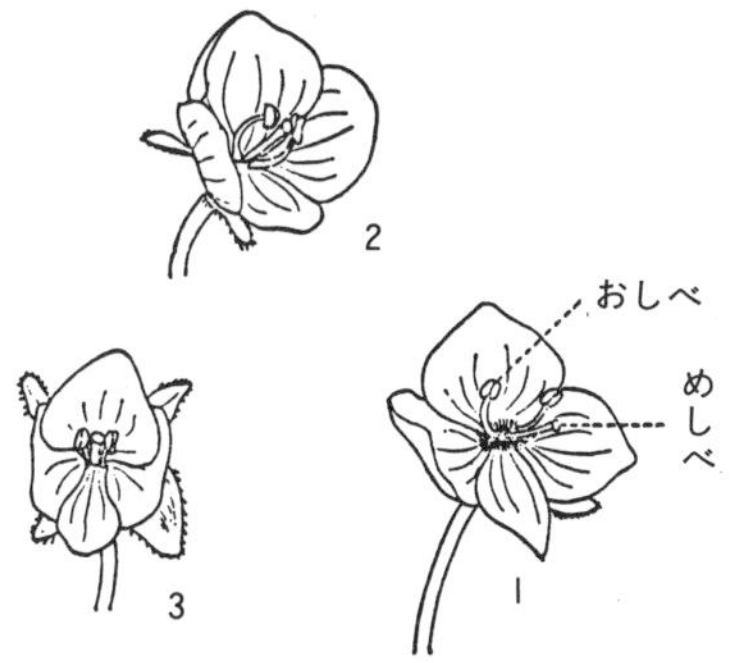


図A　オオイヌノフグリの花の作りと受粉
1. 開花中はおしべとめしべは離れている。
2. 花に触れるとおしべとめしべは接触する。
3. 花冠をなかば閉じておしべとめしべが接触し、その後、花冠が落ちる。

ながら、日本の春を先取りしてしまったようです。最近では在来種のイヌノフグリの方は片隅に追いやられてしまったのか、あまり見かけなくなりました。

　オオイヌノフグリは明治二〇年ごろにヨーロッパから渡来した二年生の雑草ですが、日本中至る所で野生化しています。まだ寒い新年早々、日だまりに鮮やかなサファイヤ色の花が一面に咲くので、よく目につきます。茎をよく見ると、葉が対生している所と、互生している所とがあります。対生している所は本当の葉ですが、互生している所は真正の葉ではなく、苞《ほう》（苞葉）といわれるものです。この苞が互生し出したころから花がつき、実を結んで、五月には枯れてしまいます。

### 観察のポイント

オオイヌノフグリの観察には、快晴の日中が適しています。花冠は光の強弱によって開閉する性質があるので、晴天の日に見る花は大きく開いて、よく目立ちます。花がかわいいのに花束にする人がいないのは、触れると花冠がポロリと落ちてしまうからで、萼《がく》の挟む力が強いのが原因です。

　オオイヌノフグリは夏に発芽して、年末までは葉が二枚相対してつきますが、年が明けて花蕾《からい》がつくようになると、互生に変わっていきます。

　このように茎の基部の葉だけが対生で上部が互生するものに、ゴマノハグサ科（イヌノフグリ、タチイヌノフグリ）、キキョウ科（ツリガネニンジン）などがあります。

　正しい図は②で、茎の基部は葉が対生します。このころは枝を分かちますが、互生葉のときは分枝することはありません。

　図①は花のついていない枝の葉が互生に、図③は全部の葉が対生しているので、ともに間違いです。図④は対生葉と互生葉のつく位置が逆になっています。

### 日当たりに生える

オオイヌノフグリは雑草なので、庭に植えることはまずありませんが、人里の早春を彩る花として、いまではなくてはならない存在です。まだまだ寒い二月の終わり、日だまりに咲く青い花を見つけたとき、春の訪れと、そのやわらかい日射しに気づくことでしょう。南向きの斜面やごみ捨て場などに多く自生し、よく日の当たる所ほどきれいに咲きます。

### 植物の話題

花はちょっと見ると離弁花のようですが、れっきとした合弁花です。それは花冠が深く四つに裂けていて、合弁部分が短いことによります。花冠の大きさは上下で差がありますが、左右は対称になっています。花には二本のおしべと一本のめしべがあり、二、三日開閉を繰り返します。

　和名は、実の形がイヌのふぐり（睾丸《こうがん》）に似ているからです。上品な名前をということでルリカラクサ、ハタケクワガタなどの呼び名もできましたが普及せず、一般にはオオイヌノフグリで通っています。

うそっ！ほんと？

# オオムラサキは夏葉の枝の先端に花をつけます

《正しいオオムラサキは何番？》

## オオムラサキ

ツツジ科

常緑広葉樹といわれるものを広く観察すると、実にさまざまで、一枚の葉の寿命は一年ぐらいのことが多いようですが、ユズリハは数年間も樹上についています。クスノキは新葉が出て一週間もたたないうちに古い葉は落ちてしまい、オオムラサキは一年どころか、半年ちょっとで交代してしまうのです。また、カイヅカ、ヒノキ、スギなどは真正の葉ではありませんが、常緑樹の中に入れています。

一般に樹木は株ごとに葉の形が似ていますが、このオオムラサキを含むツツジ類は、春に出る葉と夏に出る葉とでは形がかなり異なります。春生の葉は葉質が薄くて長大で先端が尖り、秋には落葉してしまいます。一方、夏葉はぶ厚くて小さく先端が円形で、翌年の春、春葉が伸びたあとに落ちるので、それぞれの葉の寿命は一年にも満たないのです。

### 枝を横に広げる

ツツジのような小低木では、大きさを増すごとに株元を中心に横へ横へと枝を広げる性質があり、それによって受光面積が広がって繁栄します。こうしたとき、中心の幹についた葉より、横に広がった枝についた葉ほど大形になるのはおもしろい性質です。また、横に伸びて斜上した樹冠ほど本来の木の姿でなく、枝はいびつに伸びます。このような横に張った枝は、挿し木苗にしてもうまく伸びず、盆栽などにはなりえません。枝の一部を切って見比べてみると、葉の大小と形でどこの部位のものかがわかるほどです。垂直な幹から出た葉はすべて同形同大ですが、横枝から出たものは、横張りの側ほど大きい葉をつけます。

## 観察のポイント

オオムラサキは常緑樹の一種です。開花時期に伸びる葉を「春葉《はるば》」といい、これは大きくて葉先が尖っています。花が終わってからしばらく小休止をしたのち、夏に伸びる葉を「夏葉《なつば》」といい、春葉に比べると葉先が丸くて小さく、節間がつまってつきます。この枝の先端に花蕾《からい》がつき、翌春に開花するのです。

図③が正しい姿で、夏葉の先端に花蕾がつき、春葉が強く伸びています。この春葉の先端に夏葉が出て、その先に翌年の花をつけます。図④は春葉と夏葉が逆、図②は夏葉ばかりですし、図①はすべて春葉で、どれも間違いです。

## 三葉が平等な苗を選ぶ

一一二ページ「アザレア」の項を見てください。

## 植物の話題

オオムラサキは、ヒラドツツジの数多くある品種の一つで、ケラマツツジやモチツツジなどを親として作り出されたと考えられています。たいへん丈夫な花木で、公園や街路樹の下などにたくさん植えられています。花はラッパ状で直径一〇センチにもなり、花色の濃さもさまざまで、見ていて楽しい花です。多くは紅紫、ピンク、白の三系統で、それぞれに色の濃淡があります。花冠は第一層と第二層の二つの組織からなっていて、二つの組織がともに赤花性の組織からなっていると濃い紅紫色に、反対に二つの組織がともに色素のない組織からなっていると、白色の花になります。どちらかに色素があるとピンクの花が咲きますが、組織の第一層に赤色の色素がある方が、第二層に色素があるものよりも濃いピンクになります。この二つの層の組み合わせ（コンビネーション）によって、花色が決まるので、その結果、少なくとも四つの色の組み合わせができることになります。

ツツジの花冠は左右相称で五浅裂し、赤紫やピンクの花では上位の中央弁の真ん中に赤い斑紋が見られます。これを「ガイドマーク（蜜標《みつひょう》）」といい、白い花では淡黄緑色の斑紋となっています。このガイドマークの部分の第一層が薄くなっていて、第二層が外部まで分担するので、ピンクの花では第二層が赤いときはとくに目立つのです。反対に、第一層が赤色で第二層が白色のときは不明瞭になり、紅紫色の花ではほとんど目立ちません。

ところで、一つの花の中に紅色、ピンク、白色と絞りのある花が入りまじって咲くことがありますが、これは易変《いへん》遺伝子によるもので、右の話とはまったく別のものです。

たとえば、一つの花の半分が白色で、残りの半分が紅色の場合は、生長点が二細胞のとき、その一つが突然変異をおこしたことになります。また、四細胞のとき、その一つが突然変異をおこすと、咲いた花では四分の一が色変わりをすることになります。このようなことは、ツツジ類では珍しいことではありません。

## うそっ！ほんと？
# ガクアジサイの装飾花は反転します
《正しいスケッチは何番？》

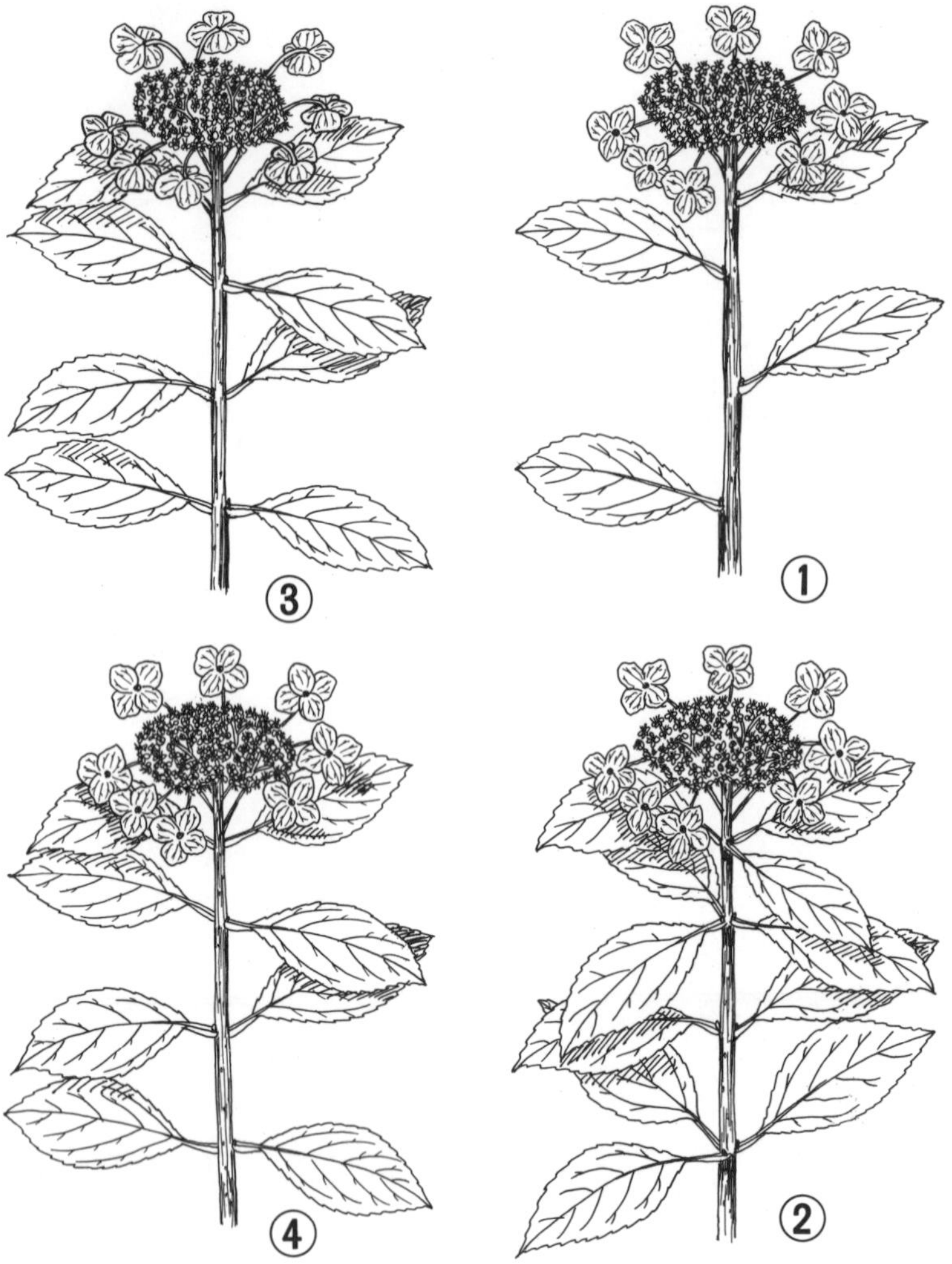


### ガクアジサイ
ユキノシタ科

梅雨のころにアジサイの名所に行くと、たくさんのアジサイに交じって必ず何株かのガクアジサイが植えられています。それを見た人はたいてい「これはアジサイの奇形ではないか」といいます。ところが、奇形はアジサイの方で、アジサイはガクアジサイの花序全体が装飾花に変化したものなのです。

アジサイはたくさんの美しい花を咲かせながら、子孫繁栄とはまったく関係のない花の集まりですが、ガクアジサイの方はおしべとめしべが揃っていて、実もよくできます。

ガクアジサイはアジサイのような華やかさはありませんが、洗練された清楚《せいそ》な美しさがあり、和風の雰囲気によくマッチするので、アジサイよりも好む人が多いようです。

#### 中心の小花が結実

ガクアジサイは高さ二メートル以下の落葉低木で、関東から九州までの海岸近くの山地に自生し、ことに伊豆半島に多い木です。葉は広卵形で十字対生につき、ときに三輪生の株がありますが、これは樹勢の強いものに限られています。

一つの花序の周辺には七～一〇個の装飾花をつけ、これを額縁に見立てて「額アジサイ」という名前がつきました。装飾花は結実することはありませんが、中央にあるたくさんの小さな花は両性花で、みな実を結びます。この実の形が水がめ状をしているので、学名のヒドランゲアは「水の壷《つぼ》」の意味です。

### 観察のポイント

ガクアジサイは周辺の装飾花と中央の両性花とからなり、装飾花は四枚の萼片《がくへん》が花びら状になったものです。両性花の花びらは五枚で、おしべは花びらの二倍数、すなわち一〇本あり、開花のはじめにはよく見えます。装飾花は咲きはじめの七～一〇日ほどは上を向いていますが、夏の晴天と高温が続くといっせいに裏向きにひっくり返り、しだいに緑色に変わっていくのがふつうです。しかし、遅くに咲いたものは、後日の暑い日を待って反転します。

図③、④が正しいスケッチです。図④は咲きはじめてから一週間ぐらいまでの花枝で、装飾花は上を向いていて、最も美しいときです。図③は暑い日に装飾花が反転したもので、裏面は日ごとに緑色が増し、この状態で秋に枯れていきます。

図①のような互生葉のものは皆無といってよいでしょう。また、図②のように輪生と対生の葉が交互につくものもないでしょう。もし、三輪生があるとすれば、すべてが輪生です。三枚輪生で開花したのを見たのは一度だけで、よほど樹勢がよくないと花をつけないようです。

### 葉を切りつめて挿す

アジサイの仲間は変化に富んだ花をつけます。花色の変わったものがあったら、一枝もらって挿し木をすると、よく活着するので楽しみです。挿し木は春から夏にかけてがよく、一番下の葉を一対除き、他の葉は半分に切りつめて挿します。

アジサイ類は酸性土壌を好む植物なので、植えるときに石灰を施すと、花色が赤変したり、葉が黄色くなったりして、よい花は咲きません。

### 植物の話題

ガクアジサイの花色は毎日変わります。それは呼吸作用によって細胞の中に二酸化炭素が蓄積されるためで、毎日、注意深く観察したいものです。

アジサイやガクアジサイの反転した装飾花は、葉緑素が出て緑色になりますが、アマチャやヤマアジサイではアントシアンが出てくるので真っ赤になります。まさに死に花を咲かせるというのでしょうか。あまりにも美しいので、茶花としてたいへん喜ばれます。

また、ガクアジサイの一品種のベニガクは、咲きはじめは白色ですが、日がたつにつれて美しい紅色に変わっていきます。

ガクアジサイやアジサイ、ヤマアジサイなどの日本のアジサイの仲間の装飾花は、表と裏とが反転しますが、セイヨウアジサイではこの変化が顕著におこらないので、ドライフラワーに利用されます。

その他、花色については一一ページ「アジサイ」の項を見てください。

ガクアジサイ

うそっ！ほんと？

# クルミの雌花と雄花は同じ時期に咲きません

《正しいスケッチは何番？》

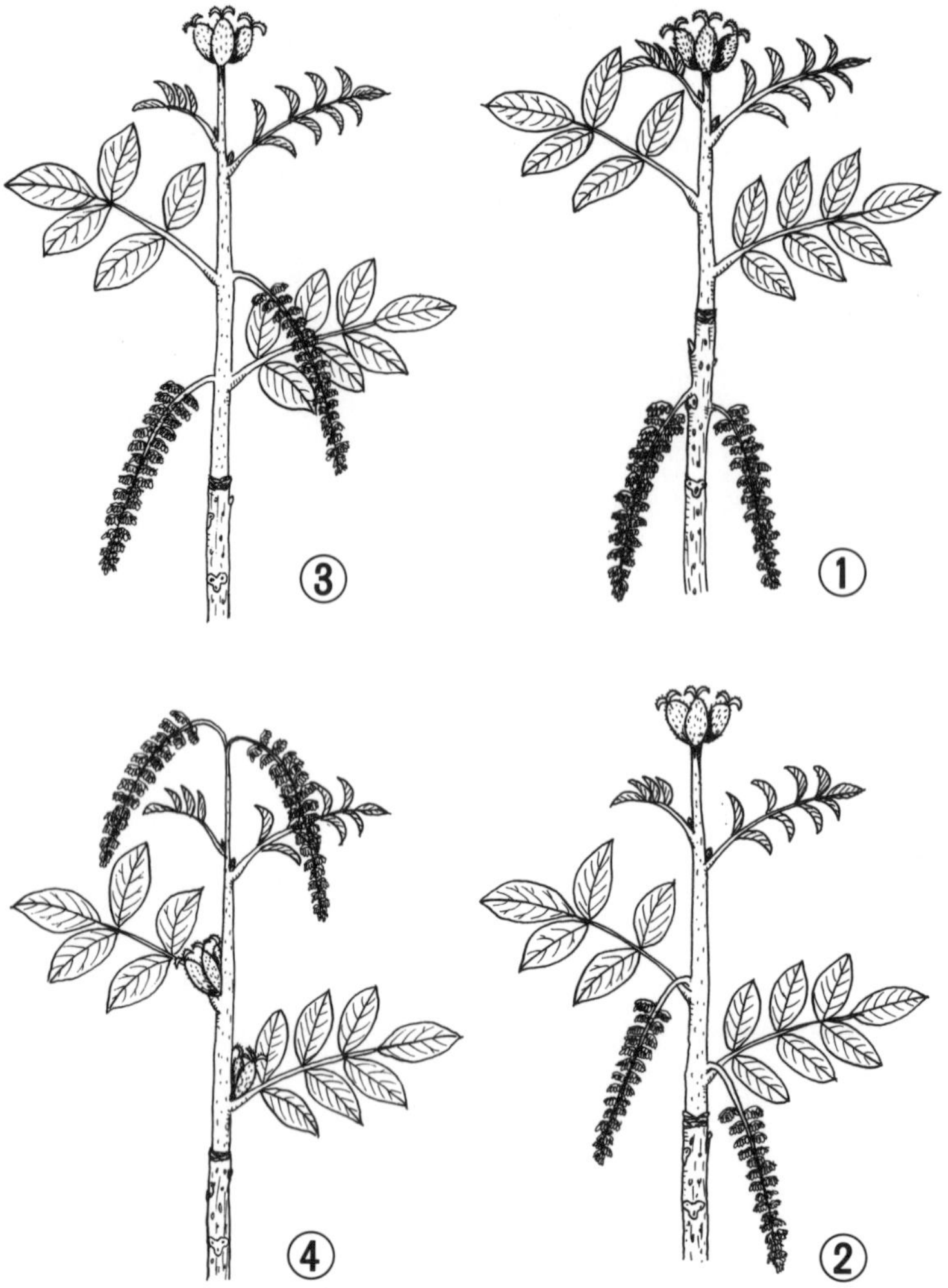


## クルミ（シナノグルミ）

クルミ科

中近東原産のペルシャグルミは栽培の歴史が古い果樹です。世界各地に伝播《でんぱ》し、中国へは四世紀ごろ、胡から入ったので「胡桃」といいます。

長野県や東北地方で広く栽培されているシナノグルミは、一八世紀に朝鮮半島から渡来したテウチグルミ（カシグルミ）と、大正時代にアメリカから導入したペルシャグルミとの自然交雑種で、堅果《けんか》が薄く、食用部が大きい品種です。

日本に自生するクルミは、オニグルミとヒメグルミで、堅果が硬くて割りにくく、食用部も少ないものの味はよく、大昔から重要な食糧でした。そのことは、各地の古代遺跡から殻が大量に出土していることからもわかります。

オニグルミは核面（内果皮）がでこぼこしているので、それを鬼の面にたとえたものです。それに対して、ヒメグルミは凹凸が少なく、滑らかです。

葉や樹皮には多くのタンニンを含んでいるので、古くから染料に用いられました。

## 23 クルミ

### 類例のない雌雄異花

クルミは雌雄同株異花の落葉高木で、春、葉が開くのとほぼ同時に花が咲きます。雌花序は新しく伸びた枝の先に直立し、一～三個の雌花をつけ、子房は筒状の花床に包まれ、二裂した花柱が目立ちます。雄花序は前年の枝の落葉した葉腋《ようえき》から穂状に垂れ下がり、雄花には十数個のおしべがあります。

### 観察のポイント

クルミは雌雄異花で、変わった花をつけます。花芽が分化するのは六月上、中旬で、年内に芽の中に来春の花が準備されます。その冬芽を見ると、実になる雌花芽は、前年に伸びた太く充実した枝の先端に一～三個ついています。それが春に出芽し、途中に二、三枚の複葉をつけて伸び、その先端に雌花をつけます。雄花序は前年に伸びて落葉した枝の葉腋から穂状に長く下垂し、五月中、下旬に咲きます。

図①が正しい花のつき方です。図②、③のように雄花序は新梢にはつきません。図④は雄花序が上で雌花序が下にあるので、自花受粉をして合理的なようですが、このようなつき方は絶対にありません。

### 低く育てるのがコツ

クルミは雌雄の花が同じ時期に咲かない傾向が強いので、他種を交ぜて栽培することが望ましく、また、放置すると樹高が一〇メートルにもなるので、六メートルぐらいの所で摘芯《てきしん》をし、枝を間引いて栽培します。これを「芯抜き」といい、こうすることによって袋枝にもよく結実します。剪定《せんてい》をする枝は主枝を邪魔する枝、車枝《くるまえだ》（一節から何本も出る不自然な枝）、強く真っ直ぐに立つ徒長枝などで、一月中に終えることです。それより遅れると、切り口から樹液が流れ出して木が弱り、切り口もうまくふさがりません。

オニグルミ

### 植物の話題

クルミの実は核果状の堅果で、秋に熟すと包んでいた果皮が割れて、中から堅果が落ちます。それを割ると、薄茶色の種皮に包まれた種が出てきます。食用にする部分は二枚の子葉で、胚乳は生長の早い段階で消失してしまいます。子葉の凹凸が激しいものほど味がよいようです。

堅果の突起のある方を上にして金槌で軽く打つと、うまく割れます。菓子用などできれいなものが必要なときは、炭火であぶり、水につけて先端の開いた所に小刀の先を入れて割ると容易に取り出せます。

クルミには脂肪が七〇パーセントも含まれ、その中でリノール酸の占める割合が大きく、エネルギーの高い食品です。また、たん白質も一五パーセント近く含み、ナンキンマメに匹敵する高い栄養価を持っています。

寒い地方では、クルミを菓子に用いたり、味つけをして餅にからませたりして食べ、何でもおいしいものはクルミの味がすると表現します。

クルミの語源は、呉の国から渡来した実なので、呉実《クレミ》が訛ったという説、黒実《クロミ》が転じたという説、堅果の中に屈曲した実があるので、屈実《クルミ》であるとの説など、まだまだ他にも説があって、本当の語源は定かではありません。

うそっ！ほんと？

# サザンカは子房や若枝が毛むくじゃらです

《正しいサザンカは何番？》

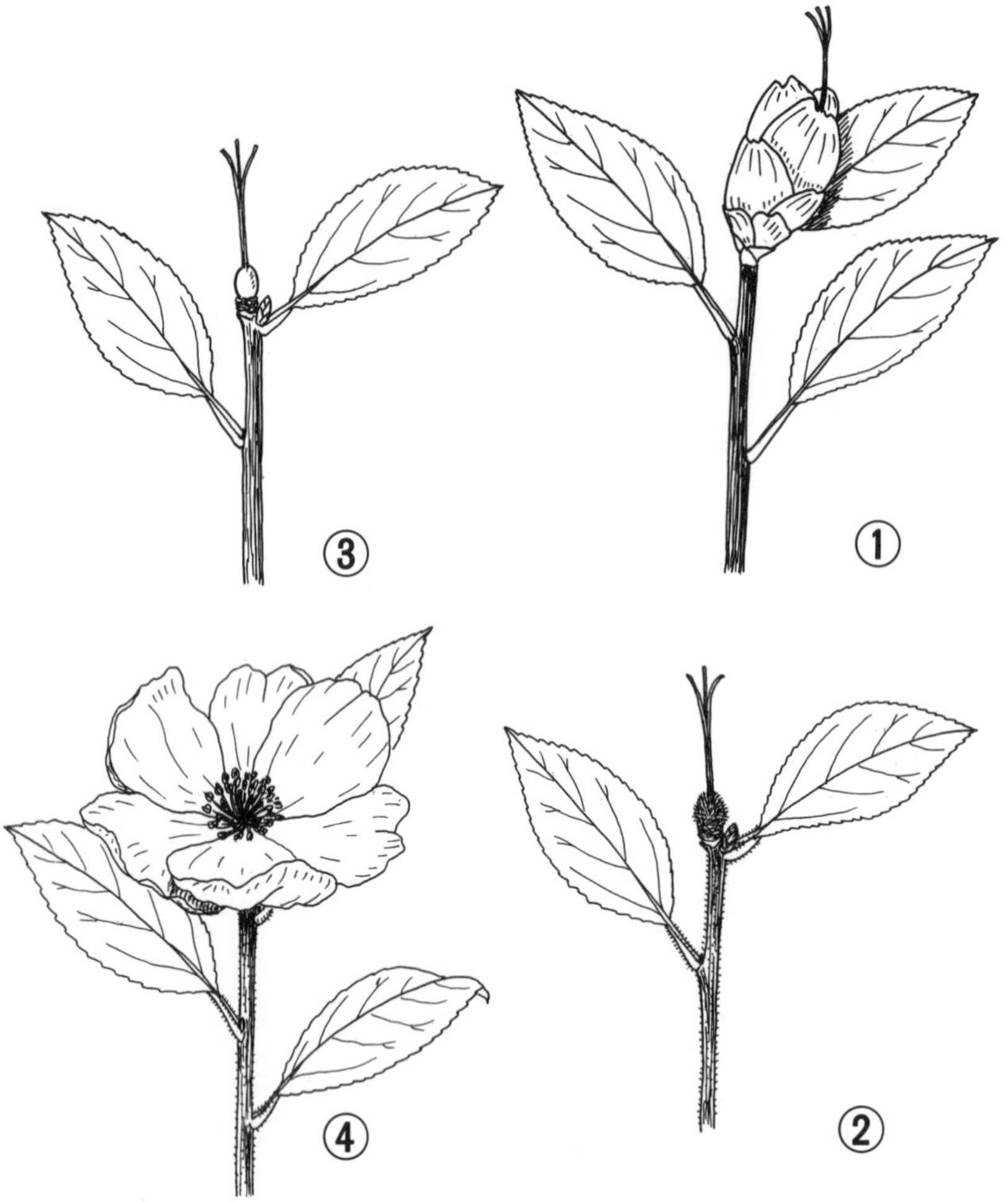


## サザンカ

ツバキ科

サザンカはツバキとは近縁で、よく似ているので区別がしにくいですが、サザンカはすべてが小さく、花は秋咲きで平開するのに対し、ツバキ、ことにヤブツバキは筒咲きの傾向が強く、多くは春に咲きます。

サザンカの野生種は白花、ツバキは赤花で、ともに黄色を除いて各種の花色が作られてきました。近年、中国南部で濃い黄花のツバキ、「金花茶《キンカチャ》」が発見され、一大センセーションを巻きおこしました。その後、耐寒性の強いツバキとの交配により、いくつかの黄花品種が作られ、いまもより濃い黄花のツバキの誕生をめざして努力が続けられています。

### 若い部分を粗毛が包む

サザンカは四国、九州、沖縄に自生する日本特産の花木で、学名は「カメリア・サザンカ」です。高さは四～五メートルになる常緑小高木で、若い枝葉、子房、実などには、一面に粗毛が生えているので、他種から区別できます。枝は細く鋭角に伸び、花の少ない晩秋に咲くことから親しみも深く、古くから栽培されてきたので、花色や花形などに多くの園芸品種があります。

## 観察のポイント

サザンカはツバキに比べると少し小形ですが、その区別点を文章で書き表すのは容易ではありません。しかし、よく見るとサザンカは花が秋咲き性で、花びらは平開し、一枚ずつばらばらに散っていきます。サザンカやツバキの仲間は、苞《ほう》と萼《がく》との区別がむずかしく、苞から萼へ、さらに花びらへと連続変異を示します。サザンカでは開花しはじめると、苞と萼は散り落ちてしまいますが、ツバキでは花びらが落ちたあとも残っています。サザンカのおしべはツバキのように筒状にならずに一本ずつ離れ、子房、若枝、葉脈の上下面と実に毛が生えていて、花には芳香があります。また、サザンカの葉は太陽光線に透かして見ると、中央脈、支脈が黒ずんでいて、葉肉との区別がつきかねますが、ツバキでは白く透き通って見えます。

図①はツバキの花びらが落ちた枝で、萼と苞からめしべが突き出し、柱頭は三岐しています。図④はサザンカの花のついた枝、図②はサザンカの花びら、萼、苞が散った図で、子房や若枝に毛が生えているので、ともに正しい図です。図③は、図②の無毛のもので実在しません。

## 土を乾かさないのがコツ

サザンカは花が咲く前に蕾《つぼみ》が落下することがあります。これは地中の水分が不足して乾燥するからで、敷藁《しきわら》をするか、絶えず灌水《かんすい》をすると防げます。寒さに傷むことの多い植物だけに、寒地では早生《わせ》種を植えたり、冬の冷たい風が当たらない所を選んで植えることが大切で、移植は四月か九月が適しています。

## 植物の話題

サザンカは一二時間以上の日照時間が続かないと、花蕾《からい》のできない長日植物の代表です。サザンカやツバキの花蕾はふつうは一個で、第一鱗片《りんぺん》内にできますが、蕾が二個のときは第一鱗片内と第二鱗片内とにつけます。

これらの花の基底部からは多量の蜜《みつ》が分泌されていて、メジロやヒヨドリなどが吸いに来て受粉します。いわゆる鳥媒花で、日本では数少ない例です。サザンカの花を訪れる生きものは、メジロなどのほかにハナアブやキタテハなどがいて、花粉媒介に一役買っています。

実は晩秋から翌春にかけて熟し、三つに裂けて中から一～三個の種を落とします。この種をしぼったサザンカ油は、不乾性でべとべとせず、また、酸化物を生じないので、刀剣や調理用の刃物などのさび止めに用い、ツバキ油よりも優れているといわれています。

外国ではサザンカとツバキは区別せずに「カメリア」と呼んでいます。日本ではサザンカを「山茶花」と書きますが、漢名の「山茶」はツバキのことで、サザンカは「茶梅」と書きます。

また、ツバキも日本の特産で、春に花が咲くので「椿」という和漢字を作りましたが、この字は中国ではセンダン科のチャンチンの漢名です。このように漢字表記だけだと、日中で別々のものを指し、混乱をきたすので、生物名は片仮名書きに統一されています。

サザンカの園芸品種は、野生のサザンカの形質を強く持つサザンカ品種群、一二月から三月にかけての遅咲きで、多弁の花をつけるカンツバキ品種群、サザンカとツバキの中間的な性質を持つハルサザンカ品種群、ユチャとサザンカの雑種と推定されるユチャ（タゴトノツキ）品種群に分けられます。

26

うそっ！ほんと？

# サルスベリは長短のおしべで確実に受粉します

《正しいサルスベリの花は何番？》

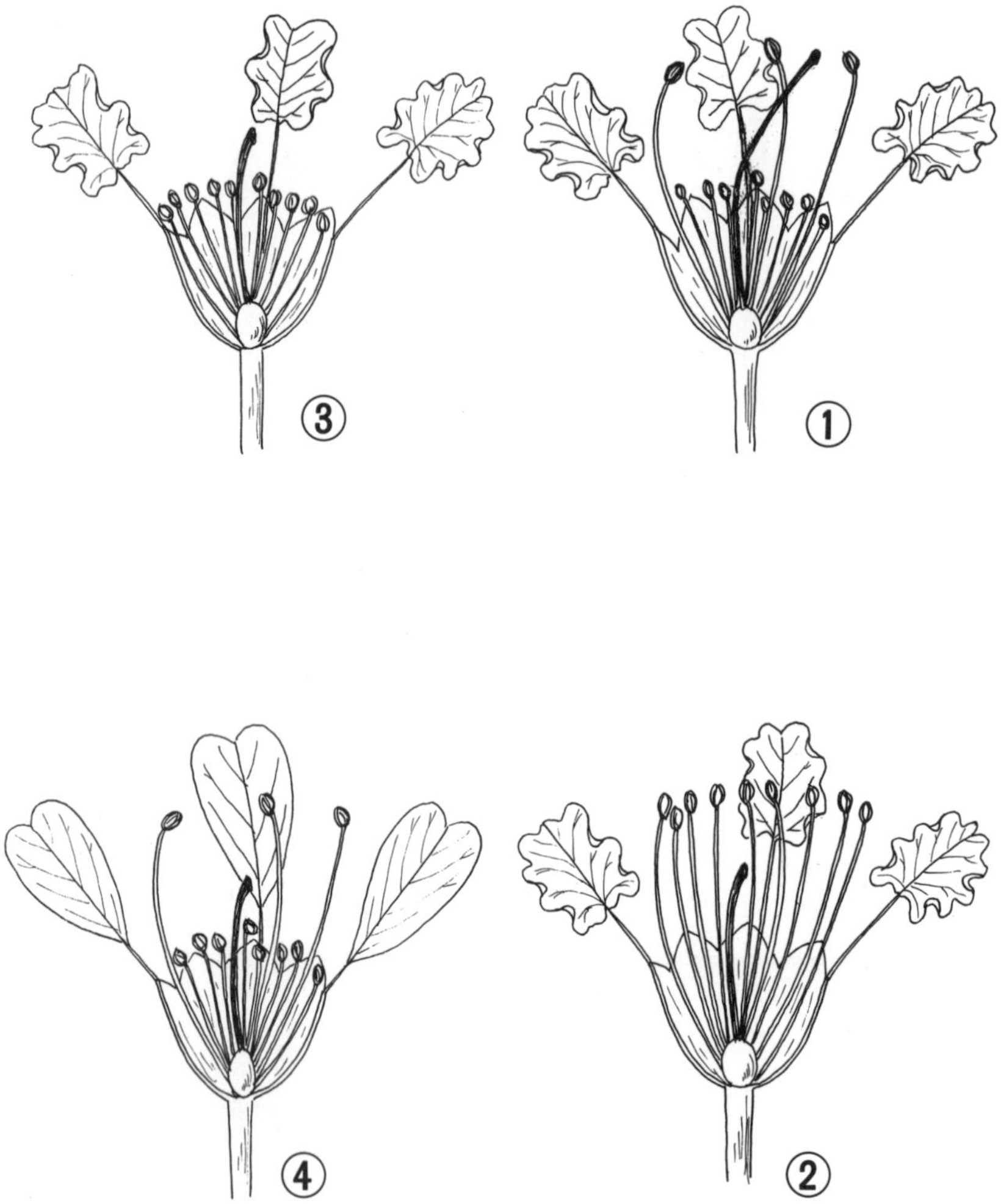


## サルスベリ

ミソハギ科

サルスベリの名は、樹皮がつるつるとしているので、木登り上手なサルでさえも滑るという意味で、よくもうまい名前をつけたものだと感心します。

裸のようなサルスベリの木肌をなでてみると、花の咲いた小枝までが、あたかも笑っているかのように小刻みに揺れ動くので、「笑いの木」とか「こちょこちょの木」「こそぐりの木」などの方言名が全国に広く分布していて、ほほえましくなります。小枝が動くのは、根が貧弱というか、枝部が重いということなのでしょう。

また、サルスベリは春の芽吹きがたいへんに遅く、他の樹木が青々と茂ったころになってやっと芽を出します。そのくせ、秋の落葉はいち早いので、「なまけの木」という名前もあります。この木にはユーモラスな名前がたくさんあって、それだけ親しまれている証拠なのでしょう。

### おしべには長短がある

サルスベリは中国南部の原産で、日本へは

## 27 サルスベリ

江戸時代の初めに庭木として入ってきました。

花の咲いている木を見ると、長く伸びた徒長枝の先の大きな花序に赤紫色の花をたくさんつけています。夏中、花は次つぎと途切れることなく咲くので、漢名を「百日紅」といいます。

木の肌を見ると、長だ円形に剥皮《はくひ》していて、触るとぽろっと落ちます。これは、その剥皮した部分の周皮が、篩部《しぶ》でコルク形成層を作っていくからで、注意して見ると、薄茶色の木肌に部分的に白色がかった群ができています。

### 観察のポイント

枝先の花はおびただしいほどたくさんつきます。萼《がく》は球状で六裂し、花びらも六枚、それもまるで紙をもんだように皺《しわ》くちゃになったものが、細長い柄の先についていて、まるで造花のようです。おしべには長短があって、三六本から四二本で、おおよそ六の倍数からなり、外側の六本がとくに長くなっています。たくさんある短いおしべの葯《やく》からは黄色い花粉が出ていて、ハチを誘いますが、不稔性です。長い六本のおしべの葯は赤く、稔性の花粉が出ています。

図は、それぞれ花を縦に半分に切ったものです。

図①が正しい花で、皺くちゃの花びらに細い柄、長い六本のおしべと長い一本のめしべが目立ちます。この長短のおしべの仕組みで受粉を確実にしています。受粉するとめしべとおしべは宿存する萼の中に巻き込まれてしまいます。

図②はおしべがすべて長いもの、図③はすべて短いもので、長いおしべだけとか、短いおしべだけの花というのはありません。図④は花びらがサクラのようなので違います。

### 上手な剪定がコツ

サルスベリを植えつけるときは、土を深く耕すことが大切です。花を観賞する目的で植えるのだから、初秋の開花が終わったら今年伸びた小枝の基部を、三～五㌢残して切ると、毎年花を楽しむことができます。ところが、春になってから剪定《せんてい》すると、花つきが少なくなり、また、剪定を怠ると、枝が長く伸びすぎて見苦しくなってしまいます。

繁殖は、春に三～四年生の枝を挿すとよく活着し、その年の夏にはもう花を見ることができます。また、盆栽にするときは、形のよい枝を取り木するとよいでしょう。

サルスベリは病虫害の発生しやすい木で、新芽にアブラムシがたくさんつくと、花が咲かなくなります。また、スス病やウドンコ病などにもかかりやすく、カイガラムシもよく発生するので、それぞれにあった防除が必要です。

### 植物の話題

サルスベリの葉は長さ二～五㌢、幅二～三㌢の楕円形で、対生、または少しずれて互生につきますが、ときに左右二枚ずつ交互につくコクサギ型葉序になります。

実は堅いさく果で、熟すと六裂し、中には広い翼のある長さ五㍉ぐらいの種がびっしりと詰まっています。

サルスベリは花の少ない真夏の花木として重要です。近年、アメリカで品種改良が進み、赤や白の他に、紫色やそれらの濃淡、八重咲きなど、いろいろな花色や花形が作り出されていますが、黄花のサルスベリだけは、まだありません。また、一㍍内外の背丈の低いものや、耐寒性のあるものなども作られています。

うそっ！ほんと？

# セッコクは二年生の茎に花をつけます

《正しいスケッチは何番？》

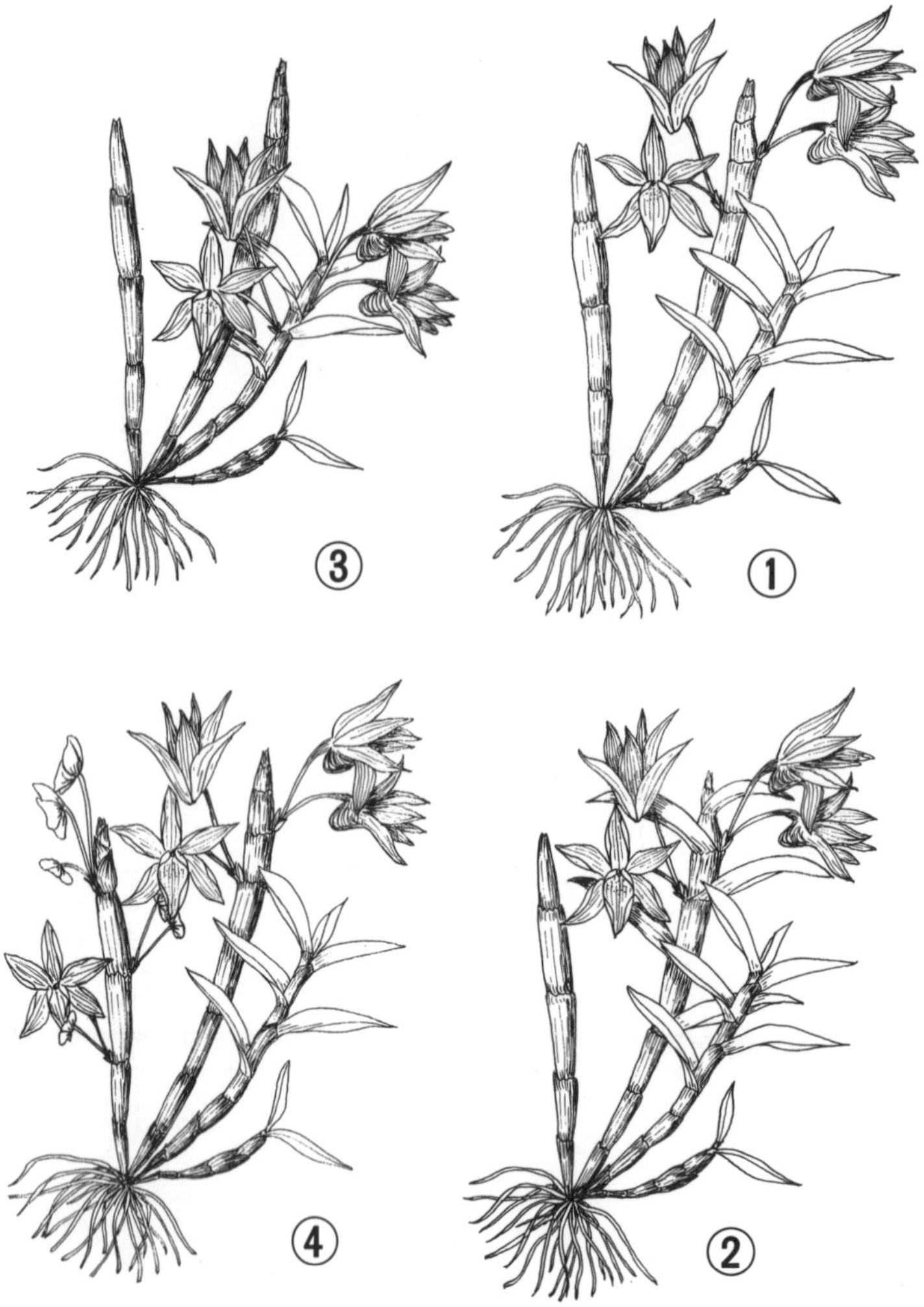


## セッコク

ラン科

セッコクは本州以南の森林の老木上や岩上に着生するランで、花よりも葉の変異が著しいうえ美しいので、葉を観賞する目的で昔からりっぱな鉢で栽培されてきました。

　この仲間は外国にも多くの種類があり、日本では葉の美しいところに重点をおいて小さく作り、施肥をほとんど行いませんが、外国では反対に施肥を行い、大きく作って花を観賞する方向に発達していきました。日本のものは屋外におき、外来種は温室か室内に入れて管理します。日本の小型のものを「セッコク」、花を見るために大きく育てたものを「デンドロビューム」と呼んで区別しています。

　デンドロビュームの仲間は、熱帯アジアを中心に、南はオーストラリアに至るまで、約九〇〇種が分布していますが、セッコクはこの仲間では最も北に生育する種です。北限は岩手県宮古市といわれ、これは着生ランの分布の北限でもあると考えられています。

### 二年生の茎には葉がない

セッコクは二〇センチ内外の草丈で、茎は多肉で節があって竹稈状です。葉も小形で、五、六枚つき、一本立ちがふつうですが、肥料がすぎると茎の上部から枝が出て伸びます。

葉は晩秋に枯れ落ちてしまうので、二年生の茎に葉を持つものはありません。しかし、温室に入れて育てると、二年生の茎にも葉をつけることがあります。花は二年生の茎につき、一節に二輪がふつうです。初夏に白色かピンク色がかかった花を開き、芳香を放ちます。四年生のものはやせて枯れることが多いです。

### 観察のポイント

セッコク類は屋外で育てることを原則としています。冬に加温したり、施肥したりすると、秋に落葉しません。屋外で越冬させると、葉をつけていた一年生の茎は、葉柄のもとにある環節からすっかり葉を落としてしまいます。これはタケ類が葉柄から葉を落とすのとよく似ていて、非常に珍しい特徴です。

図①が正しく、一年生の茎に葉をつけ、これは晩秋には落葉します。二年生の茎には花をつけ、三年目は茎が肥大し、四年目の終わりには萎《しぼ》んで枯れていきます。図②は温室で越冬させたもので、二年生の茎についた葉は落ちることなく、花がついています。

一年生の茎の葉が落ちるような環境では、図③のように一年生の茎にも花をつけることがありますが、そのときはもちろん葉はついていないので、図③は間違いです。図④のように、三年生の茎に開花することはまずありえないので、正しいものとはいえません。

### 施肥をせずに育てる

セッコクは葉変わりを観賞するものです。温室などに入れて大きく育てると野生型になって葉の斑《ふ》が消えてしまうので、ほとんど施肥せずに屋外で育てることが大切です。

セッコクはふつう化粧鉢に高植えします。植えつけは、芽が動き出す前の春先に根を長めのミズゴケでていねいに包み、鉢に収めます。鉢の中にレンガや発泡スチロールの細片を三分の一ぐらい入れて、通気をよくするように心掛けます。このとき、ミズゴケを詰めすぎないようにするのがコツです。

植え替えのとき、古い茎をミズゴケの上に伏せておくと、秋に新しい小苗が得られます。灌水《かんすい》はミズゴケが乾いたらする程度で、やや乾かしぎみに管理するほうが成績がよく、夏にあまり水をやりすぎると、花芽がつかなくなります。それより、セッコクは着生ランなので、空中湿度を保持するほうが大切です。

### 植物の話題

セッコクは漢名を「石斛」と書き、開花前の全草を乾かしたものは、古くから健胃、強壮の漢方薬として有名です。

江戸時代に大流行し、「長生蘭」とか、「長生草」と呼ばれ、数多くの品種が生まれ、花よりも葉の変わりものが、観賞の対象としてもてはやされました。その後、多くの品種が失われはしたものの、いまも静かなブームが続いています。

セッコクは「花もの」と「葉もの」に分け、葉ものはさらに無地葉の「葉芸物《はげいもの》」と、斑入りの「柄物《がらもの》」とに分けられます。葉芸物には中脈が隆起したもの、樋状のもの、波打ったものなどさまざまあり、柄物には覆輪、中斑、中透けがあって、葉芸物と柄物の両方持った品種もたくさんあります。

また、茎のことを「矢《や》」と呼び、褐色で不透明の茎を「泥矢《どろや》」、淡褐色で透明に見える茎を「飴矢《あめや》」とか「透矢《すけや》」といい、セッコクだけの呼び名です。

# うそっ！ほんとっ？ ゼニアオイの蕾は勝手気ままに巻いています

《正しいスケッチは何番？》

## ゼニアオイ

アオイ科

ゼニアオイは節操を変えない植物で、昔から栽培されていながら変異性が乏しく、現代人の気風に合わないのか、近ごろはあまり見かけなくなりました。しかし、花を見てみると、花びらと花びらとの間に広い隙間が幾何模様のように行儀よく現れ、美人の瞳のようにパチッと輝いて、眠気が吹き飛ぶような気持ちのよい花です。ことに初夏の咲きはじめは、いい知れぬ美しさがあふれています。

枝は下部から出はじめ、最初に出た枝ほど長く、あとから出た枝は、決して早く出た兄貴分を差しおいて伸びたりするようなことはありません。礼儀正しい植物で、それだけに古風な感じがします。

ゼニアオイのゼニは「銭」で、美しい花型を貨幣に見立てたものといいます。

### 左右巻きの蕾が入り混じる

ゼニアオイは春もたけなわの四月下旬ごろからぐんぐんと茎を伸ばし、高さ一《メートル》にあまる二年生草本です。ヨーロッパから温帯アジアの原産で、江戸時代に日本に入りました。

かつてはどこにでも植えられていたごくふつうの園芸植物でしたが、いまでは庭に植えられることも少なく、まれに野生化しているのを見るにすぎません。

ゼニアオイの蕾《つぼみ》には、右巻きのものと左巻きのものが混在していて、かわいらしく愛嬌《あいきょう》のある花を咲かせます。どちらかというと、ウメのように接近して個々の花を観賞するもののようです。

## 観察のポイント

くりくり坊主のようなゼニアオイの蕾は、一葉腋《ようえき》に一〇個か、それ以上もついていて、目に見えて大きさを増しながら生長し、連日のように開花します。したがって、たいへん観察しやすい花で、子どもたちへの教材としてもぴったりです。

一葉腋につく一〇個内外の花は、だいたい半数ずつ右巻きと左巻きとが入り混じっているので、図①が正しいスケッチです。このように一つの株に左巻きや右巻きの蕾が混じることは、ハイビスカスやフヨウなどのアオイ科の植物の特徴ですが、その中でもゼニアオイは花が多くつくので、一番観察しやすい材料です。また、図②、③、④のように同一方向に巻く株があるかもしれませんが、いまだかつて、そのような株は見たことがありません。

## 日当たりに直蒔きで

ゼニアオイは、一度植えておくと、毎年続いて開花し、こぼれ種でいくらでも繁殖します。春から咲きはじめ、盛夏のころもよく咲きますが、一番美しいのは何といっても初夏でしょう。

ほとんど施肥をせずに育つ丈夫な植物ですが、移植を嫌うので、四月ごろに日当たりのよい所に直蒔《じかま》きするとよいでしょう。

## 植物の話題

ゼニアオイの花びらは薄紅色で倒心形、またはくさび形で、先がくぼんでサクラの花びらのようです。花の中心部が真紅で、先端にいくにつれて薄い色になり、終わりには脈だけに紅色が残ります。

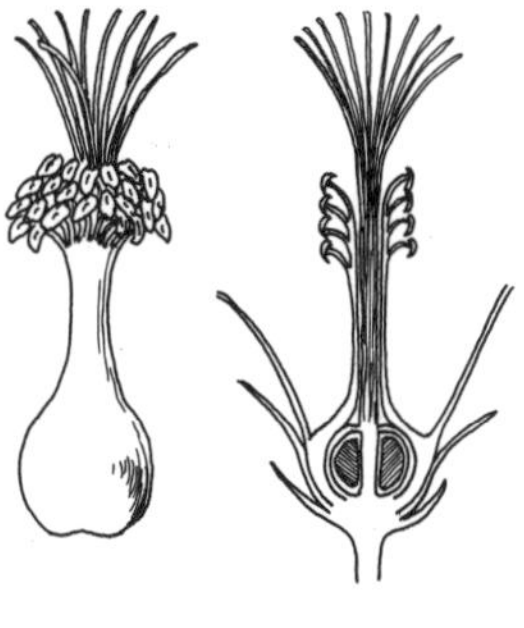

ゼニアオイのおしべとめしべ（左）とその断面（右）

花の中央に一本のめしべと、その基部に多数のおしべがつきます。おしべは多くの花糸が癒合して心皮の基部を取り巻き、花柱を包んだものです。「多雄ずい単体」とか「単体おしべ」といい、この部分を見るとアオイ科ということがすぐにわかります。また、めしべの先端も数本から一〇本にまで分かれています。

花の「左巻き」とか「右巻き」というのは、開いた花を真上から見ていいます。また、蕾の左巻き、右巻きというのは、蕾の外側から見たものです。だから同一種であっても、蕾と花とでは巻き方が反対になります。

ゼニアオイは花びらの間に隙間があるので、上面からは巻き方がわかりかねます。しかし、同じ科のフヨウやハイビスカスのような花びらが大きくて重なっているものではよくわかります。花びらが大きいほど美しさもあり、科学的にもおもしろいということになります。

花蕾《からい》の巻き方については、九ページ「アサガオ」の項を見てください。

うそっ！ほんと？

# チューリップは花被を伸ばしながら開閉します

《正しい観察記録は何番？》

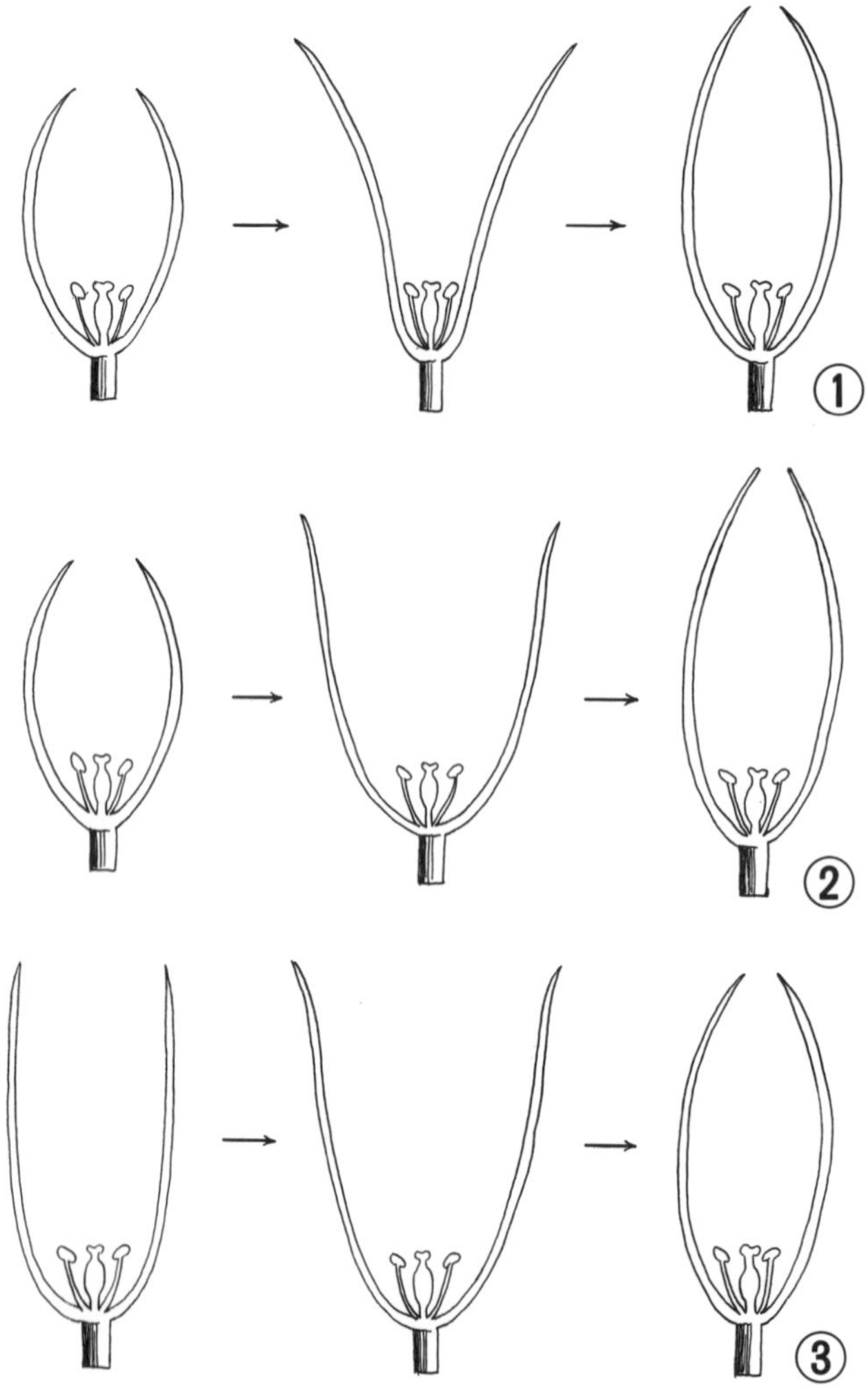


## チューリップ

ユリ科

ピカピカの小学一年生の入学を待つかのように、校庭ではいっせいにチューリップの花が咲き揃います。この花は温度にとても敏感で、気温によって花被の開き具合が変わります。ちょうどこのころ、晴れた暖かい日には気温が二五度を越すことがあります。そのとき、子どもたちにチューリップの花の開き具合を見せて、上着を脱ぐように教えるのです。

まず、チューリップの花の上に台をつけ、左図のように透明な板に温度の輪を書いておきます。その輪を見せて、いまの気温が何度であるか、上着はいるかいらないかなど、生活体験を通して気温を体得することができるように訓練をさせます。子どものときから温度感覚を身につけてやりたいものです。

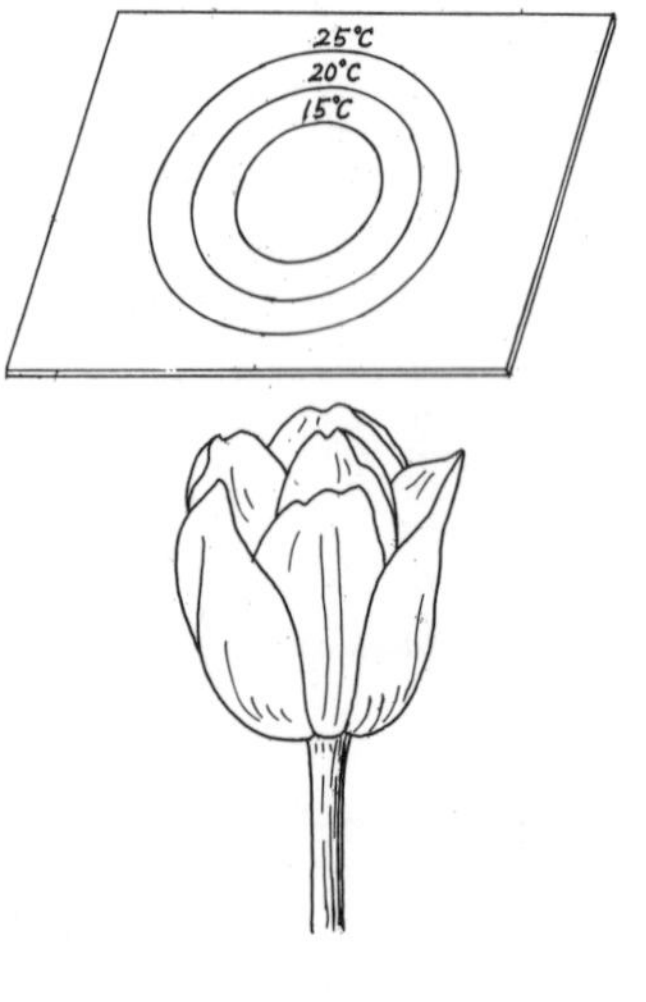

### 三倍体で結実しない

秋にチューリップの球根を植えると、一か月で芽を出し、三月下旬になると急に生長して、葉を一二〇度の開度で三枚出します。このとき、下の葉ほど長く、幅も広くなります。花が咲き終わったら花軸から切り、葉が枯れるのを待って球根を掘り上げ、涼しい日陰で夏を越させます。

チューリップは三倍体なので、いくら花が咲いても結実することはありません。ちなみに三倍体というのは、基本数の三倍の染色体を持つ倍数体のことで、有性生殖では減数分裂がうまくいかず、不稔となります。

### 観察のポイント

早春の夜、病院へチューリップの切り花を持って見舞いに行くと、室内は二五度以上にもなっているので、見る見るうちに開いていきます。このことから、チューリップの開花は太陽光線とは関係が少なく、温度によって開閉することがわかります。

開花の原動力は花被の基部の細胞で、気温が上がると、花被の内側の基部の細胞が伸長して花被が横に傾くので、花は開いた状態になります。反対に外側の細胞が伸長すると、花被は内側へ傾くので閉じた状態になります。四日、五日と開閉運動が続くにつれて、花被の長さも伸びていきます。細胞が伸びきると生長は止まり、開閉運動も終了して、花被は散り落ちてしまいます。このように気温の変化で花被が開閉しながら生長する仕組みを「傾熱性生長運動」といいます。図②が正しいスケッチです。

図①は中央の花被片が外曲していますが、このように花被片の中央部が伸び縮みするようなことはありません。図③は咲きはじめから終わりまで、花被の長さが同じなので間違いです。

### 元肥を十分に

チューリップは早春に開花する花なので、冬の北風からの保護対策が必要です。切った藁《わら》を敷いて地温を上げる工夫などして、かわいがる心を養いたいものです。

栽培は元肥《もとごえ》を多く施すことです。原産地は水の少ない砂漠地帯のアルカリ性の土壌なので、植える前に石灰を施用すると元気に育ちます。

### 植物の話題

チューリップはトルコを中心とした小アジアの原産で、一六世紀にヨーロッパに伝わって大流行しました。高価に売買されたり、投機の対象になったりして、一六三四年からは歴史にも残るチューリップの狂乱時代となり、多くの悲劇が生まれたということです。

一七世紀ごろ、花被や葉に現れたウイルスによるモザイク病斑が模様斑と錯覚され、大流行したことがありました。このような球根を代々ふやしていくと、葉の大部分が白色になって光合成を行うことができず、ついには枯死してしまいます。健全な球根に感染しないうちに、このようなものは見つけしだい、少しでも早く抜き捨てることが栽培の鍵です。

日本にチューリップが伝わったのは一九世紀の中ごろですが、戦後の普及には目覚しいものがあります。新潟、富山両県では県花にもなっていて、ウイルス病に強い優秀な球根は定評があり、大部分が輸出されています。

花の鑑賞には、開花前に鉢に移すよりも、切り花の方が長持ちします。

うそっ！ほんと？

# ネコヤナギの花は反向日性です

《正しいスケッチは何番？》

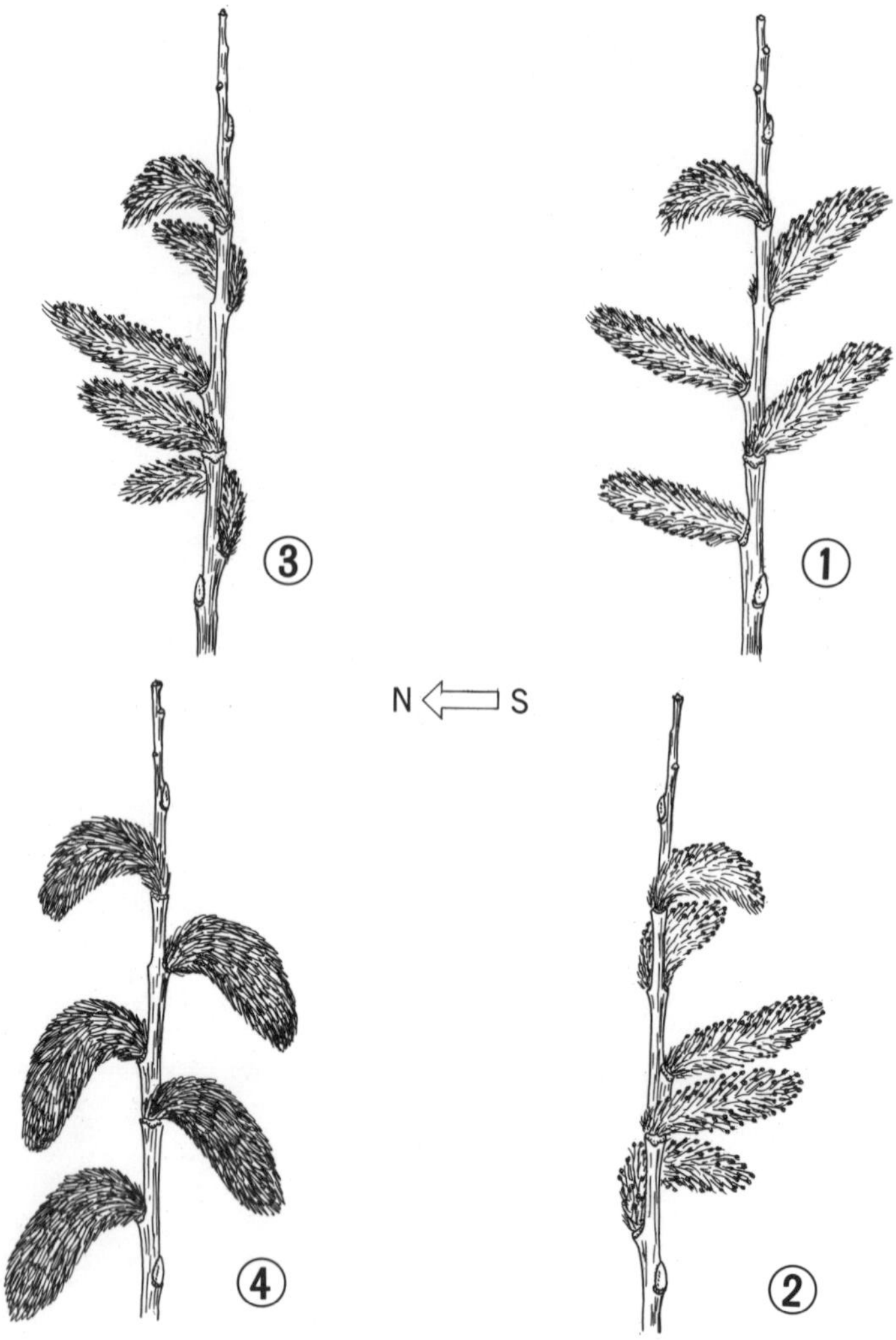


## ネコヤナギ

ヤナギ科

早春、花屋さんの店先を通ると、桶いっぱいに挿された銀色のネコヤナギやコリヤナギ、黄金色の菜の花、ピンク色のモモの花などが並び、春のいぶきを感じます。

子ども時代をすごした田舎の川には、流れから一《メートル》ほど離れた所に、ネコヤナギが列を作って生えていました。

ところが、その川も戦後、ビル建設のための砂利採取と、川上の森林の乱伐、さらに度重なる洪水などですっかり変わり、ヤナギも流されて皆無になってしまいました。河原のネコヤナギは乱伐の第一の犠牲者なのです。

春たけなわのころ、大きく下垂したネコヤナギの実は、晴天の午後には頭部から割れて、真っ白い毛をフワフワと風の間に間に飛ばしたものです。この絹毛を持った種が飛散する様子を「柳絮《りゅうじょ》」といい、雪のようであると形容しますが、今日ではそんな光景に接することもなくなりました。

### 雄株のほうが美しい

ネコヤナギは高さ二《メートル》内外の雌雄異株の落

葉低木で、株元からたくさんの枝を分かちます。

雄株の花穂《かすい》の方が大きくて美しいので、花屋に出回るのは雄の花枝ばかりです。雄花穂は長さ三〜五㌢で、雄花にはおしべが一本あり、葯《やく》は四個で紅色をしています。花穂の下から上に向かって咲いていくと、葯が順次黄色い花粉にまみれ、なかなかきれいです。

雌花穂は短くて細く、美しさに欠けるので、雌の花枝が花屋さんに並ぶことはありません。雌花には一本のめしべがあり、花柱は日本のヤナギ属では最も長くなります。雄花と雌花の小苞《しょうほう》のもとには蜜腺《みつせん》（腺体）が一本あって、そこから香りを放ちます。これにハチやアブなどの小さな虫が誘われて訪れ、受粉するのです。

## 観察のポイント

ネコヤナギの徒長枝は、秋になっても長く伸びて頂芽ができません。したがって、花が咲いても、一本の枝の途中だけにしか花穂はつきません。

晩秋になると、ネコヤナギの葉柄は膨れ、花芽を包んで保護し、芽鱗《がりん》（苞葉）となります。まだ寒い二月の終わりから三月ごろ、ほんのわずかの暖かさを感じ取った花芽は、帽子を脱ぐように芽鱗を落とし、花を開きます。ヤナギ類の花穂は「ネコ」と呼ばれ、小苞から出た絹毛で覆われています。早春の日を浴びた花穂は、南に面した方が大きく膨れて開花するので、その先端は北を指すことになります。それで早春の山で道に迷ったときは、「谷側に出てヤナギの花穂を見ろ」といわれているのです。「方向指示植物」、あるいは「コンパス・プラント」、「磁石の木」といわれる由縁です。

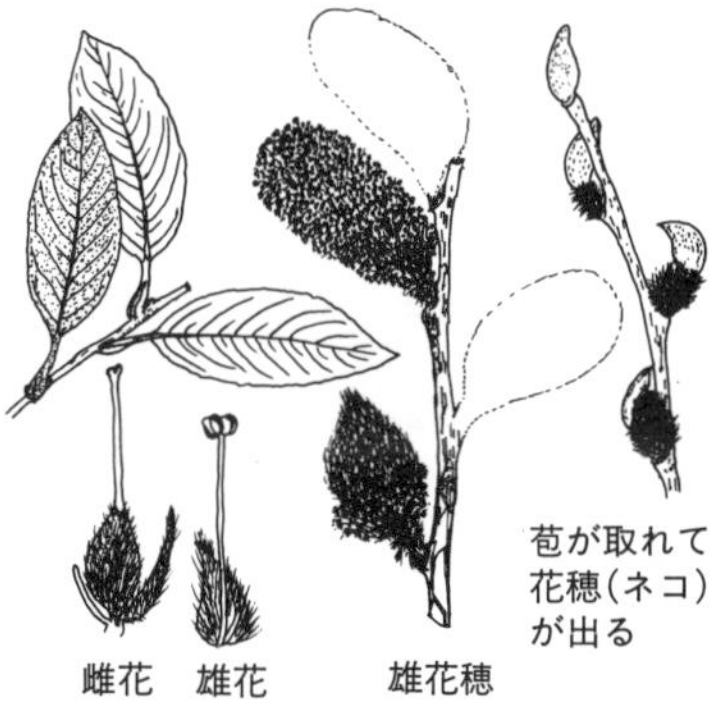

図B　ネコヤナギの雌花、雄花と雄花穂

図③は日光を受けて南側が膨れ、花穂の先端が北を指した枝で、正しいスケッチです。早春に見るとよくわかります。図④は実になった枝で、やはり正しい図です。図①のように花穂が別々の方を向いて開花することはありません。また、図②のように向日性を示すこともありません。

## 花穂を除いて挿し木

早春、花屋さんに行くと、ヤナギ類がいろいろと売られているので、それを求めて二〇㌢ほどに切って挿し木をしてみましょう。花穂を除いて挿すと、ほとんど活着しますが、多湿地の方がさらに成績がよくなります。

店頭に出るヤナギ類はほとんど雄株で、そのなかでもフリソデヤナギ、ネコヤナギ、クロヤナギは、とくに美しいものです。

## 植物の話題

ネコヤナギを生け花に用いるときは、窓と反対の方に花穂の先端を向けないと、一日で生けた花が狂ってしまうので、方向を考えて生ける注意が必要です。芽鱗が固くて取れにくいときは、ちょっと火にあぶってしごくと、さっと取れて、銀白色のネコが顔を出します。

ネコヤナギ

うそっ！ほんと？

# ハイビスカスの花は右巻きか左巻きです

《正しいスケッチは何番?》

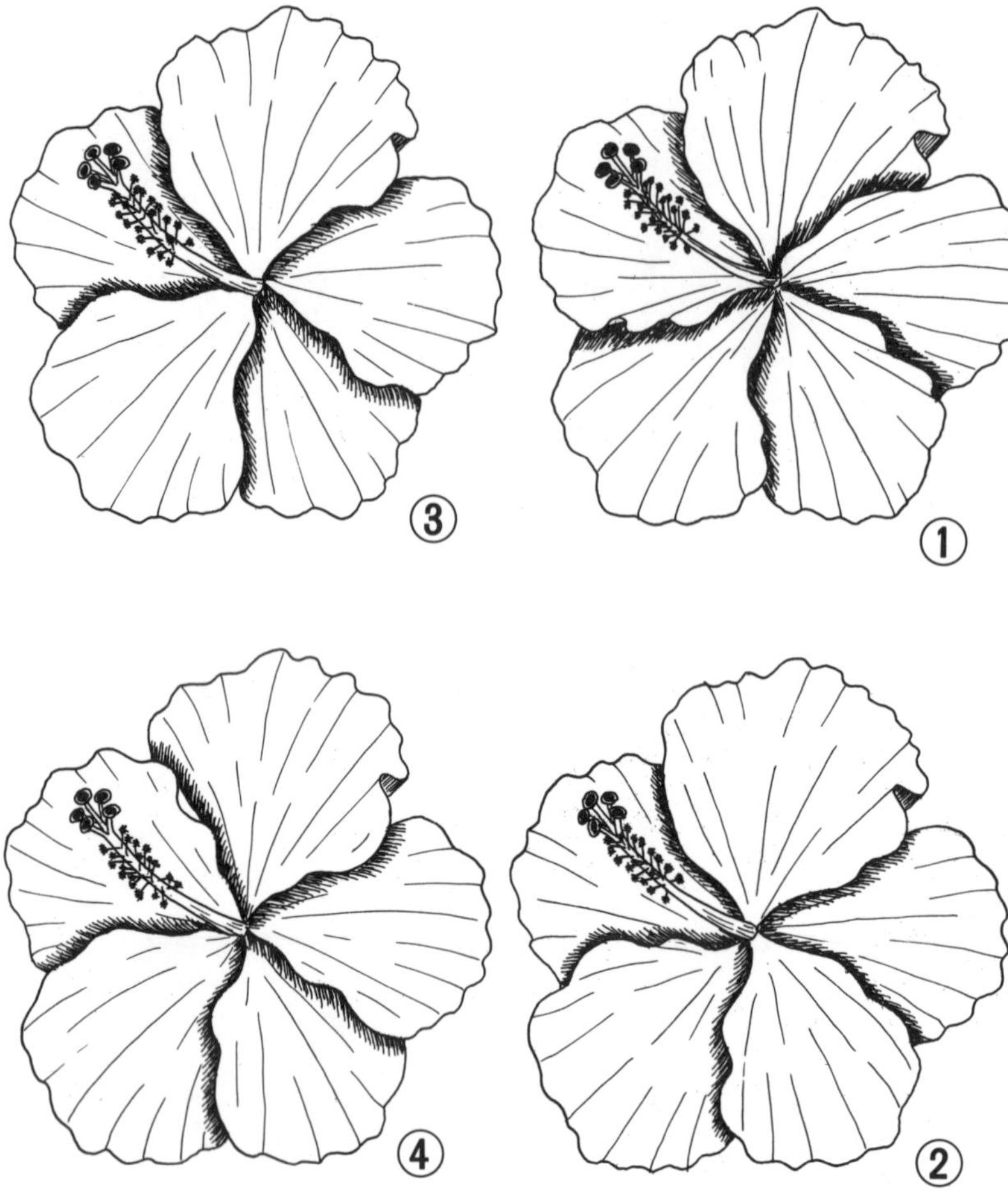


## ハイビスカス

アオイ科

目の覚めるような色鮮やかなハイビスカスは、南国情緒たっぷりの花で、かつては「ハワイの花」としてもてはやされ、熱帯への旅行者だけが楽しんだものでした。

ハイビスカス（ブッソウゲ＝仏桑花あるいは扶桑花）の原産地は中国ですが、園芸用のハイビスカスはハワイの九種類を中心に品種改良が行われ、それらにブッソウゲやフウリンブッソウゲなどを交雑して作り出されたものです。今日では三千品種とも五千品種ともいわれ、いまも改良が続けられて増加の一途をたどっています。近ごろでは、すっかり日本の夏を彩る花となり、どこへ行っても見られるようになりました。

### 五数性の明瞭な花

園芸店の店先に並んでいるハイビスカスの鉢植えは、矮化《わいか》ホルモンの処置がなされているので、葉は小さくて光沢があり、全体にこぢんまりと整っていて美しいものです。葉柄の基部の托葉《たくよう》は二枚で、花の咲く時点ではついていますが、のちには落ちてしまいます。

## 37　ハイビスカス

　また、春の花か秋の花かは、葉形によって識別することができます。というのは、春の葉は小形で、夏の葉は大きくなるからです。この茎の靭皮《じんぴ》繊維は長くて丈夫で、なかなか切れません。

　ハイビスカスの花は一日花で、おしべがめしべを取り囲んで筒状をなし、花の外へ長く突き出ています。これを「多雄ずい単体」とか「単体おしべ」といいます。めしべの先の柱頭は五つに分かれ、花びら、萼《がく》、苞葉《ほうよう》もそれぞれ五枚ずつからなっていて、五数性のはっきりした花です。

　花の構造も規則的で孤立しています。ゼニアオイやムクゲなどのアオイ科の植物に共通ですが、ハイビスカスは花も大きく、背丈も低く育つので、観察眼を養うには最適の材料といえましょう。

### 観察のポイント

　ハイビスカスの花は、夏から秋にかけて新しい幹の葉のつけねに咲きます。花びらは五枚で、重なり方に右巻きと左巻きとがあり、花によって巻き方が異なるので、一つの植木鉢の中で二個も三個も咲くと、必ずどちらの場合も混じっています。蕾《つぼみ》も右巻きと左巻きのものとがありますが、咲き終わってしぼむと、花びらはきれいにたたまれてしまうので、巻き方には関係がなくなってしまいます。このように、ハイビスカスの花の巻き方には、右巻きと左巻きの両方があるので、左巻きの図①と右巻きの図④は、ともに正しいスケッチです。図②、③はツバキの花びらの重なり方で、ハイビスカスでは見られません（ツバキの花の重なり方について、くわしくは『ほんとの植物観察２』の二二ページを参照してください）。

### 日に当てるのがコツ

　栽培の鍵は光と水で、よく日光に当てることが大切で、購入するときは、日当たりのよい店で元気な株を求めることです。日陰の店や地下街の店で買って帰り、急に強い日光に当てると、蕾がみな落ちてしまいます。

ハイビスカス。下位の花はしぼんだもの、左の花は右巻き、右の花は左巻き、上位の蕾は開くと左巻き。

　一〇月になったら、夜間は室内に入れます。越冬は一〇度以下になる所ではむずかしいので、気温の低い地方では一年生草本のように扱い、毎年、春に花鉢を購入するのがよいでしょう。

　花びらは咲き終わるときれいにたたまれてしまいますが、そのままにしておくと病気にかかる恐れがあるので、摘み取って捨てる必要があります。

　繁殖は、挿し木が簡単です。

### 植物の話題

　現在、店先に並んでいるハイビスカスのほとんどが、矮化ホルモンの処置によって枝の伸びを抑えて、五号鉢ぐらいの小さな鉢に植えられています。ふつう矮化剤のききめは二か月ぐらいといわれ、それが切れると本来の生長をするので、枝はどんどん伸びていきます。ところが、ハイビスカスに限ってこの効果は二年間も持続し、小さな鉢で大きな花を長期間観賞することができるのです。

うそっ！ほんと？

# ハクモクレンの花被は三輪上に九枚あります

《正しい観察記録は何番？》

蕾の輪切りのスケッチ

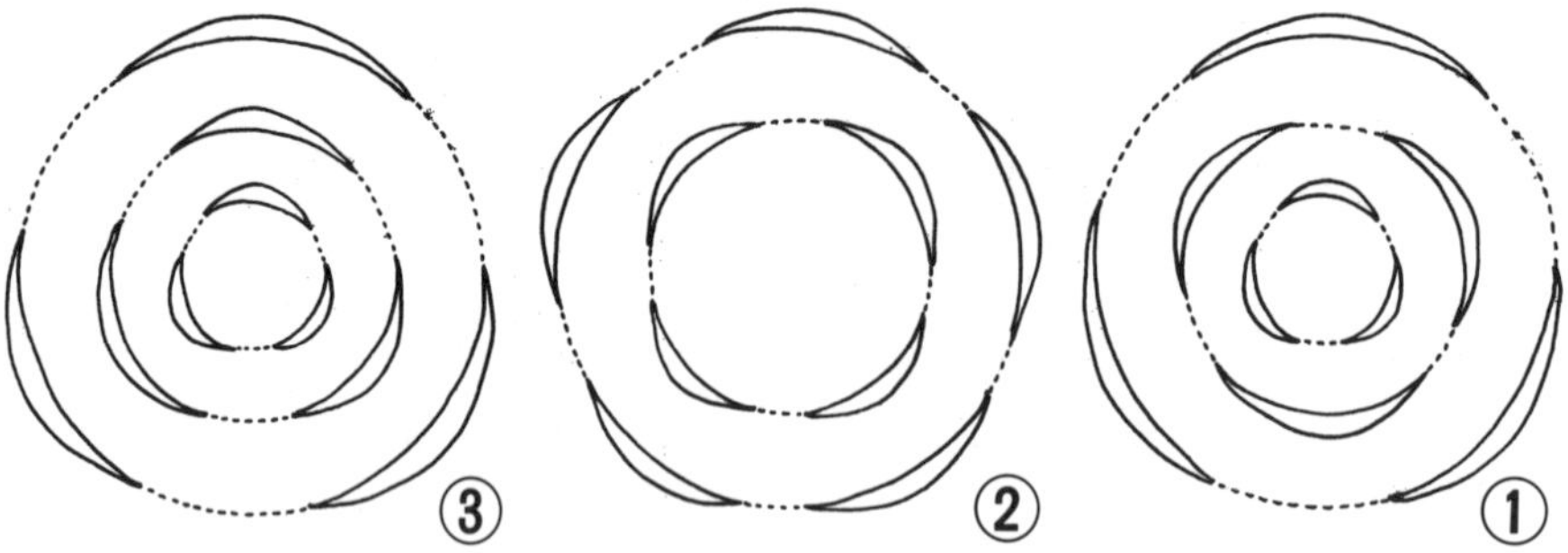


## ハクモクレン

モクレン科

被子植物は裸子植物から進化したと考えられていて、その初めの方に出現したのが、モクレン科の植物であろうといわれています。その理由は、この科の植物はすべて木本茎であること、おしべとめしべが多数でらせん状に付着すること、花びらや萼《がく》の分化が十分でないこと、さらに導管がなく仮導管であることなど、裸子植物に似た原始的な形態を多くとどめているからです。

### 謎の多い花の作り

ハクモクレンは同形同大の白い大きな花被片が九枚ついています。外側の三枚が萼、内側の六枚が花びらに相当するもので、それらの花被片が三輪上に三枚ずつ交互に位置しています。

同じ科のコブシなどでは、冬芽の最外部に粗毛の生えた苞《ほう》状のものが二枚あります。これは幼時に雪や霜の被害から守るための器官で、托葉《たくよう》といわれています。若芽が生長すると、托葉は突き落とされてしまい、その付着部に輪状の跡ができます。これを「托葉痕」

といいます（下の図Cを見てください）。

ハクモクレンの仲間は双子葉植物ですが、裸子植物に似た形態を多く残し、また、花被片が三枚ずつつくのは、単子葉植物に見られる特徴です。したがって、モクレン科の植物は、この世に初めて現れた被子植物で、「美しい花」の祖先とも考えられています。それだけに花の器官がたいへんまちまちで謎が多く、おもしろい植物です。

## 観察のポイント

早春に開花するハクモクレンは、南からの暖かい日光を受けて蕾《つぼみ》が南へ膨出するので、先端が北を指します。このように方向を知ることができる植物を「方向指示植物（コンパス・プラント）」、または「磁石の木」といいます。モクレンやコブシなど、この科の多くの植物の特徴ですが、ネコヤナギなどの花穂も同じような性質があります（三五ページを見てください）。

図①が正解です。小さい蕾のときに基部を輪切りにしてみると、九枚の花被片は外側の三輪上に三枚ずつ交互に並んでいることがよくわかります。一般に花被はすべて二輪上に並び、外側を萼、内側を花びらといいますが、ハクモクレンは図①のように九枚の花被片が三輪上に並び、外側の三枚を萼、内側の二輪上の六枚を花びらといい、非常に珍しい並び方です。図②のように花被片が二輪上に四枚と五枚が並ぶとか、図③のように三輪上の同位置に並ぶことはありません。

## 台木の萌芽は摘み取る

ハクモクレンは実生によって育苗することがまれで、たいていはタムシバに接ぎ木します。生育中に台木のタムシバから芽が出ることがありますが、これを放置すると接ぎ穂のハクモクレンは枯れてタムシバになってしまうので、ときどき注意して株元を調べてほしいものです。もし、台木から芽が出ているのを見つけたら、一日でも早く摘み取ることで、これは接ぎ木苗すべてにいえることです。

ハクモクレンの花は三月に咲き、ときに霜が降りたり、強風にあおられたりすると、花被は茶褐色になって見るかげもなくなるので、日当たりがよくて風当たりの少ない場所に植える必要があります。

## 植物の話題

ハクモクレンは中国の原産ですが、日本へはいつ渡来したのか、はっきりとした記録はありません。

高さが一メートルほどになると開花しますが、幼木につく花は大きくて数は少なく、年を取るごとに数は多くなりますが、花は小さくなっていきます。これはハクモクレンの大きな特徴の一つです。

ハクモクレンやモクレン、コブシなどの仲間をひっくるめて「マグノリア」といい、いずれも美しい花をつけるので、ヨーロッパやアメリカでは人気のある花木で、いろいろと品種改良が進められています。

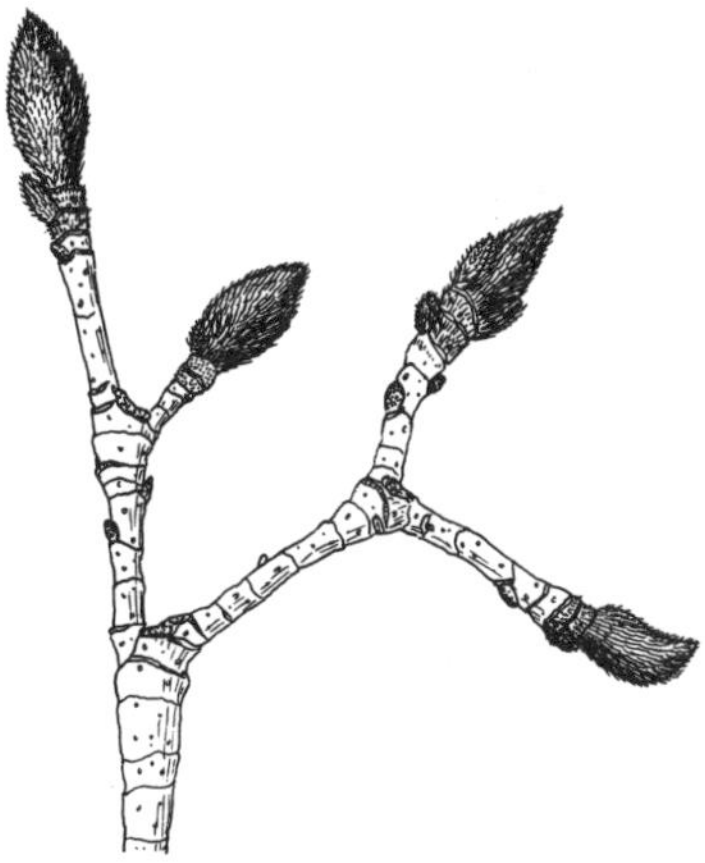

図C　ハクモクレンの蕾がついた枝。茎の輪は托葉痕。

うそっ！ほんと？

# ハナイカダの花軸は葉脈にくっついています

《正しいスケッチは何番?》

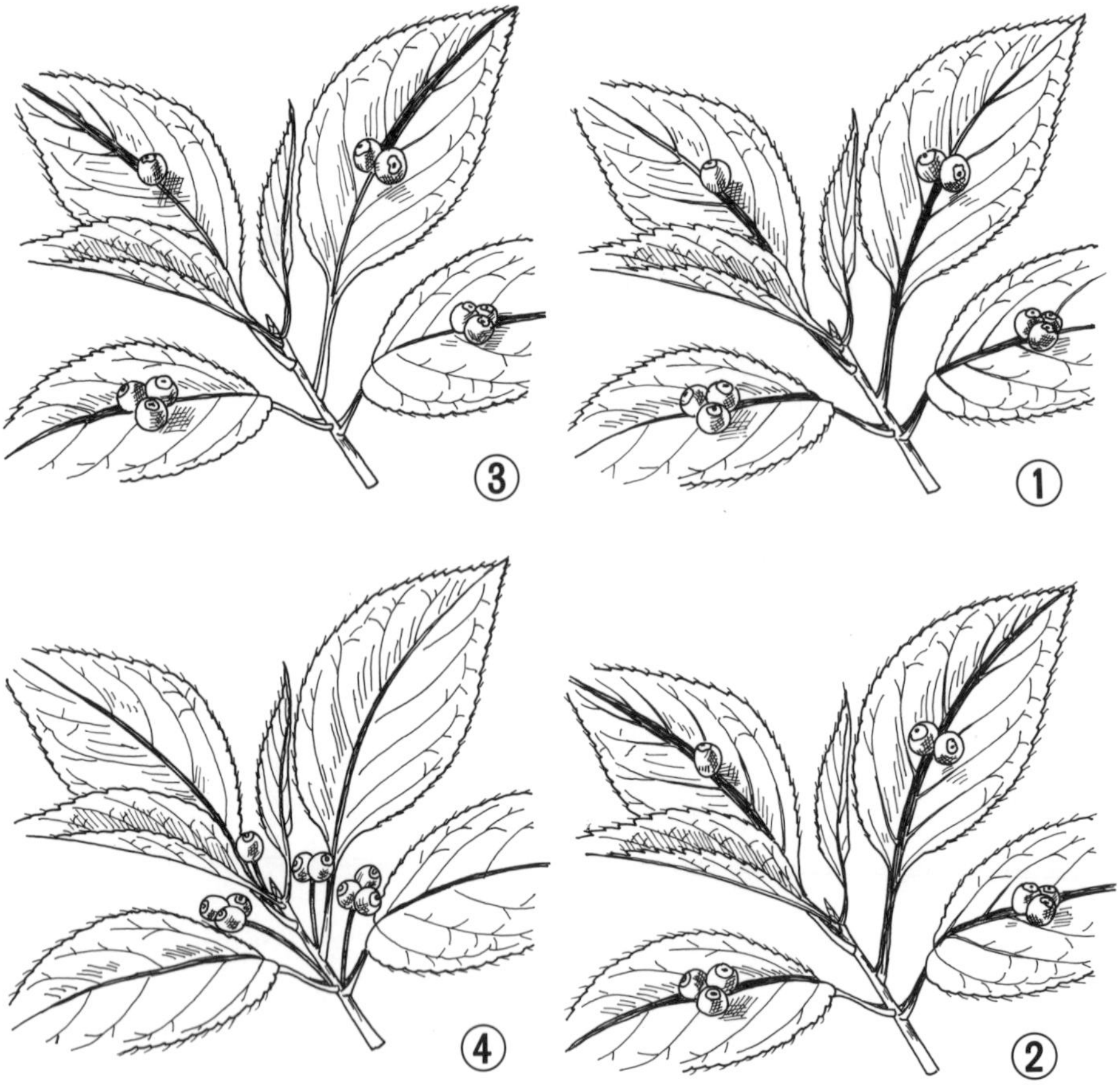


## ハナイカダ

ミズキ科

春に山麓のやや湿った雑木林の中に入ると、葉の真ん中に小さな花の咲いているかわいい木を見かけることがあります。花を乗せた筏《いかだ》に見立てて「ハナイカダ」というすてきな名前がついています。造化の神様がちょっといたずらをされたのか、他に類例を見ない変わった植物です。

### 雌雄で花びらの数が異なる

ハナイカダは雌雄異株で、おもしろいことに雄株と雌株では、生えている群落が違っています。それは、この黒熟した実はなかなか風味があって、小鳥が喜んで食べたあと、糞《ふん》を方々に落とすからでしょう。

初夏のころ、葉の真ん中に短い柄を持った淡緑色の小さな花が咲きますが、雄花は数個、雌花は一～三個つきます。

ふつう雄花には花びらが三枚、雌花には四枚のことが多く、雌雄で花びらの数に違いのあるのもおもしろいことです。

葉の縁には細かい鋸歯《きょし》があり、その先端はひげのようになっています。

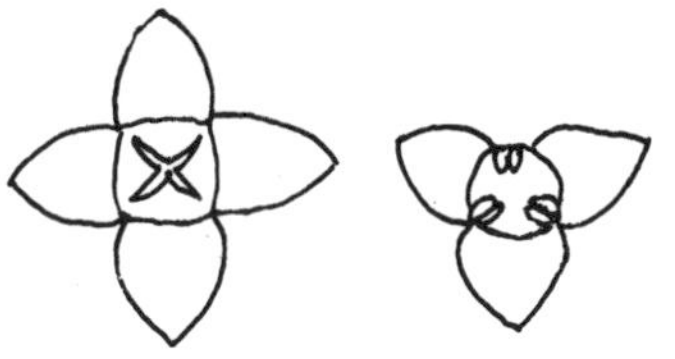

ハナイカダの雌花（左）と雄花（右）。雌雄によって花びらの数が異なることは珍しい。

## 観察のポイント

葉の真ん中に花をつけるということは、ハナイカダのずっと昔の祖先は、図④のように葉腋《ようえき》から数個の花をつけた花軸を出していたのでしょう。その花軸が葉柄と葉身の中央脈の真ん中までくっついてしまい、いまでは葉に花が咲くように見えるのです。その証拠に、花までの中央脈がとくに太くなっていて、若いときに切ってみると、その様子がよくわかります。

なお、春の開花時期によく見ると、茎に雄花がついていることがあります。

図①が正しいスケッチです。葉上の実の数は、関東では一個、関西では二、三個のことが多いようです。この図は神戸産をスケッチしました。図②は中央脈が先端まで太すぎるし、図③は図①とは逆で、図④は花軸が分離しているので、いずれも実在しません。

## 明るい樹下に育てる

ハナイカダの子房は下位で、実は七月に黒く熟します。

実のついた雌株は、茶花《ちゃばな》としてとくに好んで生けられます。したがって、実を見るためには、雌雄ともに植えることはいうまでもありません。

栽培は明るい樹下で、植え込む際に腐葉土を少し多めに入れるとよく育ちます。また、挿し木や株分け、実生《みしょう》でも簡単にふやせます。

## 葉の真ん中に花が咲く植物

ハナイカダのように葉の真ん中に花が咲くものは、他にユリ科のナギイカダがあります。マキ科のナギに似た葉を筏に見立てたものです。この筏は葉のようですが本当の葉ではなく、枝が変化したもので「葉状枝」といいます。その下側に小さな鱗片状の退化した葉がついていますが、同化作用はできません。実は秋に葉状枝の真ん中で赤く熟します。

ハナイカダもナギイカダもよく似た形態をしていますが、ハナイカダは真正の葉で、ナギイカダの見かけ上の葉は枝なので、これらは相同のものではありません。

## 植物の話題

ハナイカダは茎葉ともに無毛で光沢があり、食べてもあくがほとんどありません。ころもを薄くつけて天ぷらにしたり、さっとゆでてひたしものやゴマ和え、白和えなども美味です。昔から食用にしていたとみえて、方言もイボナ、アズキナ、ママコナ、ヨメナ、ムコナなど、「ナ（菜）」のつくものがたくさんあります。

『万葉集』などに出てくる山城（京都府南部）の枕詞《まくらことば》に、「つぎねふやましろ」というのがあります。前川文夫博士によると、この「つぎねふ」はツキデの変わったものといい、ツキデは葉に芽がついたという意味のツキメの転で、それはハナイカダのことだという説を立てています。山城の林の下にはハナイカダが多く生えていて、食用にしていたことから、ツキデの名が変化して「つぎねふ」という枕詞が生まれたのだろうと推測されています。

うそっ！ほんと？

# ハナミズキは苞葉が見せるメガネ花！

《正しいスケッチは何番？》

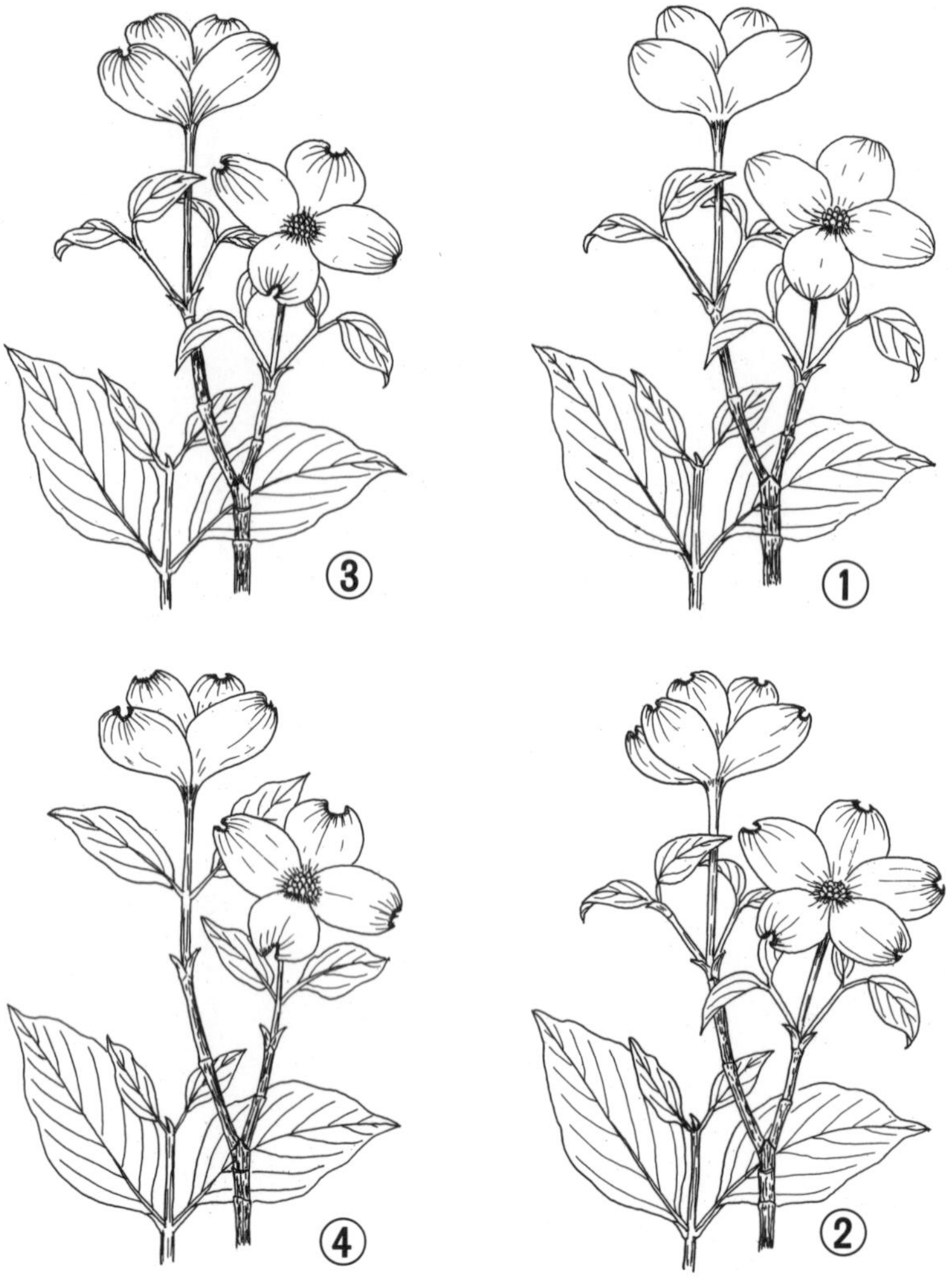


ミズキ科

## ハナミズキ
（アメリカヤマボウシ）

明治の末、当時、東京市長であった尾崎行雄が、日米親善のためにアメリカへソメイヨシノの苗を贈りました。その返礼として、大正の初めにハナミズキの苗木三〇本が送られてきました。それが日比谷公園などに植えられ、いまでは大木となって四月の下旬には、白や赤の見事な花を咲かせています。

ハナミズキは葉が開くより先に、樹冠いっぱいに大きな花を咲かせるので、とても華やかです。四枚の大きな花びらを持った一つの花のように見えますが、この花びら状のものは「苞葉《ほうよう》」といわれるもので、真ん中にある一五～二〇個ほどの小さな花を包んでいるのです。本当の花は小さくてあまり目立ちません。この花びら状の苞葉こそ、中身を忘れた大風呂敷で、私たちはそれを観賞しているわけです。

### 苞葉の美しさを観賞

ハナミズキの四枚の花びら状の苞葉は美しく、ふつうなら「花の命は短くて…」と嘆くところですが、二〇日以上もの長い間、観賞

## 43　ハナミズキ

することができます。その苞葉の中心に黄緑色の小さな花が寄り集まって咲き、秋に赤い実をつけます。秋の紅葉もたいへん美しく、公園にも庭木にもふさわしい人気の花木です。

### 観察のポイント

ハナミズキの苞葉を見ると、先端がえぐれたようになっています。この花は早春に咲くので、寒さで生長が中止したためであると書いた本がありますが、蕾《つぼみ》の生長する様子を見てみると、四枚の苞葉の相対する二片の先端が、お互いに固くドッキングしてメガネのように丸くなり、かつ引っ張り合いをしていることがわかります。だからそのくぼみは、お互いの傷跡なのでしょう。ところが、ドッキングをしていない日本のヤマボウシは、白い苞葉をゆうゆうと伸ばし、先端が逆に突出していてたいへんきれいです。

ハナミズキの苞葉の様子

図③が正しいスケッチです。冬芽は花と葉の混合芽で、対生する二本の枝の中央に四枚の苞葉を持った頭状花序を一個つけます。枝のもとには二枚の鱗片葉をつけ、その枝の先には、開花時に二枚の葉を対生につけますが、鱗片葉は正常に伸びることはありません。

図①は苞葉の先端が丸く、図②は苞葉が五枚、図④は花軸に葉をつけているので、いずれも実在しません。

### 赤花は接ぎ木でふやす

ハナミズキは北アメリカ原産の落葉小高木で、枝は二メートルぐらいの所から四方へ水平に長く伸び、傘状に広がります。葉は木の上の方で茂るので、庭園や芝生の中でも、半日陰を作って共存します。花は水平に広がった枝の上部に群がって咲くので、少し高い所から見下ろすと、最高に美しい眺めになります。

実は完熟すると発芽抑制物質ができて、発芽は二年目になるので、九月のまだ色づかないうちにとり蒔《ま》きする方が、よく発芽します。

また、種は「低温要求種子」といわれるもので、一か月から二か月の低温期間を経ないと、発芽しません。

実生《みしょう》では、赤花の種を蒔いても白花になることが多いので、接ぎ木や取り木でふやします。

樹皮を煎じてイヌの皮膚病の治療に用いるので、英名を「ドッグ・ウッド」といいます。

### 植物の話題

ハナミズキは一組の苞葉の中に二〇個内外の花を咲かせます。この花には、花びらが四枚でおしべは四本、めしべが一本あります。秋になると、赤く熟したつぶらな実が数個、寄り添うように集まりますが、ヤマボウシのような集合果にはなりません。ハナミズキの実は苦くて食べられませんが、ヤマボウシの実は甘く、美味です。

ハナミズキは「アメリカヤマボウシ」とも呼ばれ、アメリカを代表する花で、日本のサクラに対応するものです。サクラはパッと咲いて、パッと散っていきますが、ハナミズキの花は半月以上も楽しめます。こういう好みは国民性によるものなのでしょう。

44

うそっ！ほんと？

# ハルジオンの蕾は下を向いています

《正しいハルジオンは何番？》

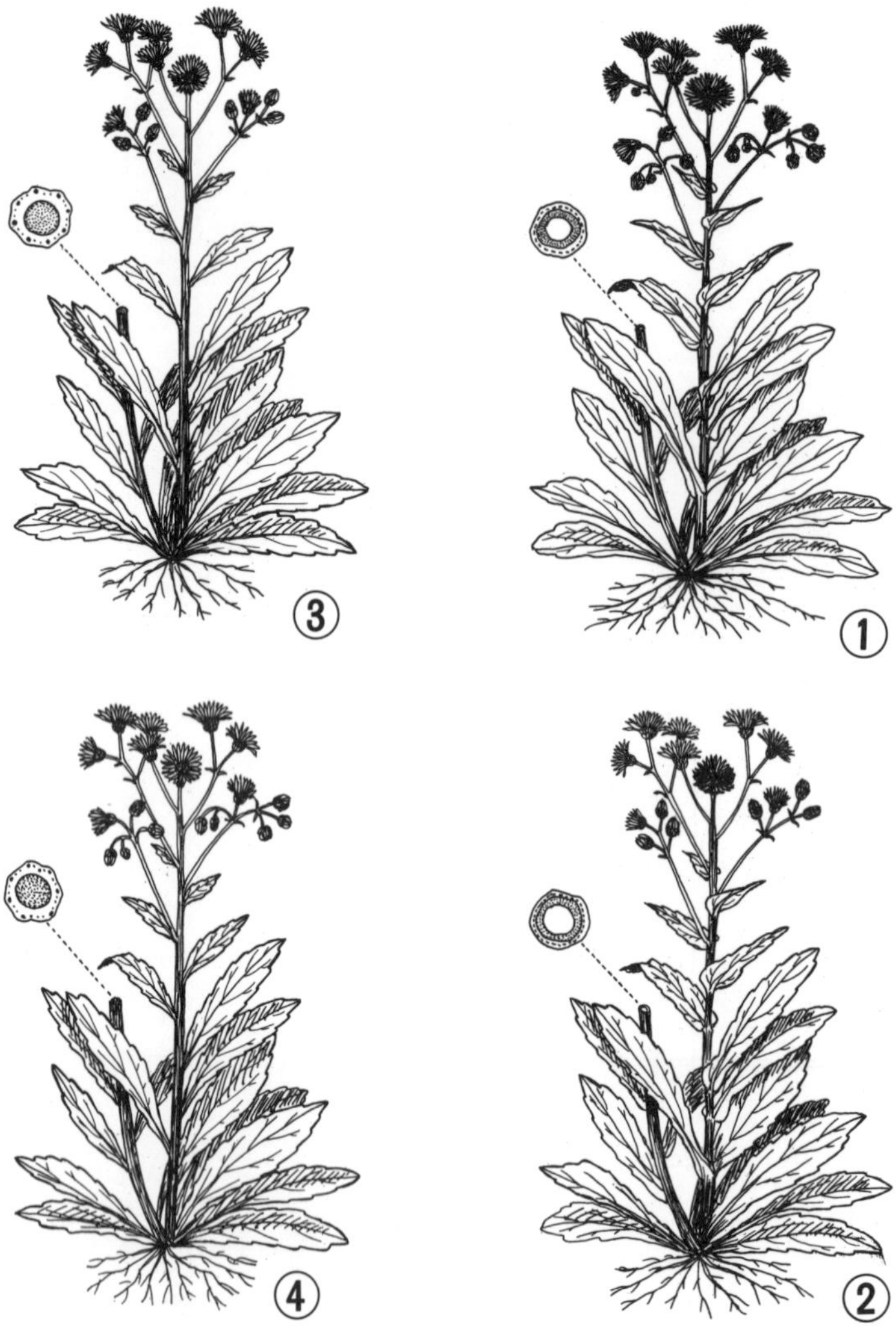


## ハルジオン

キク科

ハルジオンは原野や畑地でよく見られる雑草で、よく似たヒメジョオンとともに北アメリカ原産の帰化植物です。

ヒメジョオンは明治維新前後にわが国に渡来したことから、「御維新草《ゴイッシングサ》」とか、「世代《ヨガ》ワリ草《グサ》」、また、鉄道の発達とともに全国的に広がったので「鉄道草《テツドウグサ》」などの名があります。ハルジオンはそれよりも遅れて、大正年間に園芸植物として入り、戦後、関東地方を中心に爆発的に広がり、いまではごく一般的な雑草となっています。

### 茎の先が曲がったまま生長

ハルジオンは秋に芽生えて冬を越す二年生草本で、茎はタケのように中空で生長が早く、他の雑草を押しのけてぐんぐん生育します。高さは五〇～六〇センチで、葉は基部で茎を抱いて互生につきます。春から夏にかけて、白、または少し紅色をおびたかわいい花を次つぎと開いていきます。パッチリと上を向いて咲きますが、蕾《つぼみ》のうちはみんな行儀よく頭を下に向けて、おじぎをしているようです。

このように、若い茎の先端が曲がったまま生長することを「調位運動」といい、ヤブガラシやインゲンマメ、ツタなどの若い蔓《つる》、ハゴロモギクやケシなどの蕾にも見られます。

一方、ヒメジョオンの茎は白い髄がつまって中空にならず、草丈は一メートル前後にもなり、葉の基部も茎を抱いていません。また、蕾もハルジオンのように下垂せず、花の時期も少し遅く、夏から秋にかけて咲きます。

ハルジオンの根生葉は花の時期も枯れずに残っていますが、ヒメジョオンでは花が咲くころには枯れています。

### 観察のポイント

ハルジオンは蕾のうちはみな下垂していますが、花が開くと上を向いて昆虫の来訪を待ち受け、受粉を可能にしているかのように見えます。

いかに単為結果をする植物であっても、有性生殖に優る方法はありません。また、根が横に走って、ほうぼうに不定芽を出して新しい個体を作ります。このような栄養繁殖力も強く、ひとかたまりになって広がっていきます。ハルジオンのように世界中を制覇していくには、それなりの努力というか、他の雑草にない特徴を持ち合わせない限り、生存競争から脱落することにもなりかねないのでしょう。

図①は茎が中空で葉は茎を抱き、蕾は下垂しているのでハルジオンです。茎が中空だと、タケのように早く伸びます。この早く伸びるということは柔らかいということで、それだけ茎が折れやすくなる心配があります。それで、葉の基部は茎を抱くようについて、折れるのを防いでいるのです。

図②はハルジオンのように見えますが、蕾が下垂していないので間違いです。図③は茎は中実で、葉は茎を抱かず、蕾も下垂していません。これはヒメジョオンの特徴で、そのスケッチです。図④はヒメジョオンのように見えますが、蕾が下垂しているので違います。

### 戦後爆発的に分布拡大

ハルジオンやヒメジョオンの花は晴天、雨天にかかわらず、春から晩秋にかけて長い期間咲き続けます。それに「単為生殖」といって花粉の媒介がなくてもよく結実し、萼《がく》が発達して冠毛となり、タンポポの実のようにフワフワと空中に飛び出して生活範囲を広げます。また、栄養繁殖力も旺盛です。さらに、除草剤パラコートへの抵抗性を持つものも現れ、戦後爆発的に分布が広がりました。いまでは日本中至る所に生える厄介な雑草です。

### 植物の話題

ハルジオンもヒメジョオンも、個々の花はかわいくて美しいものです。ハルジオンの頭状花は直径が二〜二・五センチで、まわりの舌状花はピンク色から白で、ヒメジョオンより幅が狭くて数も一五〇〜四〇〇個あり、中心部の管状花とともに長い冠毛があります。一方、ヒメジョオンの頭状花はハルジオンよりやや小さく、舌状花は白、数は一〇〇個ほどで、冠毛は短くて痕跡程度ですが、管状花には長い冠毛があります。

ヒメジョオンの根出葉はシュンギクの香りがして、なかなかおいしいのですが、血糖を減らす作用のあるインシュリン類似物質が含まれているので、あまりたくさん食べないほうがよいでしょう。

ハルジオンは漢字では「春紫苑」、ヒメジョオンは「姫女苑」と書きます。最近はハルジオンのことを、ヒメジョオンに対応して、「ハルジョオン」と呼ぶ人が多くなりました。

うそっ！ほんと？

# ヒオウギの花被片は六枚とも同形同大です

《正しいスケッチは何番？》

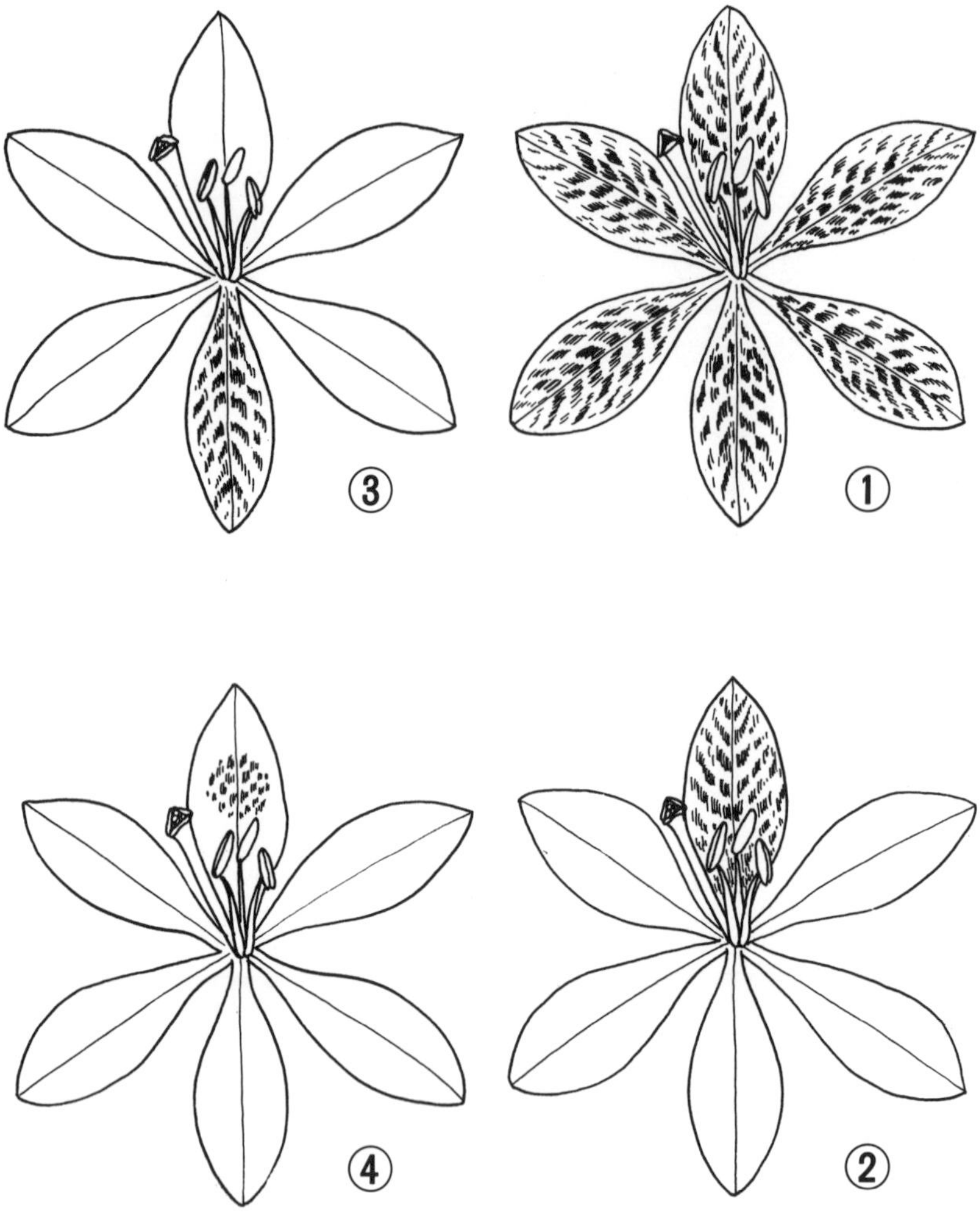


## ヒオウギ

アヤメ科

庭によく植えられるヒオウギは、別名を「ヌバタマ」とか「ウバタマ」、「カラスオウギ」といいます。「ぬばたま」や「うばたま」は、「夜」や「黒」などに掛かる枕詞《まくらことば》で、ヒオウギの真っ黒な種の色に由来します。

ヒオウギは日当たりのよい山野に生えますが、ときに古生層からなった沿海地の草原などにも生えています。かつて島根県の三瓶山《さんべさん》で見たものは、花色にもいろいろと変化があり、日本風の地味さも、十八娘の初々《ういうい》しい姿のような美しさで、いまも脳裏に焼きついています。

### 葉の重なりが美しい

ヒオウギやカラスオウギという名前は、葉の重なりの美しさが、昔、十二単衣《ひとえ》をまとった貴婦人が持っていた檜扇《ひおうぎ》（ヒノキの薄板を並べてきれいな糸でとじた扇）に似ていることによります。グラジオラスなどの葉と違って、太短い剣状の葉が七、八枚扇状に力強く広がり、葉の重なりだけでも観賞価値があります。

初夏から真夏にかけて花茎が一メートルぐらいに伸びて上部で分枝し、オレンジ色の花をたくさんつけます。花は一日花で、毎朝次つぎと開きます。秋になると、果皮が収縮して裂け、中軸胎座についた一〇個から二〇個の真っ黒い種が露出します。その種は光沢があって小鳥の目のようにつぶらで、かつ、その美しさが何日も続き、ちょっと類例のない形態です。

ヒオウギは花よりも、黒く露出した種の方がよく知られていて、古くから文人に注目されて「ぬばたまの」とか、「うばたまの」という枕詞になり、多くの歌に詠まれて親しまれてきました。

## 観察のポイント

ヒオウギの花は、サフランを思わせるように平開します。花被片は六枚で、ほとんど同形同大ですが、気をつけて見ると、萼に相当する外花被片がわずかに狭い感じがします。

花には黄色のキヒオウギ、赤色のベニヒオウギ、全体が矮形《わいけい》のダルマヒオウギなどがあり、六枚の花被片の内面には、ともに暗紅色の点が均一についています。ユリ科のオニユリなどの花によく似ていますが、ヒオウギはアヤメ科なので、おしべは三本しかありません。ちなみに、ユリ科のおしべは六本です。

正しいのは図①で、花被片の全面に均一に暗紅点がついていて、これは「模様斑《ふ》」といわれる斑です。図③のような斑点のものは、ラン科などによくあるものですが、ヒオウギでは見たことがありません。図②の中央の花被片だけに斑点があるものは見当たりません。また、図④のように最上の花被片の一部に点のあるものは、ツツジ類のガイドマークの斑の入り方に似ていますが、間違いです。

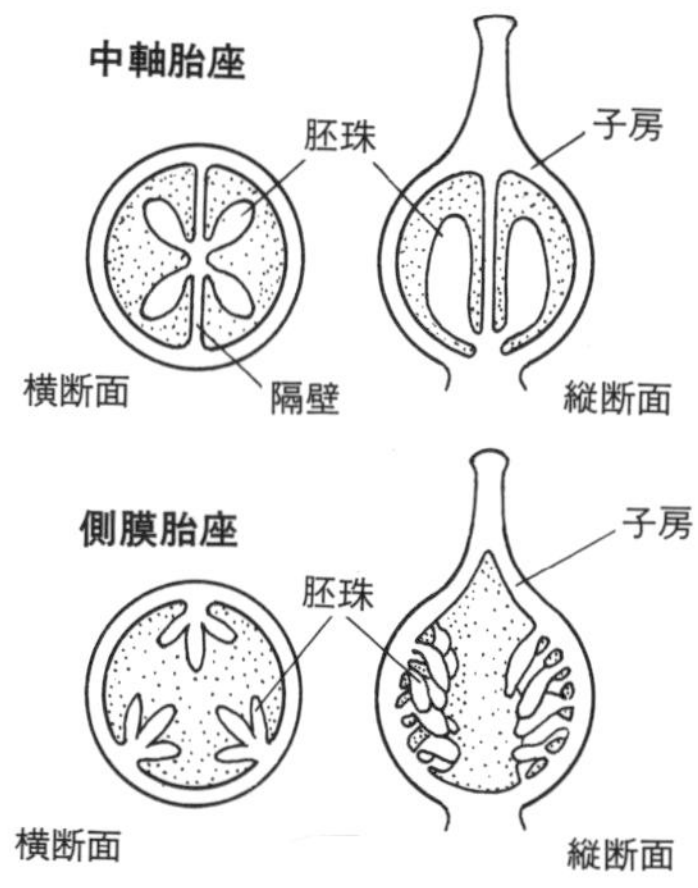

図D　中軸胎座と側膜胎座

## 二〜三年で株を更新

ヒオウギは山地の草原に生える植物で、長い地下茎をほうぼうに出すので、庭の片隅に植えておくと、地面の空いた所を求めてどんどん広がっていきます。日当たりさえ気をつければよく育ちます。

株は実生苗《みしょうなえ》で二〜三年ごとに更新するほうが、美しく保てます。春早く種を蒔《ま》くと、次の夏には花を楽しむことができます。

花より種や葉の美しさを観賞するものなので、道の近くで、葉組みがよく見える所に植えるのがよいでしょう。

## 植物の話題

ヒオウギは花もきれいですが、名前の由来になった檜扇状の葉は、それだけでも花材になるほどの美しさです。直立した葉には表裏の区別がありません。立っている葉の両面は二次的な表面で、茎を抱くように包んでいる白色をした内部が本当の表なのです。

ヒオウギの太い根茎は「射干《シャカ》」と呼ばれ、漢方では解熱や解毒に用います。

枕詞にもなった真っ黒いヒオウギの種。右は果皮が裂ける前の実。

# うそっ！ほんと？ ヒガンバナの花は葉を知りません

《正しいスケッチは何番？》

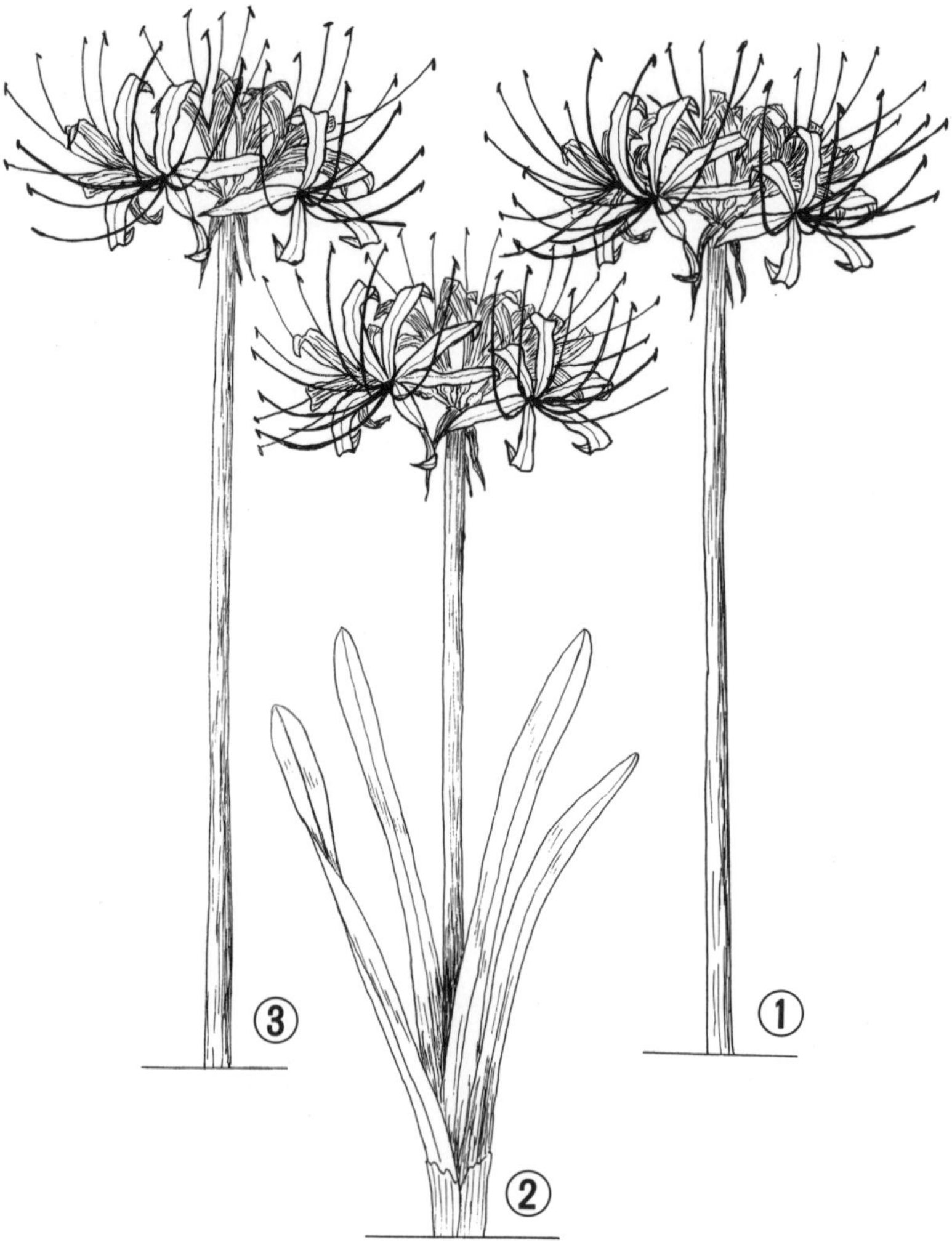


## ヒガンバナ

ヒガンバナ科

色づきはじめた稲穂の波の中で、妖艶なまでに真っ赤な炎を燃え上がらせるヒガンバナは、毎年、秋の彼岸を悟るかのように、あたりを一瞬火の海と化してしまいます。そして、彼岸が終わるころには、その炎はスーッと消えて、何事もなかったかのように、あたりをもとの静けさに戻してしまいます。

ヒガンバナは花が咲いているときは葉がなく、葉が茂っているときには花がありません。それで「葉見ズ花見ズ」とか「葉ナシ草」、「葉《ハ》欠《カケ》」などの方言があります。

中国では葉と花を同時につけないものを忌み嫌う習慣があり、それが日本にも影響を及ぼして、美しい花でありながら、ヒガンバナは嫌われ者になったのでしょう。

### 秋に出て春に枯れる葉

ヒガンバナは東北地方南部以南に広く分布し、道端や田んぼの畦、土手などの人間の生活の場近くに生える「人里植物」です。古い時代に中国から渡来したと考えられ、鱗茎《りんけい》が海流に乗って漂着したとする説、史前帰化植物説、稲作民族により救荒植物として持ち込まれたとする説などがあります。

　ヒガンバナは葉に先だって、九月ごろ三〇～五〇㌢ぐらい伸びた花茎の頂に、五、六個の真っ赤な花を輪状につけます。六枚の細長い花被片は外側へ反り返って、やはり赤い六本のおしべと一本のめしべとが、長く糸のように外に突き出ています。

　たくさんの花がいっせいに咲いても、日本のヒガンバナは三倍体で実はできませんが、鱗茎が分球して繁殖します。

　花がすむと、スイセンのような細長い鮮緑色の葉が、根元からたくさん伸びてきます。葉は翌年の春に枯れるまでの半年間、柔らかい冬の日差しを浴びて光合成を行い、鱗茎に養分を送って貯えたり、新しい鱗茎を育てたりします。この鱗茎は非常に生命力の強いもので、掘り上げられても枯死したりせず、根を伸び縮みさせて土の中にもぐり込み、何年もかかってちょうどよい位置まで鱗茎を引きずり込むのです。

## 観察のポイント

　ヒガンバナは秋の彼岸のころに咲き、花茎だけが伸びて葉は一枚も見当たりません。葉は一〇月ごろから出はじめ、翌年の四～五月ごろには枯れてしまいます。ヒガンバナが毎年秋の彼岸のころに決まって開花するメカニズムの一つに、夏の地温の低下があげられます。花芽は葉が枯れる五月上旬に鱗茎内に形成され、地温が二五度ぐらいになる八月下旬から花茎が伸びはじめ、ちょうど彼岸のころに開花する仕組みです。

　図①が正しいヒガンバナで、花が咲いているときには、葉は出ていません。図②は花と葉とがいっしょに出ているので、このようなものは実在しません。また、図③は花被片が五枚で、おしべも五本になっていますが、ヒガンバナは単子葉植物なので、花被片、おしべともに三本か、または三の倍数の六になるはずで、これも間違いです。

## 観賞用に輸出

　ヒガンバナはよく墓地などに生えているので不吉だとか、花の色から火事を連想したりするので、庭に植えるのを嫌がる地方もたくさんあります。しかし、アメリカに輸出されたものは、「スパイダー・リリー（クモのようなユリ）」と呼ばれ、個性的な花に人気があります。

　一方、日本では、同じヒガンバナ科で外国産のネリネやリコリスなどが観賞用に人気があります。

　ヒガンバナのように冬の間に生長する球根のグループには、チューリップ、ヒアシンス、クロッカスなどがあり、乾季と雨季との差が激しい地中海性気候地域が原産のものに多く見られます。

## 植物の話題

　ヒガンバナの鱗茎には、リコリンというアルカロイド系の毒素が含まれ、そのまま食べると激しい嘔吐《おうと》作用がありますが、鱗茎の毒は水で晒《さら》すことによって無毒となり、多量のでんぷんが得られるので、古くから飢饉《ききん》のときには、それを食用にしてきました。また、このでんぷんは強力な糊としても利用され、壁土に鱗茎の擂《す》りおろしたものを混ぜて塗ると、ネズミの害を防げるといわれます。

　ヒガンバナは身近な植物だけに、呼び名もいろいろあります。曼珠沙華《マンジュシャゲ》、幽霊花《ユウレイバナ》、死人花《シビトバナ》、火事花《カジバナ》、火炎花《カエンバナ》、手腐花《テグサレバナ》、シビレ花《バナ》、狐ノ松《キツネノタイ》明《マツ》、イッポンカッポン、ヒイヒリコッコなど、方言だけでも千以上もあり、それだけ身近な植物であったことがうかがわれます。

うそっ！ほんと？

# ヒマワリは一か所から順次開花していきます

《開花中の正しいスケッチは何番？》

## ヒマワリ

キク科

ヒマワリは北アメリカの原産で、一六世紀にスペイン人によってヨーロッパへもたらされました。学名の「ヘリアンサス」や英名の「サンフラワー」は、ともに「太陽の花」という意味、漢名も「向日葵」で、どれも真夏の太陽を連想するにふさわしい名前です。

日本へは中国を経て江戸時代の初期に伝えられましたが、初めてこの花を見た人は、その強烈な個性にさぞ驚いたことでしょう。

パッと大きく開いた黄金色のヒマワリは、なかなか豪壮なもので、誰でも作ってみたい花の一つでしょう。蕾《つぼみ》がだんだんと大きくなってくると、花が開いてくるのが待ち遠しいものです。

### 管状花だけが結実

ヒマワリは発芽した当初は十字対生で、大きな葉と茎が毎日ぐんぐんと伸びてくるので、観察する魅力は大きいものがあります。

このような著しい形態変化のある大きくて見やすい材料で勉強することが、観察入門としては最適です。

## 51　ヒマワリ

ヒマワリの花は大きな一輪の花ではなく、千から三千個もの小さな花が集まってできた花のかたまりで、「頭状花序」といいます。この花序は、周辺部の黄色い「舌状花」と、中心部の「管状花（筒状花）」とからなっています。

舌状花の花びらは一枚のように見えますが、本当は五枚の花びらがくっついた合弁花で、おしべはなく、ときにはめしべもないので、実はできません。この花は鮮やかな色で昆虫を誘き寄せる広告塔のような役目をしています。

管状花は筒状の花冠の先が五裂し、中央のめしべを取り囲むようにおしべがついています。おしべ先熟花で自花受粉を防ぎ、他花受粉によって実を結びます。

### 観察のポイント

ヒマワリは光周期性がなく（中日性）、温度で花芽が形成されます。

蕾は毎日目に見えて大きくなり、舌状花の一部分から開いていきます。初めに開くのは一点からで、個体にもよりますが、図①か図③のように右巻きか左巻きに咲きはじめます。それも一日か、曇天の日は二日もかかって、舌状花の開花は完了します。

一つの頭状花序は、もとは一本の花軸の表面に多数の花がらせん状についたもので、それが平たい台状に圧縮されたものです。だから花軸の下部、すなわち、盤の外側の舌状花から咲きはじめ、それが咲き終わると、管状花も外側のものから内部へ向かって次つぎとらせんを描いて咲いていきます。

開花期間は頭状花が大きいほど長く、また、曇天の日が多かったり、涼しかったりすると長くなります。はじめに開いた舌状花は、すべての管状花が咲き終わるまでしおれないので、長い期間、花を楽しむことができます。

図④のように二か所、または三か所から咲きはじめるとか、図②のように舌状花のすべてが同時にパッと開くというようなことはありません。

### 北側に植えるのがコツ

ヒマワリは花が大きく、ほとんど東側に傾いて咲くので、東側に空地があって観察できる場を作っておくようにします。運動場や庭の東の端に沿って植えると、花の背面ばかりを見ることになって、うまく観察ができません。

花は八重咲きより一重咲きの方が舌状花も大きく、初心者にも観察しやすいでしょう。管状花も初めは褐色ですが、開花とともに花粉が出てくるので、周辺から中心に向かって黄色に変わっていきます。

### 植物の話題

ヒマワリの舌状花はほとんど結実しませんが、中心部の管状花はよく結実します。大形の花では三千個もの実ができますが、自花不和合の性質が強いので、一本だけでは実はできても、中は空っぽで発芽力はありません。これを防ぐには二本以上植える必要があります。

ヒマワリの種には五〇《パーセント》以上の油が含まれ、たん白質は二〇《パーセント》以上、リノール酸、ビタミン$A_1$、$B_1$、Eなども豊富で、健康食品としての需要が増えています。

ヒマワリは葉の両面に気孔があって、蒸散がさかんです。気孔は裏：表＝五：四の割合で存在するので、生け花に用いるときは、葉の両面から霧をかける必要があります。

うそっ！ほんと？

# ヘビイチゴの花は三節目からつきます

《正しいスケッチは何番？》

## ヘビイチゴ

バラ科

道端や田の畦などに生えるヘビイチゴは「ヘビが食べるイチゴ」の意味で、有毒植物の一つであるかのようにいわれてきました。実の色も冴えない紅色で、見ただけでも毒がありそうな気がしますが、実際は無毒です。口に入れてみればわかりますが、味も香りもなく、まったく食べものになりません。

### 大きな副萼が特徴

ヘビイチゴはひ弱そうに見える多年生草本ですが、日本全土から熱帯地方にまで広く分布していて、適応力の強いことを実証しています。

春、母株から四方八方に匍匐茎《ほふくけい》を出します。各節には三小葉からなる複葉を一つつけ、その葉柄のもとには大きな托葉《たくよう》が二枚ずつついています。

花には五枚の萼《がく》があるのに、さらに萼よりも大形で先端が三裂した副萼をつけているという変わりもので、めしべやおしべもたくさんあります。この不定数ということは、原始的であることにつながります。萼の上の果托は白色で、その表面に赤い小さな粒つぶがついています。これはたくさんのめしべのもとが膨れたもので、その一粒一粒が本当の実（そう果）なのです。

## 観察のポイント

ヘビイチゴは株のまま越冬します。春にその株から匍匐茎を出し、一節目と二節目には葉だけ、三節目からは花をつけて実がなります。どんなに生育のよい株であっても、一節目と二節目には絶対に花芽はできません。

花芽が三節目からできるということは、二型遺伝によるもので、匍匐茎の古さと、花芽の形成に働く遺伝子とが重なったときに、初めて花芽を形成するからです。しかし、一節目と二節目では匍匐茎が若いために花芽の形成ができず、葉だけに終わるのです。

図④が正しいスケッチで、匍匐茎の一節目と二節目は葉だけをつけ、三節目から花梗《かこう》（花柄）を出して開花しています。図②は二節目から花を出しているので、実在しません。

図③は四節目から花梗を出していて、日光の不足か何かでこのようになることもあるかもしれませんが、正しい図ではありません。また、図①も同様に花梗のつく所が間違いです。

## よく草を刈る所に

ヘビイチゴはどこにでも生えている雑草で、栽培することはありませんが、他の雑草が生い茂るような所には生えません。道端などで大きい草が絶えず踏みつけられるような所とか、よく草刈りをする日当たりのよい所にのみ生えています。今日のように草を刈ることが少ないと、自生地もしだいに少なくなっていくことでしょう。

## 植物の話題

ヘビイチゴは日本を含む東アジアに最もふつうに見られる雑草で、誰でも知っているわりに、正しい形態などは知られていません。いま手元にある『植物図譜』を見ても、匍匐茎の一節目と二節目が葉だけというものはなく、そこに花が咲いていたり、実がついていたりと、実にさまざまです。あまりにどこにでも生えているものは、見落とされがちになるよい例でしょう。とくにヘビイチゴは長い匍匐茎があることから、図になりにくいのかも知れません。

「観察のポイント」での記述は、田の畦、または人家付近における観察結果です。匍匐茎が数本のとき、これらは例外なく三節目から花梗を出していました。しかし、山地などのよく肥えた所に生え、母株から匍匐茎を三〇本、またはそれ以上出したようなものでは、花梗を出す節数が多くなっていました。すなわち、三節目から六節目までにわたっていて、とくに密生しているものほど五節目が多く、続いて四節目、三節目の順になっていましたが、まれには六節目からのものもありました。このことから花芽の形成は、日光の受光量に影響されることを証明しているといえましょう。

花びらは艶《つや》のない黄色です。この艶がないということは、花びらが平面的でないということ、いい換えれば凹凸があるということで、葉面に多数の皺《しわ》があるのも一連のことでしょう。だから、果托やそう果の表面にも皺があります。しかし、近縁のヤブヘビイチゴのそう果には光沢があり、皺はありません。

ヘビイチゴは人が絶えず行動する人里付近にのみ自生する草です。このような性質の雑草を「人里植物」といい、オオバコ、タンポポ、クサイなどとともにその代表といえましょう。

# うそっ！ほんと？ ムラサキシキブとコムラサキでは花軸のつき方が違います

《正しいムラサキシキブは何番？》

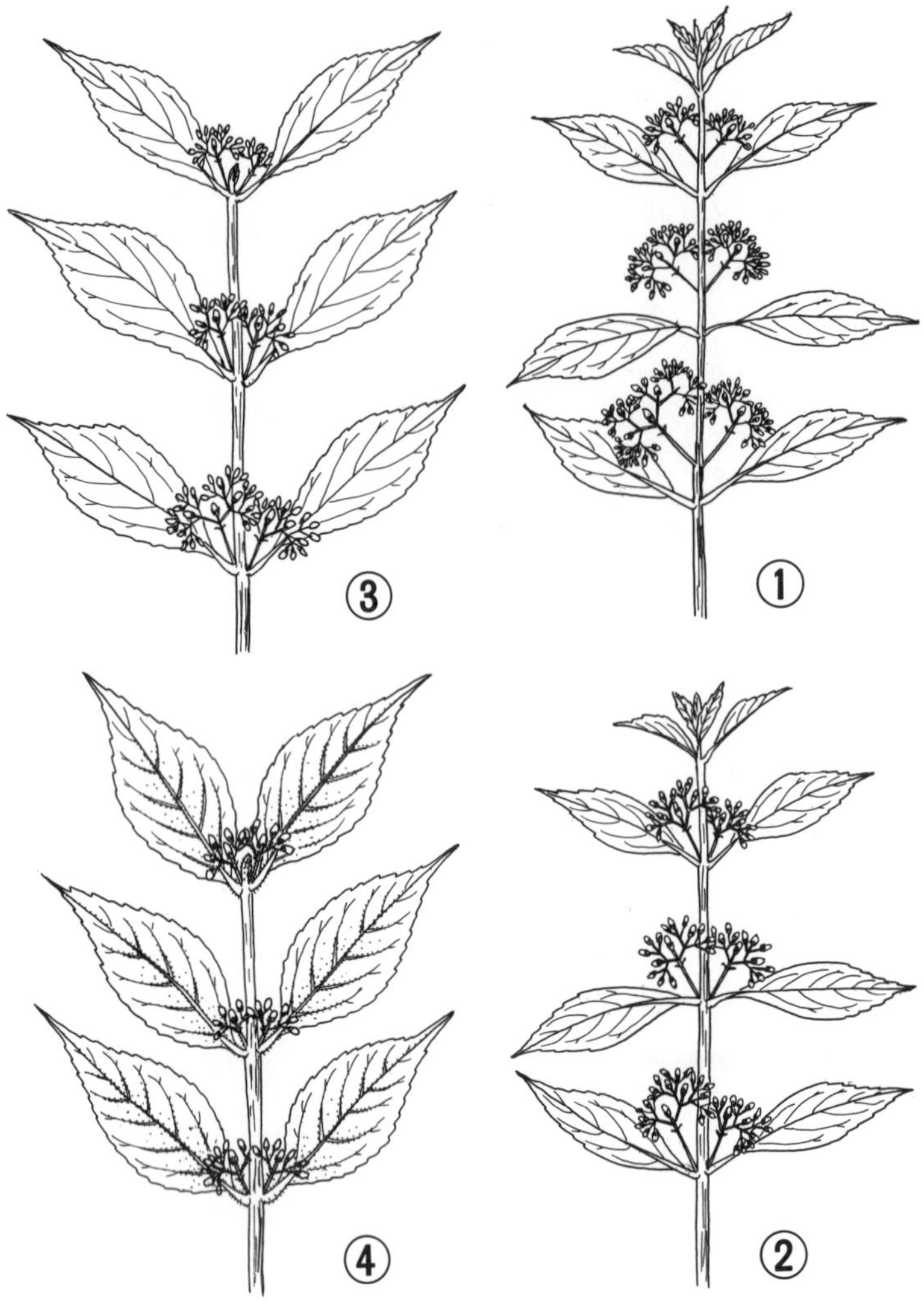


## ムラサキシキブ

クマツヅラ科

紫色というのは、気品に満ちて落ちついた色で、木の実では珍しい色です。秋の山で実をつけたムラサキシキブに出会うと、感慨もひとしおです。

「ムラサキシキブ」という名は、平安時代の才媛《さいえん》で女流作家の紫式部にあやかってつけたという説がありますが、語源は紫色の実がたくさんなるところから、「紫繁実《ムラサキシゲミ》」の転訛したものといいます。花言葉は「聡明」です。

また、コムラサキは別名を「コシキブ」といい、紫式部に対して、優雅な女流歌人として知られた小式部内侍《こしきぶのないし》にあやかってつけたといわれていますが、これも疑わしいものです。

### 日本特産の花木

ムラサキシキブは日本特産の植物で、高さ三メートル内外の落葉低木です。北は北海道から、南は九州の端までと、全国至る所の山野の林内や林縁などに多い木ですが、薮かげなどに生えたものによく実がなっています。秋の山の人気者で、誰でもよく知っている名前です。

この実はとくにウソという小鳥が好むとこ

ろから、中部地方では「ウソノミ」という方言があります。初めて聞かされると、何だかかつがれたような気がします。

## 観察のポイント

歩きながらいろいろな木を見ていると、コムラサキの花軸ほど間の抜けた木はありません。というのは、花軸はふつう葉腋《ようえき》から出ますが、コムラサキの花軸は葉腋の少し上から出るので、葉腋と花軸の間があいていて、この間の抜けた所に冬芽ができて、翌春に芽を伸ばすのです。この花軸のつき方はナスやトマトなどのナス科の草本にはおよびませんが、樹木では筆頭でしょう。

さらに、葉が対生につくものは、たいてい左右同位置から出るのがふつうですが、この仲間は左右で段違いになっています。こんなことなどを頭において見てみると、近寄りがたいような名前に似合わず、親しみさえ感じます。

図③がムラサキシキブの正しいスケッチです。葉腋から花軸が出ていて、鋸歯《きょし》は葉の基部からあります。

図①はコムラサキです。「紫式部《ムラサキシキブ》」の名で園芸市場にさかんに出ているので、コムラサキをムラサキシキブと間違って覚えている人が多いようです。小さい木でありながら、自花受粉するので実つきがたいへんよく、好まれます。葉のつけねと花軸のつけねとが離れていて、葉縁の上半分だけに鋸歯があります。

図②はコムラサキの花軸が葉腋から出たもので、実在しません。図④はヤブムラサキで、葉にも萼《がく》にも毛が多く、また、実も少なく、この仲間では地味です。

## 初夏の挿し木がよい

コムラサキは小さい苗でもよく実がつくので、鉢植えとして人気の花木です。繁殖は初夏のころに、四、五段葉のついた枝を挿し木すると、よく活着します。このとき、葉は半分ぐらいに切りつめて挿します。

実を用いるときは、皮を剝《む》いて種を洗ってから蒔《ま》くと、よく発芽します。

ムラサキシキブやコムラサキの剪定は、落葉後の冬に行います。節の芽の上で切るのがコツで、節間部を長く切り残すと、節まで枯れてしまうことがあります。

## 植物の話題

ムラサキシキブは初夏のころに、薄紫色の小さな鐘状の花をたくさん開きます。花冠は四裂し、四本のおしべと一本のめしべは長く花の外へ突き出ていますが、実に比べると、振り返るほどの美しさはありません。このグループは、若枝や若葉に枝分かれした細かい星状毛が一面に生えているのが特徴です。

コムラサキはムラサキシキブに比べて木や葉が小さく、枝が垂れ気味です。そして、花軸は葉腋の少し上から出て、実がムラサキシキブよりも少し赤味がかってたくさんつき、山地よりも川辺などに群がって生えます。

ムラサキシキブという名には、とても風流な響きがあり、都人の命名のような気がします。この木は里山に多く、昔から生活に密着していたとみえて、方言名にその面影をとどめています。材は真っ直ぐで粘り強く、道具の柄や杖、箸、火きり杵などに用いたことから、ノミノツカ、ザトーヅエ、ハシギ（ハシノキ）、ヒモミの名が。また、昭和初期まで洋傘の柄としての需要が多く、カサヤナギの名も。全国的にはコメゴメやゴメゴメが多く、これらは実のつき方に由来するのでしょう。

この仲間は実の美しいものが多く、ムラサキシキブの学名「カリカーパ・ヤポニカ」は「日本の美しい実」という意味です。

うそっ！ほんと？

# モクセイには花びらがありません

《正しいスケッチは何番？》

## モクセイ

モクセイ科

秋の訪れを初めに告げるモクセイは、澄み切った青空に馥郁《ふくいく》たる香りを放ちます。

キンモクセイやギンモクセイは中国原産の花木で、雌雄異株ですが、どういうわけか日本で栽培すると、性の転換をおこして雄性化し、いまだに雌株は知られていません。気候風土の違いがそうさせるのか、その理由はわかりませんが、同じように春の香りを運ぶジンチョウゲやクロヤナギ、フリソデヤナギなども日本では雄株しか見つかっていません。

### 花びらのない花

モクセイは不思議な植物です。金色や銀色に輝く小さな星をちりばめたような花には、花びらというものがなく、四裂した花びら状のものは、実は萼《がく》なのです。その中に小さな二本のおしべと、一本のめしべがありますが、めしべは発達が悪いので実を結びません。

モクセイは常緑小高木で、葉は二年間ほど樹上につき、二年生の枝につく葉は、下から順序よく落ちていきます。

## 観察のポイント

一般に、多くの春咲きの花の場合、花芽の分化は六～七月に行われ、翌春に開花します。ところが、モクセイの花芽分化は八月上～中旬で、九月下旬から十月上旬にかけて開花します。このように花芽分化の期間が二か月たらずと非常に短いので、このころに気象条件をはじめ、何らかの影響で全部が花芽にならなかったときは、一年間休眠して翌年の秋に開花します。

花は葉腋《ようえき》にかたまってつきますが、翌年回しになったときは、葉の落ちた二年枝に花だけが群がって咲いているといった異様な光景に出会うことになるのです。これはカカオノキをはじめ、熱帯の植物にはよく見られる「幹《かん》生花《せいか》」といわれるもので、日本の植物ではたいへん珍しい花のつき方です。

各図の下の枝は昨年出た二年枝で、二つに分かれたところから上は今年出た枝です。

図①は、昨年はよく花が咲いたので、二年枝に花は見られません。そして、今年も条件がよかったのか、新しい枝にたくさん花が咲きました。図②は、昨年は気象条件が悪く花が咲かなかったのか、今年二年枝に昨年の持ち越しの花が咲きました。ところが、今年の夏の花芽分化のときは乾燥気味だったのか、今春出た枝には花が咲いていません。たぶん来年の秋まで休眠するのでしょう。

図③は、昨年は花が咲きましたが、冬から春にかけて乾燥しすぎたのか、昨年出た葉はすっかり落ちてしまいました。しかし、夏の花芽分化は正常に行われたので、今年の枝には花が咲きました。図④は、二年枝には昨年の咲き残りの花が開き、今夏は条件がよかったのか、今年出た枝にもたくさんの花が咲いています。この図は最もふつうに見られる開花の模様を描いたものです。

したがって、気象条件などにより、図①～④のいずれの場合も見られるので、すべて正しい図といえます。

## 場所を選んで植える

都会では自動車の排気ガスなどのために、モクセイの花が咲かなくなったとよく耳にします。それほど、モクセイは大気汚染に弱い植物です。また、移植するときに深植えしたり、風当たりが強く乾燥しすぎるような所でも咲かないので、よく場所を考えて植える必要があります。

モクセイの花芽分化は夏なので、ふつうの植物のように夏に剪定《せんてい》すると、その年の花は望めません。四～五月ごろに軽く刈り込むぐらいでよいでしょう。

繁殖は水を満たした苗床に挿し木すると、一〇〇《パーセント》活着します。この方法に気づくまでは繁殖がむずかしく、高価な木でしたが、いまはとても安価になりました。

## 植物の話題

日本のモクセイは雄株ばかりで結実しませんが、ときに実がなったと新聞種になることがあります。これは近縁のウスギモクセイで、この種類だけがたまたま両性花であったり、秋に雌花をつけるために実がなります。花はキンモクセイに似ていますが、淡い黄色で、秋以外にも咲くのですぐに区別がつきます。

モクセイの樹皮には皮目（表皮が剝《は》がれ、中から皮膚の細胞が出ていて、呼吸の働きをする）がよく発達し、サイの皮膚のようなので、和漢名を「木犀」と書きますが、漢名は「桂」です。それでモクセイの花の香りを入れた茶を「桂花茶」と書きますが、カツラ（カツラ科）とはまったく関係はありません。

58

うそっ！ほんと？

# モモは一節に二個の花蕾と一個の葉芽をつけます

《正しいスケッチは何番？》

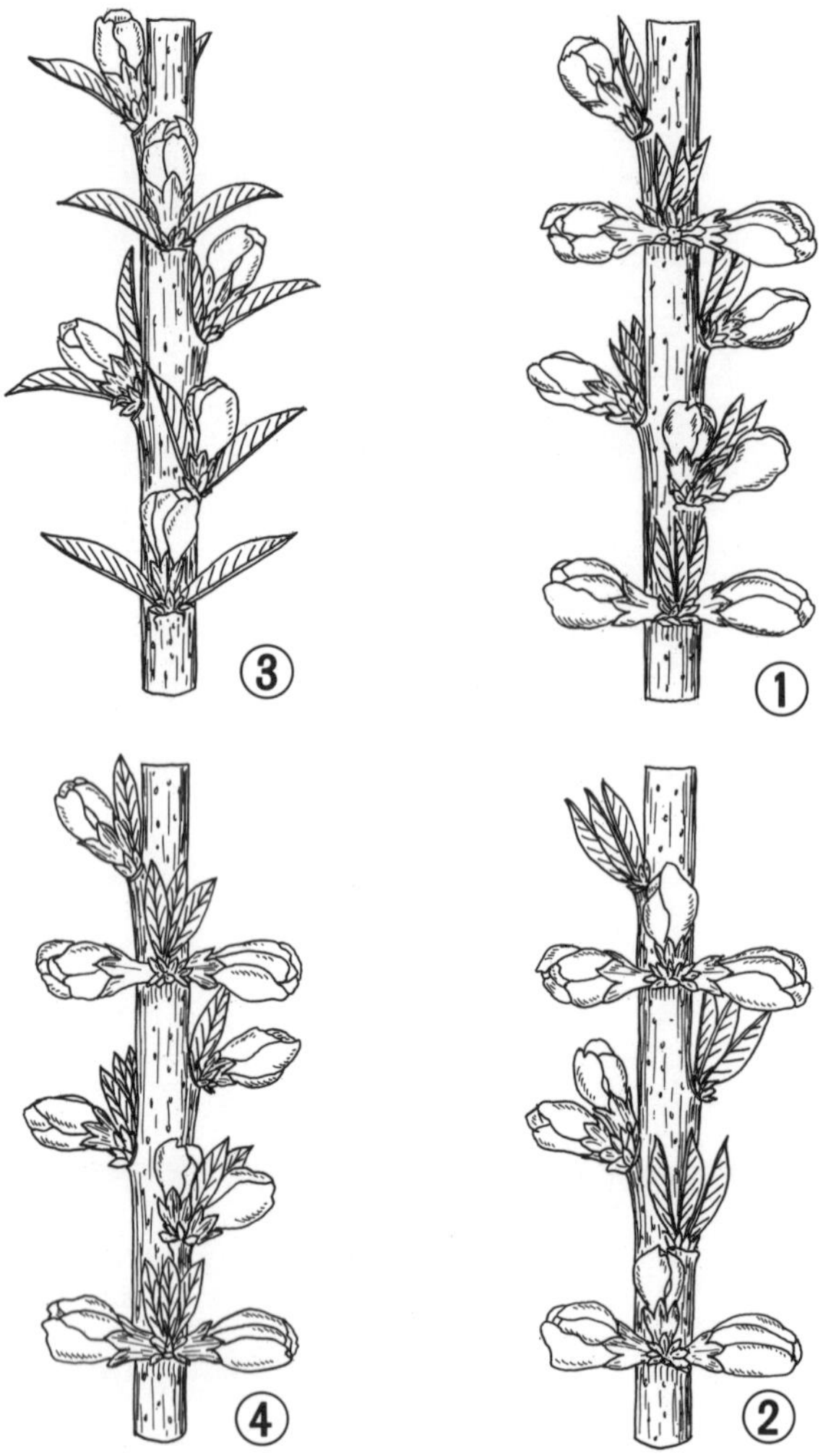


## モモ

バラ科

四月の初め、甲府盆地を中央高速道路で通過すると、山の斜面がモモの花で埋めつくされ、まるで桃源郷のようです。

三月の節句ごろ、訪問先でモモの花が生けてあると、「きれいなウメですね」とからかいます。すると、「これはモモです」と不服そうにいわれるので、「どうしてですか」と聞くと、「モモ色の花だから」と。すかさず「モモには赤、白、絞りなどさまざまな花がありますよ」といい返すことにしています。

身近な花でありながら、モモやウメの区別がつかない人が多く、いつもこういう意地悪問答を繰り返してから、モモ、ウメ、サクラの話に入ることにしています。

### 枝に頂芽ができない

モモを食べると、中に大きく硬い種が一個入っています。これが本当の実で「内果皮」といい、食用にする部分は「中果皮」といいます。その硬い内果皮の表面には深い彫り込みがあるのが特徴で、それを割ると、中にアーモンドのような形をした一個の種が入っています。この種は一度乾かすと絶対に芽生えることがありません。

モモの木は枝が太く、いつまで伸びても頂芽ができません。幹に赤褐色の斑点があるのと枝が太いことで、遠くからでもわかります。「桃栗三年」という諺《ことわざ》があるように早く実をつける果樹ですが、よい実を得るためには接ぎ木によります。モモは短命で、ウメのように多くの品種はありません。

## 観察のポイント

モモ、ウメ、サクラはバラ科の一員であるためか、開花の時期といい、花の色や形といい、よく似ているので、ただ何となしにモモらしいとか、ウメらしいという程度の区別しかつかない人が多いようです。

図①がモモで、一節に二個の蕾《つぼみ》と中央に一個の葉芽をつけます。もし、花蕾《からい》が欠けるようなことがあっても、葉芽が二個とか三個つくことはなく、このことがモモの特徴なのです。葉は表面を内にして二つ折りになっています。他の図②、図③のような開花のしかたをするものはありません。図④は葉が開いているので間違いです。

ちなみに、ウメの花は一節に一輪ずつ咲くことが多く、サクラは中央に花芽があって長い花梗《かこう》をつけ、多くの花が咲くのですぐ区別がつきます。

ウメやモモは徒長枝を半分か、三分の一を残すぐらいで切ると、翌年、短枝が出て花蕾を一面につけます。「桜切る馬鹿、梅切らぬ馬鹿」という諺があるからといって、徒長枝を根元で切ると、翌年はさらに大きな徒長枝が出て花はつきません。

## 二本以上植えるのがコツ

モモは自花不和合の性質が強く、一本だけ植えたのでは、雌雄ずいがいかに完全であっても結実することが少ないので、最小限二本植える必要があります。葉が密生するので、適当に剪定して、すべての葉によく日光が当たるようにすることです。

## 植物の話題

これら三種の花は、東京以西ではウメ、モモ、サクラの順に開花しますが、北海道では逆転してサクラ、モモ、ウメの順になります。開花が逆転するのは、それぞれの休眠の深度が異なるためで、ウメはサクラに比べて休眠が浅く、その年の気温や天候に開花が左右されるからです。福島県の「三春」は、その春を呼ぶ三種の花がいっせいに咲くのが地名の由来といいます。

戦前、「白桃《ハクトウ》」という純白のモモが市場に出ました。これは実に虫がつかないように袋を二重、三重にも掛け、日光を遮って栽培したためです。

ところが近年、農薬の発達によって無袋栽培をし、さらに地面に銀板を敷いて反射光線を実全体に当たるようにするので、白桃とは名ばかりで、真っ赤なモモが店頭に並んでいます。実の頭（柱頭）がひねったように飛び出しているので、他の品種とはすぐ区別がつきます。

モモは中国の原産で、内果皮が縄文土器とともに出土しているほど古い果物です。

昔は果物の総称が「桃《モモ》」で、山でおいしいのは「山桃《ヤマモモ》」、酸っぱいのが「酸桃《スモモ》」、サクラの実は「桜桃《オウトウ》」、アーモンドは「扁桃《ヘントウ》」、アンズは「唐桃《カラモモ》」といった具合に呼ばれました。同じように、西洋では「アップル」が果物の代表で、パインアップル、ラブアップル（トマト）、シュガーアップル（バンレイシ）、ローズアップル（蒲桃《ホトウ》）などと呼ばれ、日本でのモモと同義語です。

うそっ！ほんと？

# 爪でカボチャの苗が育ちます

《正しい生長記録は何番？》

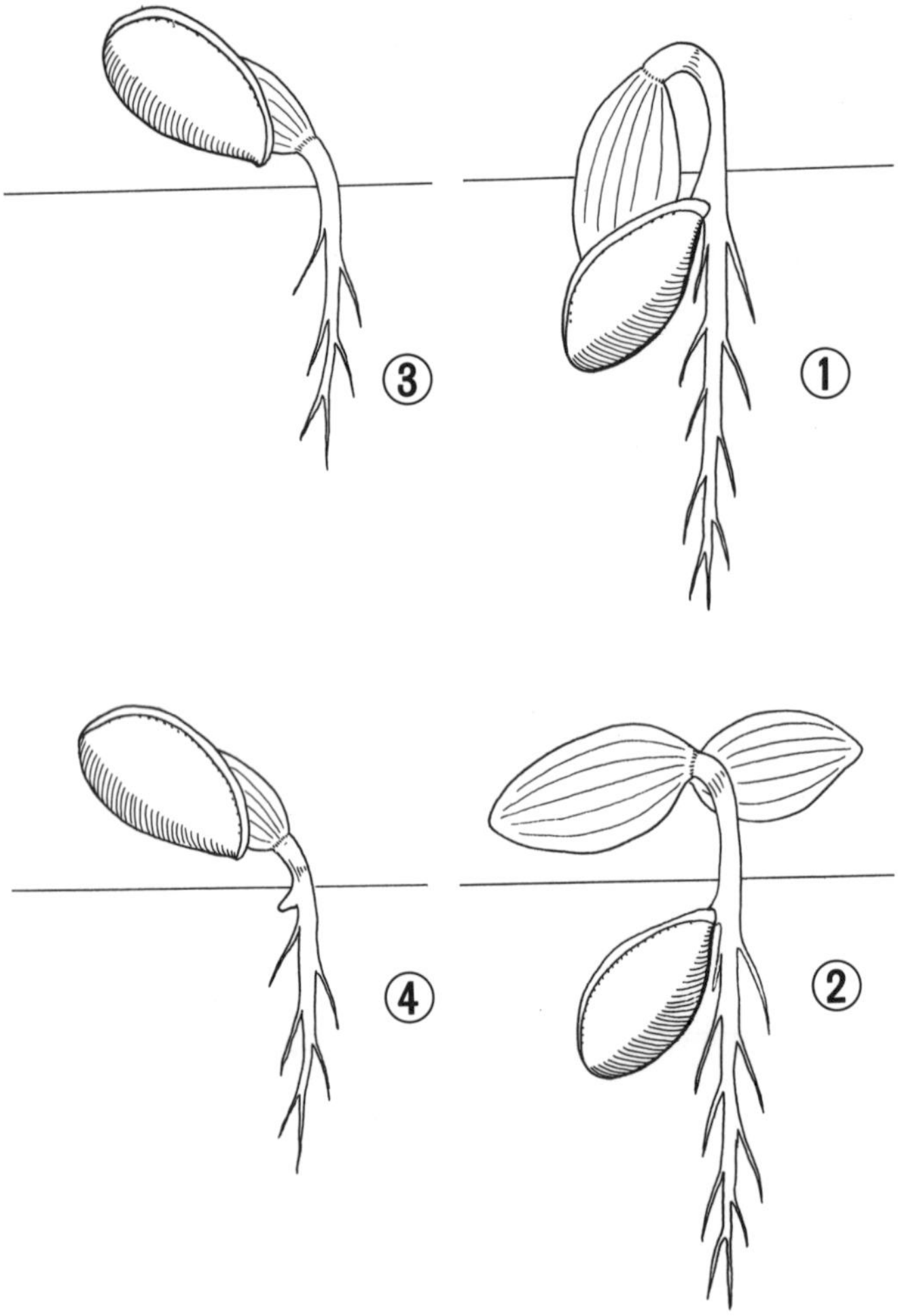


## カボチャ　ウリ科

「瓜《うり》」と「爪《つめ》」の字はよく似ているので、「爪にツメなく、瓜にツメあり」といって覚えました。

「瓜にツメあり」のたとえどおり、ウリの仲間のカボチャやキュウリの苗には、子葉と根との間の胚軸の基部に下向きに出っ張った部分、すなわち「ツメ（ペグ）」があるのです。ツメは発芽するときに子葉が種皮を脱ぐのを助ける働きをするので、ツメの発育が悪かったり、ツメがなかったりすると種皮が脱げず、正常に発芽することができないのです。このようにウリ類のツメは字面だけではなく、幼苗にちゃんとツメがあるのです。

### 五数性から三数性へ

カボチャ類は種が大きくて、よく発芽します。また、休眠期間がないので、実を食べたあと、いつ蒔《ま》いてもすぐに生えるので、観察のチャンスはいくらでもあります。

ウリ科の花は五数性ですが、若い子房の断面を見ると三個に減っています。また、五本のおしべは二本ずつ癒着して、計三本の合着おしべとなっています。

### 観察のポイント

カボチャの種を捨てた所を見ると、暑いときであれば、覆土しなくてもよく発芽しています。そこで何本か生えたうちの半分ほどのツメを外し、外していないものと比較してみると、外したものはうんと生育が遅れることがわかります。春の種蒔きのころはまだ寒いので、いっそう生育が悪くなります。

図①は発芽した苗が順調に生育し、種皮がツメに引っかかったものです。うまく種皮を脱いで図②となり、種皮は土の中に残され、以後順調に生育するコースに乗ったものです。

ところが、図④は不幸にも種皮がツメにかからなかったもので、種皮をかぶったままです。このようなものは双葉の先端に日が当たらないので、黄ばんで生育がうんと遅れてしまいます。もし、カボチャにツメがないと、種皮が帽子のようにかぶさって取れにくく、双葉の先端に光が当たらないので、生長ホルモンが形成されず、発育が遅れてしまいます。ツメがあることによって種皮がうまく脱げ、生育もよくなるのです。

図③のようなツメのないものは実在しません。

### 毎日の灌水がコツ

種を蒔いたら、毎日灌水《かんすい》するのがカボチャをうまく育てるコツです。水が切れると、図④のようにツメに種皮がかからない率が高くなって生育が遅れてしまうので、そのときは種皮を手で脱がしてやります。

カボチャの雌花は親蔓の七節目につき、子蔓には三、四節目、遅く出た孫蔓には一節目につきますが、実になるかならないかは、種蒔きの時期や日照時間、栄養状態などによって大きく変わります。

花粉の交配は朝の七時ごろが最適で、それより早いと花粉の細胞が朝露を吸いすぎて破裂し、受精が完全に行われません。また、自花不和合性が強いので、できれば違った品種を植えつけて、異品種間の交配をするとよく結実します。

### 植物の話題

一九九八年秋、アメリカが打ち上げたスペースシャトル「ディスカバリー」の船内で、宇宙飛行士の向井千秋さんが、キュウリの発芽実験をしました。実験の目的は無重力の環境で、キュウリのツメはどのように形成されるかを調べることでした。

それによると、地球上で発芽させるとふつうはツメは一個しかできませんが、宇宙で発芽させたキュウリの種二二個のすべてに、ツメが二個できたとの驚くべき報告がなされました。さらにツメは、地上でできるものよりも短く、また、宇宙のものは上向きが多かったという注目すべき実験結果でした。

結論として、キュウリには本来ツメを二個作る力が備わっていて、重力があると一個だけになり、また、ツメの向きも重力の影響が大きく働いているのだろうとの専門家のコメントがありました。カボチャの種も宇宙で発芽させたら、キュウリと同じような結果がでるのでしょうか。とても興味あることです。

カボチャの種は大きく、一度にたくさん得られます。たん白質や脂肪、ビタミン$B_1$、$B_2$、Eなどが豊富に含まれているので、捨てずに利用しましょう。よく水洗いをして乾燥させ、フライパンやほうろくを使って弱火でゆっくりと煎り、最後に少量の塩水を振り掛けて味をつけます。とてもおいしい健康食品、手作りナッツの出来上がりです。

うそっ！ほんと？

# グミは今年出た枝の基部に実をつけます

《正しいスケッチは何番?》

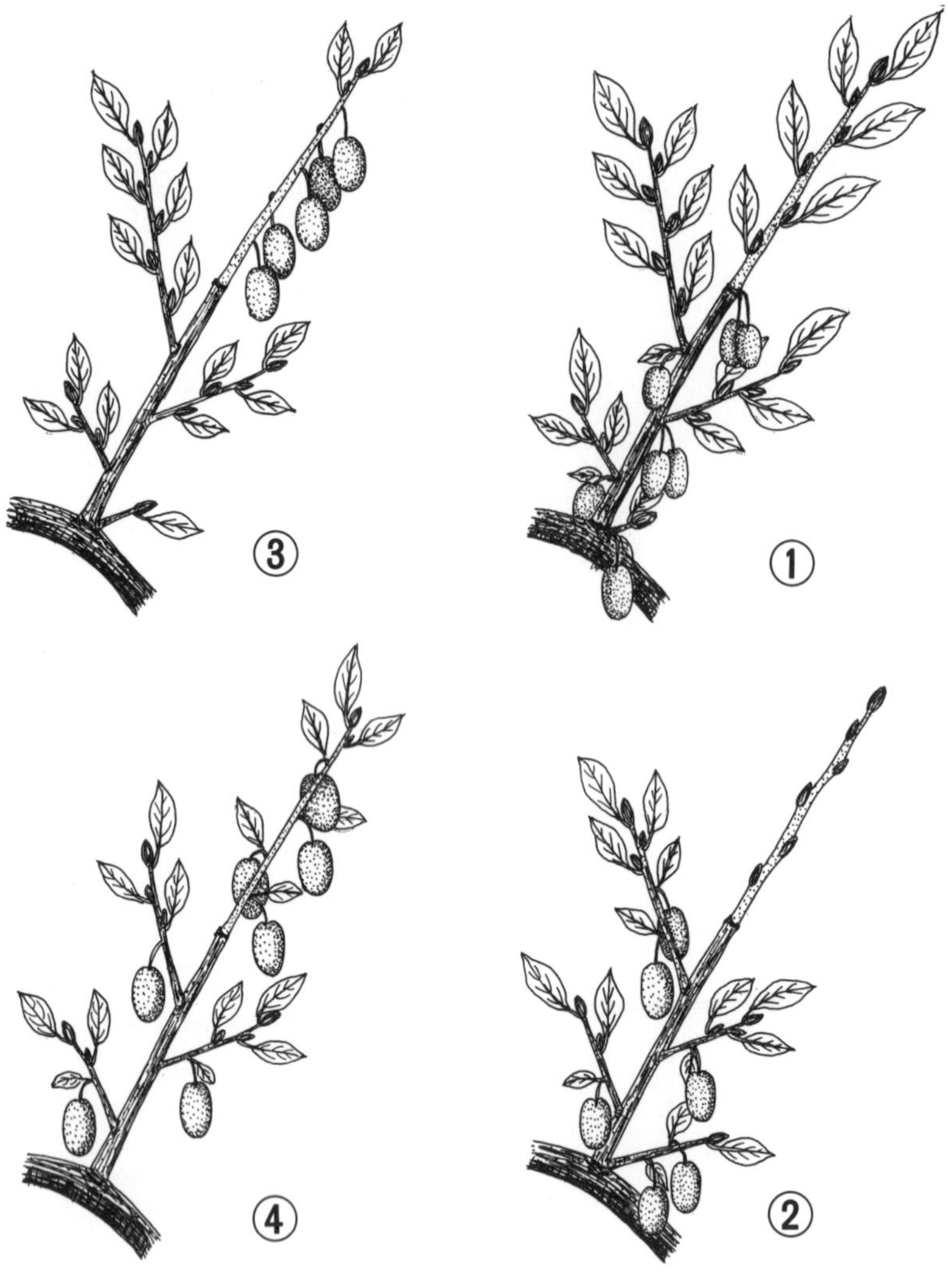


## グミ （トウグミ）

グミ科

田舎で生まれ育った私は、麦秋にグミがサンゴのように赤く熟すのを、毎日のように見上げて待ったものでした。それが当時、唯一のおやつだったのです。

ところが、グミにはタンニンが多く含まれているので、あまりたくさん食べると便秘になります。それで二～三日塩漬けにして、タンニンが抜けておいしくなった実を食べたものでした。

### 生長を止めた小枝が刺に

グミ類は高さ二～五メートルの落葉、または常緑の低木で、株元から新枝を出して叢生《そうせい》します。

一本の徒長枝からは何本もの小枝が出てきます。梢《こずえ》の近くから元気な枝が出ると、その枝の中ほどから下には、さらに小枝が出ますが、その小枝は途中で生長を止めて刺《とげ》になってしまいます。その刺がなかなか鋭くて、実を取るときに引っかかってけがをすることがあるので、注意が必要です。

グミの仲間は多数ありますが、栽培されるのはナツグミの変種のトウグミと、その園芸品種のダイオウグミ、一名ビックリグミで、四～五月に花を咲かせ、六月に実が熟します。

### 観察のポイント

グミ類は茎や葉、花などが銀色の星状毛で覆われています。花には花びらがなく、淡黄色の萼《がく》は釣り鐘形で、先端が四裂して花びら状をしています。花の中には非常に短い四本のおしべと一本のめしべがあり、子房は萼の底にあります。

グミ類ではトウグミが一番早く熟します。トウグミは落葉樹で、冬芽は「混芽」といって、一つの芽の中に数個の花芽と葉芽が混じっています。その位置は前年に出た枝の充実した葉腋で、いい換えれば、今年出た枝の基部に実がつくことになるので、図①が正しいスケッチです。

図②は新枝の二、三節に、図③は新枝の主軸に、図④は各節の上部にそれぞれ実がなっているので間違いです。

### 排水のよい所に植える

グミ類は根に菌根類（放線菌）が共生するので、崖とか排水のよい所での栽培が望ましい果樹です。また、やせた土地でもよく育つので、砂防や荒れ地の緑化用にも植えられます。

幹の基部から徒長枝を出して叢生するので、思い切って太枝を間引き、日光がよく当たるようにすると、実がよくつきます。

五～六月、幹の途中から出て長く伸びた徒長枝の基部を、「捻枝《ねんし》」といって一回ねじって下垂させておくと、翌年よく結実します。晴天続きのときにすると、枝が折れません。

繁殖は五～六月、挿し木が簡単です。前の年に伸びた枝を挿しますが、直径が一センチぐらいのものでもよく発根します。

### 植物の話題

グミの語源は「グイミ」の訛ったもので、グイとは刺のことです。「グミ」という名前の植物はなく、四〇種ほどあるこの仲間の総称です。日本各地の山野に自生し、落葉性のものと常緑性のものとがあります。ナツグミやトウグミ、アキグミなどは落葉性で、春から夏にかけて花が咲き、夏から秋に実ります。

一方、暖地に生える常緑性のナワシログミやマルバグミ、ツルグミの三種は、秋に花が咲いて、翌年の春から初夏にかけて実が赤く熟します。

グミ類の花は枝の下部から上部へと、順を追って開花していきます。花にはよい香りがあって、多くの昆虫がさかんに蜜を吸いにやって来ます。

花が終わると、萼のもとの果托《かたく》が肥厚し、実を包み込んでしまいます。赤くて瑞々《みずみず》しく見えるのは本当の実ではなく、「偽果《ぎか》」といわれるもので、外層は肉質、内層は木質になります。食用部は外層です。

食べ残った核を見ると、縦に稜線が走っていて、綿毛のような丈夫な繊維があり、それを引き裂くと中から本当の実が出てきます。さらにその果皮を剝《は》ぐと、中には肉質の子葉からなる種が一個入っています。

トウグミは生食が一番おいしいのですが、果実酒を作るには、秋に丸い実がなるアキグミが一番風味があります。グミの仲間で一番大きなビックリグミは、長さ二・五センチ以上の美しい実をつけます。よく熟すと渋味が消えて甘くなるので、そのまま食べるほか、果実酒にもします。

グミ類の生木《なまき》は粘り気が強いので、昔から石工の金槌の柄に利用されますが、枯れるとかえってもろくなり、使いものになりません。

うそっ！ほんと？

# ナンキンマメには地上花と地中花があります

《正しいスケッチは何番？》

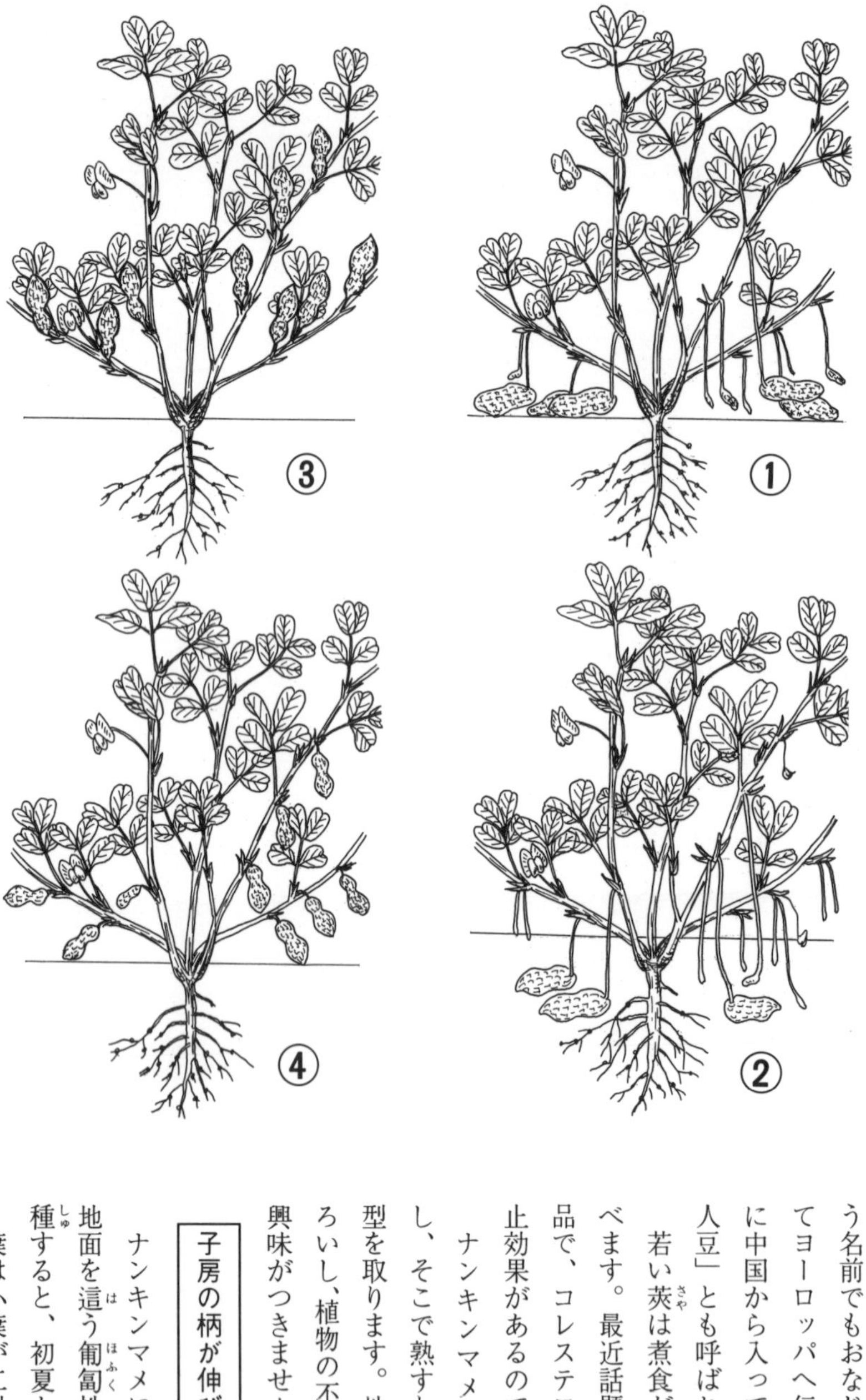


## ナンキンマメ

マメ科

ナンキンマメは南アメリカの原産で、「ラッカセイ（落花生）」とか、「ピーナッツ」という名前でもおなじみです。コロンブスによってヨーロッパへ伝えられ、日本へは江戸時代に中国から入ってきたので、「南京豆」とか「唐人豆」とも呼ばれます。

若い莢《さや》は煮食ができ、熟した豆は煎《い》って食べます。最近話題のビタミンEを多く含む食品で、コレステロールを溶かし、脳出血の防止効果があるので注目されています。

ナンキンマメは莢が土の中に入って生長し、そこで熟すというちょっと変わった生活型を取ります。地中での生長の様子はおもしろいし、植物の不思議がひしひしと感じられ、興味がつきません。

### 子房の柄が伸びて地中に

ナンキンマメには側枝が直立性の品種と、地面を這《は》う匍匐《ほふく》性の品種とがあり、五月に播《は》種《しゅ》すると、初夏から黄花を開きます。

葉は小葉が二対の偶数羽状複葉で、睡眠運動によって夜は表を中にしてたたまれ、早朝になると水平に開きます。花は一日花で、受精すると向地性のある子房の柄が一〇センチ近くも急激に伸びて、土の中に入ります。

花の組み立てで注意してほしいのは、花梗《かこう》（花柄）がないということで、学名のアラキスも「花梗がない」という意味です。花の柄のような所を切ると、中空になっています。これは柄ではなく萼筒《がくとう》で、子房が奥深く入っていて、糸状の花柱が筒内を上に伸びています。

## 観察のポイント

ナンキンマメの蕾《つぼみ》は、開花前日の夕方から大きく膨らんで、夜の間に萼筒が伸び出し、早朝に花が開きますが、その前に自花受粉が完了しています。受精後、子房基部の分裂組織が急速に発育して子房を押し出し、筒から上はしなびてしまいます。

五日目ごろから子房柄が急激に伸び、数日すると先端が土の中にもぐります。この子房柄は向地性が顕著で、先端部には一～三個の胚珠《はいしゅ》が入っています。さらに数日すると、伸長は止まって、今度は子房が膨らみはじめます。開花から子房が肥大をはじめるまで、約二週間かかったことになります。

正しいのは図②で、子房柄の先端が地中に入って大きく膨れています。図①、③、④のように空中で大きくなることはありません。

手元にある書物を見ると、「花後に花梗が伸びて地中に入る」とか「落花後に花軸が伸びて地中に入る」「花後に子房が伸びて地中に入り莢が大きくなる」などと書かれていますが、すべて誤りです。

受精後五日目ごろから急に子房柄が伸びて、一〇センチぐらいになりますが、このときに地中にもぐれないと、柄や子房は腐ってしまいます。地中に入ると、胚が生長ホルモンの重要な源泉となって生長を促します。

## 柔らかい砂地に

ナンキンマメの栽培には柔らかい砂地が適しています。理由は、根粒バクテリアが繁殖しやすいこと、子房柄の先端が土の中に入りやすいことなどからです。

発芽時に子葉が水を吸収すると甘味が強まり、害虫、とくにタマヤスデの食害が多くなるので、注意する必要があります。苗床を作って移植するのもよい方法です。

## 植物の話題

ナンキンマメの花はふつうの植物と同じように地上で開花しますが、地中でも咲きます。地中で咲く花は閉鎖花で、花びらのない不完全な花ですが、それでもけっこう実を結び、食べられます。つまり地上花と地中花の二本立てということです。

未熟な莢は白くて重く、水に沈みます。若いときはでんぷんを多く含み、莢ごと煮て食べられますが、熟すと軽くなって水に浮くので、遠方へ流されて繁殖することが知られています。マメ科の植物ははじめ莢に養分が貯えられますが、後に種の中に移動します。

ナンキンマメは一つの実（莢）の中にふつう二個の種が入っているので、花言葉は「仲よし」ですが、ときに一個や三個のこともあります。食用部は子葉で、マメ類やクリなどと同じ無胚乳種子の一型です。これには五〇パーセントの脂肪と二五パーセントのたん白質、ビタミン$B_1$、E、ナイアシン、食物繊維などが豊富で、栄養価の高い健康食品です。

近年、栽培がさかんで、インド、中国、アメリカが主な生産国です。日本では関東と南九州での栽培が多く、とくに千葉県は生産量の約六割を占めています。

うそっ！ほんと？

# マテバシイの実は二年かかって熟します

《正しいスケッチは何番？》

## マテバシイ

ブナ科

「団栗《ドングリ》の背競《せいくら》べ」という諺《ことわざ》があります。一般に「ドングリ」と呼ばれるものはブナの仲間の実で、タンニンが多く含まれていて食べられませんが、太いドングリでも細いドングリでも背丈はあまり変わりません。そんなことから「どれもこれも似たようなもので、たいしたものではない」という意味で使われます。

マテバシイもブナの仲間で、ドングリのような実がなり、炒《い》って食べられますが、シイの実ほどおいしくありません。食用部は二枚の子葉で、この仲間には胚乳《はいにゅう》がありません。

### 直立する尾状の花穂

マテバシイは九州南部に自生する雌雄同株の常緑高木で、葉は光沢に富み、樹形が美しいうえ、風にも強いので、海辺に近い所の街路樹に適しています。

六月ごろ、今年出た枝の上部の葉腋《ようえき》から長い穂状花序を出し、雌花は雄花序の下部につくか、または雌花だけを尾状につけます。雌花は総苞《そうほう》（殻斗《かくと》）に包まれ、小さいままで年を越し、翌年の六月ごろから急に生長して、その秋に熟して落下します。

雄花序も新枝の葉腋から数本斜上します。雄花の萼《がく》は六裂し、六～一二個のおしべが放射状につくので、ブラシのような花穂になります。

## 観察のポイント

スケッチは初秋の一、二年生の小枝の一部です。花はとっくに終わり、実が大きくなっていますが、食べるにはまだ少し早いようです。花は六月に咲いて完全に受精すると、翌年の六月ごろから子葉が肥大し、実は一〇月下旬か一一月に熟して落ちます。完全に受精したものは大きく膨れますが、受精しなかったものは、膨れません。

図④が正しいスケッチで、下部に昨年の春に受精して大きくなった実が一個つき、その横の小さいものは受精の不完全な雌花です。上部の枝の先端には、今年の春に開花、受精した雌花の一部がついていて、これは明年の秋に熟して大きな実になることでしょう。

図①の実は秋のものですが、上部は六月の状態で間違いです。図②は上部と下部との位置が反対です。図③は上部は正しいのですが、下部は一年生の花穂に二年生の実がなっています。したがって、図①、②、③ともに間違いです。

## 取った実はすぐ埋める

マテバシイは一本植えでも実がなっているので、自花不和合の性質はなさそうです。

塩害や公害、とくに風害に強い木として、山中や海辺、工業地帯、交通量の多い道路など、あらゆる所の街路樹に適しています。

実は乾燥させると発芽が悪くなるので、取り蒔《ま》きします。落下した実でなくても、一〇月ごろの樹上の緑色の実を蒔いても、よく発芽します。いずれにしても、取った実はすぐに土に埋めることが大切です。

## 植物の話題

マテバシイは雌雄花とも花びらがなく、原始的な植物と考えられています。

花のころには雄花が生臭いにおいを放つので、庭などに植えたときは毎年剪定《せんてい》して、花を多く咲かせない方がよいでしょう。

葉は大形の倒卵状狭楕円形で、長さ一〇～一八㌢、裏面は褐色で、側脈は一〇～一三対あり、一枚の葉の寿命は三年です。よく似たシリブカガシは葉の裏面が銀白色で、側脈は七、八対、実の底部の付着部が凹入します。

マテバシイのように二年目の秋に実が成熟するブナ科の植物は、クヌギ、アベマキ、ウバメガシ、ツクバネガシ、アカガシ、シリブカガシなど、ブナ科の半数ぐらいがあります。また、コナラ、アラカシ、カシワなど、残りの半数は開花した年の秋に実が成熟します。

近ごろ、都市の緑化が叫ばれるようになり、その土地の自然環境に適した樹種を選んで植えられるようになりました。また、緑豊かな国土を子孫に伝えようという政府の方針も加わって、マテバシイは照葉樹林の構成の一要素として、日本の中南部で大規模な植え込みが進められ、都市の緑化に貢献しています。

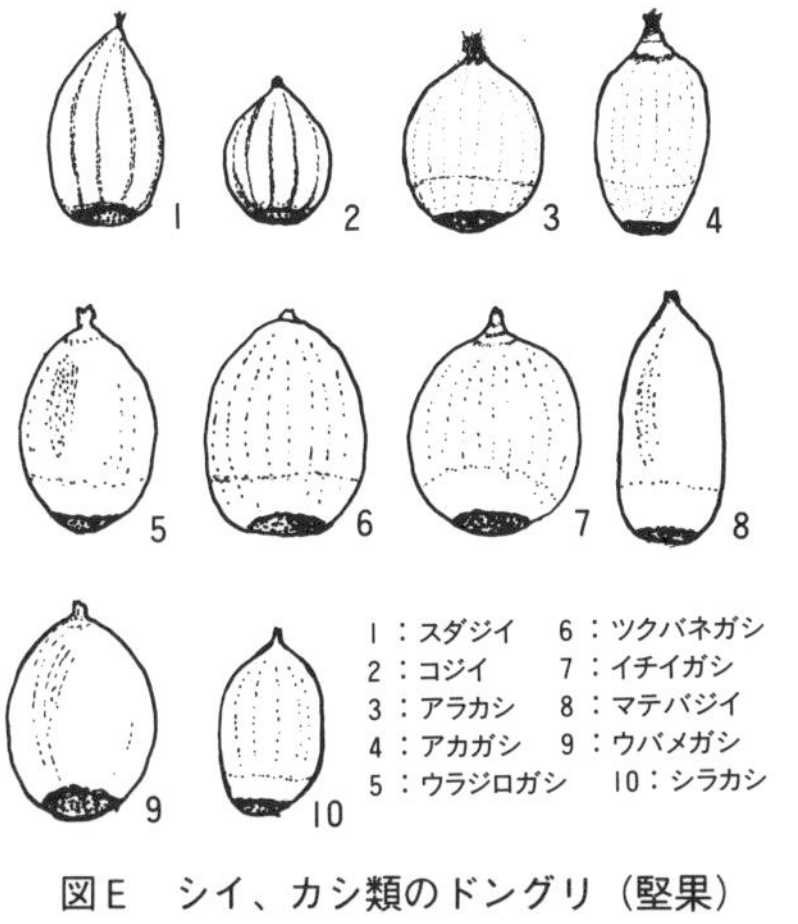


図E　シイ、カシ類のドングリ（堅果）

うそっ！ほんと？

# オリヅルランの斑の様式は茎を見ればわかります

《正しいスケッチは何番?》

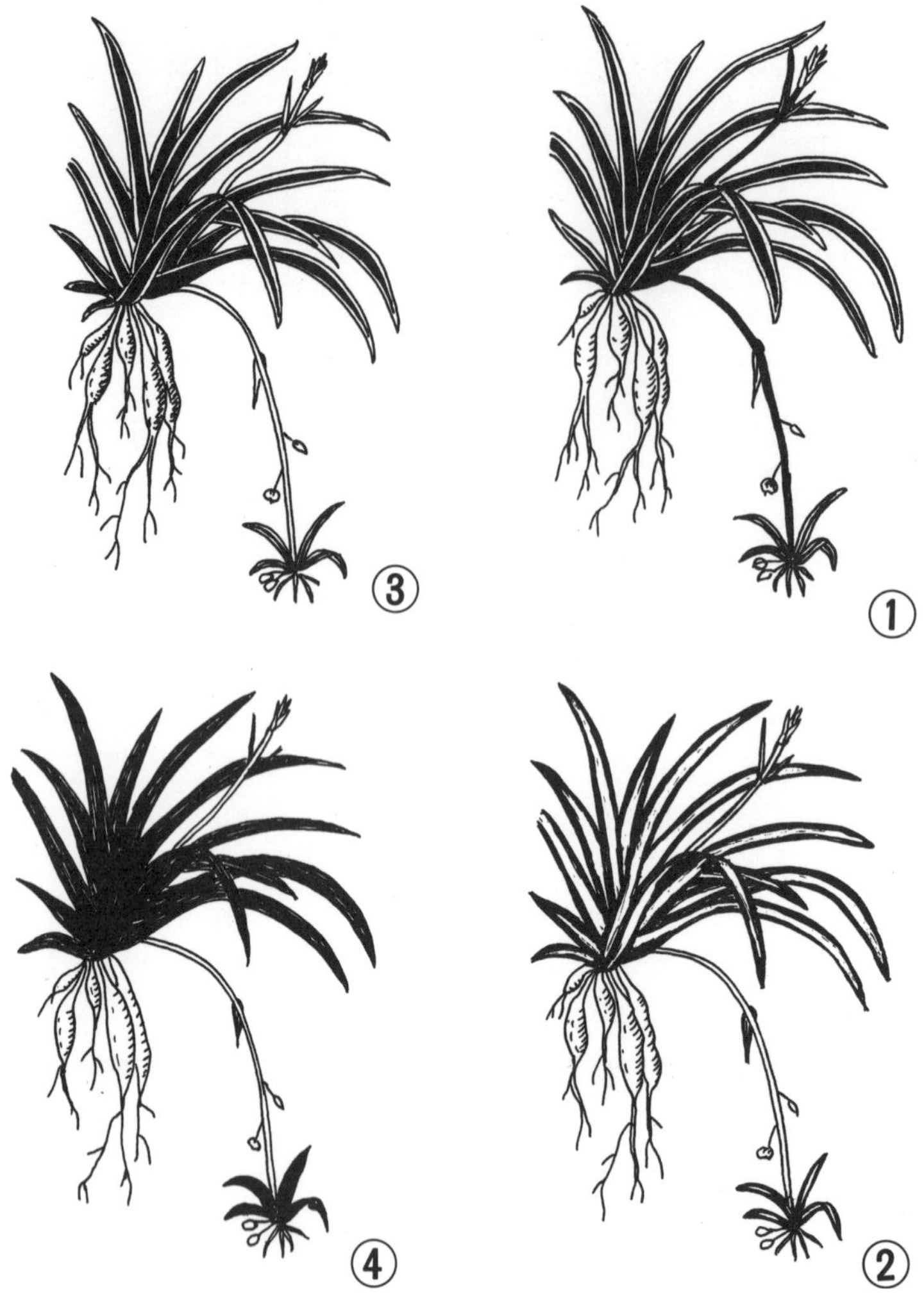


## オリヅルラン

ユリ科

薄暗い室内で、一番よく繁茂する斑《ふ》入り植物といえばオリヅルランでしょう。春に肥料をやると、一株から何本もの匍匐茎《ほふくけい》が下垂し、先端に子株をつけて微かな風にも軽やかに揺れ、涼味満点です。その様子が折り鶴をたくさん連ねたように見えるので、この名があります。斑入りものはいっそう涼しさを誘うので、近年、さかんに鉢植えにされ、なかでも葉の幅の広いヒロハオリヅルランに人気が集中しています。

### 花が示すユリ科の特徴

オリヅルランは地中に太い根を持ってエネルギーを貯えているので、冬に葉が枯れても春の萌芽は著しく、鉢の四方へ匍匐茎を出して子株を下垂させます。

葉は細長くて光沢があり、弓状に曲がっています。白い斑が入ったものに人気があり、葉縁の白い覆輪《ふくりん》、葉縁が緑で中の白い中透《なかすけ》、葉縁が緑で中が白く、中央に緑条のある中斑《なかふ》など、さまざまなものが見られます。

オリヅルランの一番の特徴は、花軸を出す

ことなく匍匐茎の途中に小さな白い花をつけることです。よく見ると、花被片が六枚、おしべが六本あります。ランという名がついていますが、ラン科ではなく、ユリ科の植物であることがわかります。花は一日花です。

## 観察のポイント

オリヅルランは春から夏にかけて匍匐茎がさかんに出ます。葉縁に白斑《しろふ》のある覆輪には緑色の匍匐茎が、そして葉の中央が白くなった中透のものには白色の匍匐茎が出ます。

図はオリヅルランの示すすべての斑の型ではありませんが、単純に考えると、図①はふつうの覆輪で、匍匐茎が緑色なので正しい図です。図②は葉の組織の第二層が白で、第三層はこの図では白か緑かわからないので、匍匐茎の色は白か薄緑になります。すなわち、この葉が中透であれば匍匐茎は白、中斑であれば匍匐茎は淡緑となり、正しい図といえましょう。

図③は覆輪で匍匐茎が白、また図④は緑葉で匍匐茎が白なので、ともに実在しません。

## 年に一度植え替えを

オリヅルランは南アフリカの原産で、霜に当たると枯れてしまいます。冬は室内に入れるか、本州中南部では縁の下などに入れて直接寒さに当てないようにして、灌水《かんすい》も七日か一〇日に一回、それも日中に少し与えるぐらいで管理します。また、籾殻《もみがら》や藁《わら》で覆っておくと、うまく冬を越します。

繁殖は株分けか子株を植えると簡単にふやせます。

中斑の苗を植えるときの注意としては、この根には緑色の部分がないために抵抗力が弱いので、初めは多少暗いところに置くか、黒いビニールを地面に張りつけるなどするとよく活着します。また、根が土から出ると、日光が当たって生育が悪くなるので、土で覆ってやります。そのため、業者は温室などの床下に置いて発根させ、元気に根づいてから外に出すのです。年に一度、春に植え替えをして、水と肥料を十分にやると見事な株になります。

オリヅルランは、室内で吊り鉢として楽しめるのはもちろんですが、初夏から晩秋までは戸外の半日陰におくと、葉の色が鮮やかで美しく、子株もたくさんぶら下がって涼味をそそります。しかし、直射日光に当てると、葉焼けをおこすので注意が必要です。また、過湿にするのもよくないので、梅雨時などは、軒下などで管理することも大切です。

## 植物の話題

オリヅルランは葉と茎との周縁キメラ構造の観察によい材料です。葉では第一層がかなり広く分担形成をしますが、茎では第一層は表皮だけで、外からは第二、第三層が見えます。

また、中透と中斑について、単子葉植物の場合は第二層と第三層が白であれば中透、第二層が白、第三層が緑になったときは中斑といいます。双子葉植物の場合の中斑は、単子葉植物の中透に相当します。

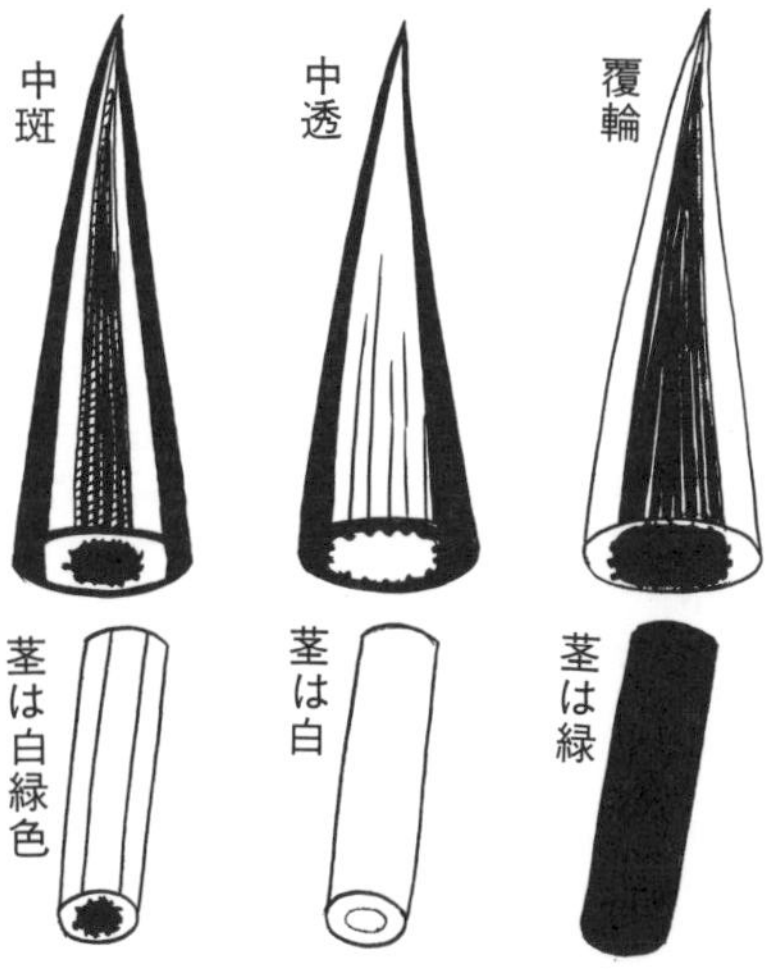

うそっ！ほんと？

# キュウリの蔓は支柱に巻きつくと、中央では逆に巻きます

《生長の順に並べられますか？》

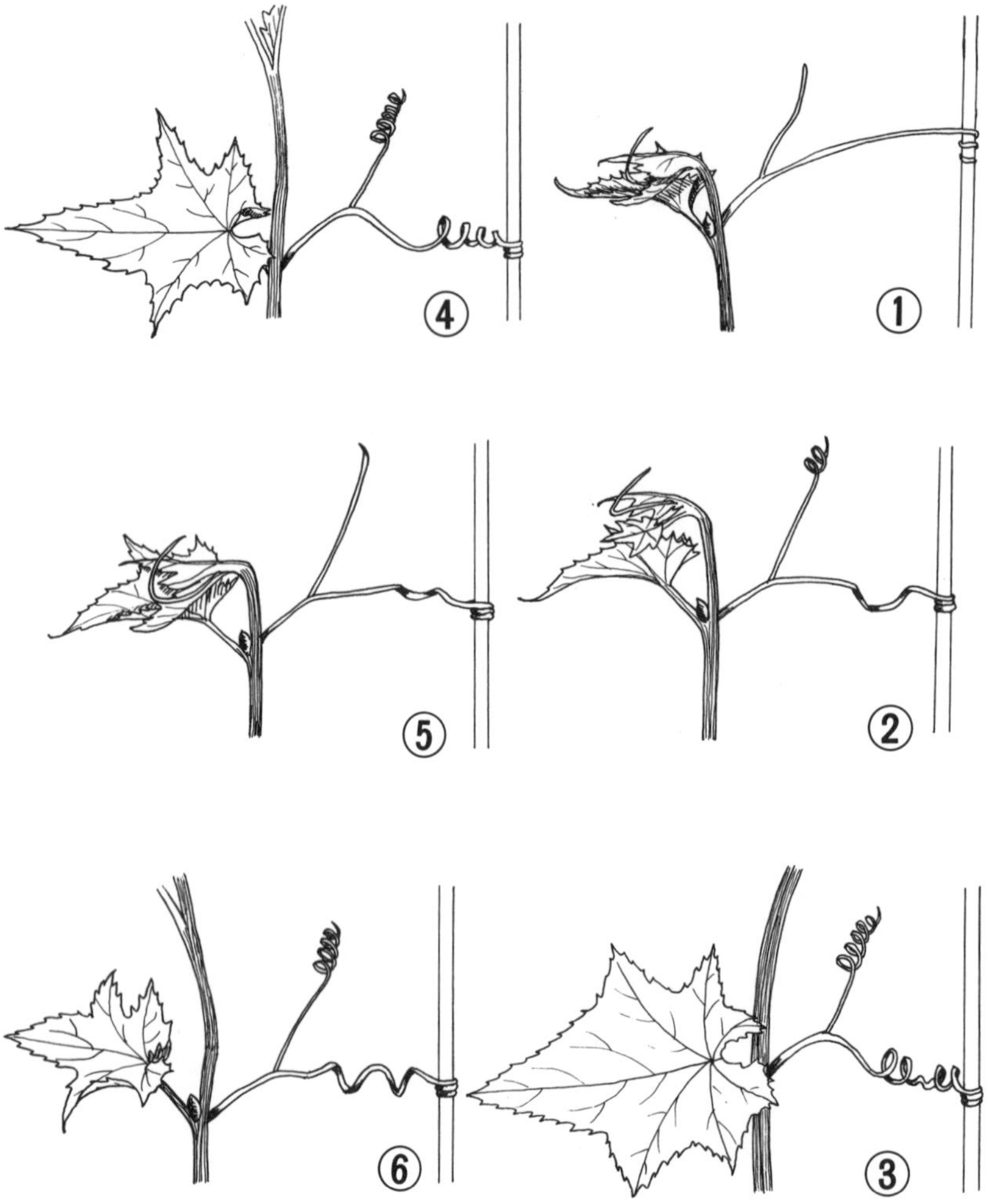


## キュウリ

ウリ科

小形のキュウリに味噌やもろみをつけてかじるモロキュウは、口の中でパリッと裂け、頬をなでる感触は最高です。こんなに素朴でおいしい食べ方が、昭和の初めまでなかったことの方が不思議です。

これに用いるキュウリは、何よりも若くて新鮮で、曲げるとポキッと折れるものでなければなりません。キュウリには水分が九六パーセントも含まれていて、スイカよりも多いのです。

### ブルームレスの白イボ

キュウリは本来夏の野菜です。昔は春に種を蒔《ま》いて、六～九月に収穫していました。ところが近年、ビニールハウスと水耕栽培によって、一年中採収出荷され、かえって真夏の栽培が下火になるというおもしろい現象がおきています。

戦前はオオキュウリ系が栽培の中心で、これは七、八節おきに雌花をつけ、直径が七～一〇センチ、長さ三〇センチという大きなキュウリで、あくの強いものでした。だから調理に先立って、縦に何本か皮を剥いて、あくの調整をし

てから料理に使ったものでした。

いまはほとんどが節成《ふしなり》系で、直径三センチ、長さ一八〜二二センチの小形であくの少ないものが栽培されています。その中でも、実の表面の刺《とげ》が白く、また、果皮に白い粉（ブルーム）を吹いていない「ブルームレスの白イボ」に人気があります。

## 観察のポイント

キュウリの茎は仮軸分枝を繰り返して生長し、蔓《つる》は主軸が変わったものです。苗を植えるとき、支柱は苗から一〇センチほど離して定植すると、長い蔓（巻きひげ）を伸ばして生長し、支柱に巻きつきます。蔓は三分の一ぐらいから先の部分が巻きつく力が強く、物に触れると二分もしないうちに巻きはじめ、三分以内で一巻きしますが、根元は巻きつきません。二回あまり巻きつくと、この間がさらに伸び、二日後には蔓の両端から同時に巻きはじめるので、中央部では逆に巻きます。そこを「反旋点《はんせんてん》」といい、このスプリングによって支柱と茎との間を離し、弱い茎を折ろうとする力に対し抵抗することができるのです。

巻きつく順序は図①、⑤、②、⑥、④、③と進みます。図①で支柱を求め、⑤で反旋点を作り出し、②で遊離した蔓が巻きはじめ、⑥では反旋点が巻きつき、④、③では反旋点で大きく反転しています。

蔓の動きは気温が二〇度以上のときは激しいですが、気温が下がると鈍くなります。また、支柱は細い竹の棒が望ましく、紐や太い竹などには巻きつきません。

## よくない肥料過多

キュウリの種を蒔いて実までならせるのはなかなかむずかしいことですが、茎や蔓の生長を観察させるのは簡単です。苗を植えつけるとき、元肥《もとごえ》が多いと失敗します。葉が薄緑色のときが一番蔓がよく伸びて観察しやすく、肥料過多にすると濃緑色になり、一見丈夫そうに見えますが、伸びが鈍くなります。

また、肥料をたくさんやるとアブラムシが発生しやすく、葉が巻いて伸長が鈍って観察しにくくなります。こうなったら消毒をするより、種を蒔き直す方がよいでしょう。五〜六月に入ってから種を蒔くと生育もよいし、観察もしやすくなります。

## 植物の話題

キュウリはヒマラヤ山麓が原産で、中国を経て一〇世紀ごろに日本に入ってきました。雌雄同株の一年生草本ですが、花芽のときはまだ雌雄の別が決まっていません。温度や日長などいろいろな生育条件によって性が決まり、短日条件、肥料や水不足では雌花に、高温や窒素過多では雄花になる傾向が強いようです。

キュウリは未熟な実を食用にしますが、熟すと黄色くなるので、「黄瓜《キウリ》」の意味です。いまは「キュウリ」と発音するので、語源がわからなくなりました。漢名は「胡瓜」です。

現在、日本の生産量の九割近くを占めるのは「ブルームレスの白イボ」ですが、歯ざわりのよさや苦みを求めて従来の品種を好む人たちも少なくありません。苦味の主成分はククルビタシンで、この苦味あってこそ、キュウリの風味も生きるというものです。

なお、キュウリにはビタミンCを破壊するアスコルビナーゼが含まれていることが、戦争中の食事から発見されました。このようなものは他に、ニンジン、バナナ、リンゴなどがあり、ジャガイモやキャベツなどに刻み込んで混ぜると、せっかくのビタミンCが破壊されてしまうので、調理の際は混ぜ合わせない方がよいでしょう。

うそっ！ほんと？

# 切り株の年輪を見ただけでは方角は決められません

《正しいスケッチは何番？》

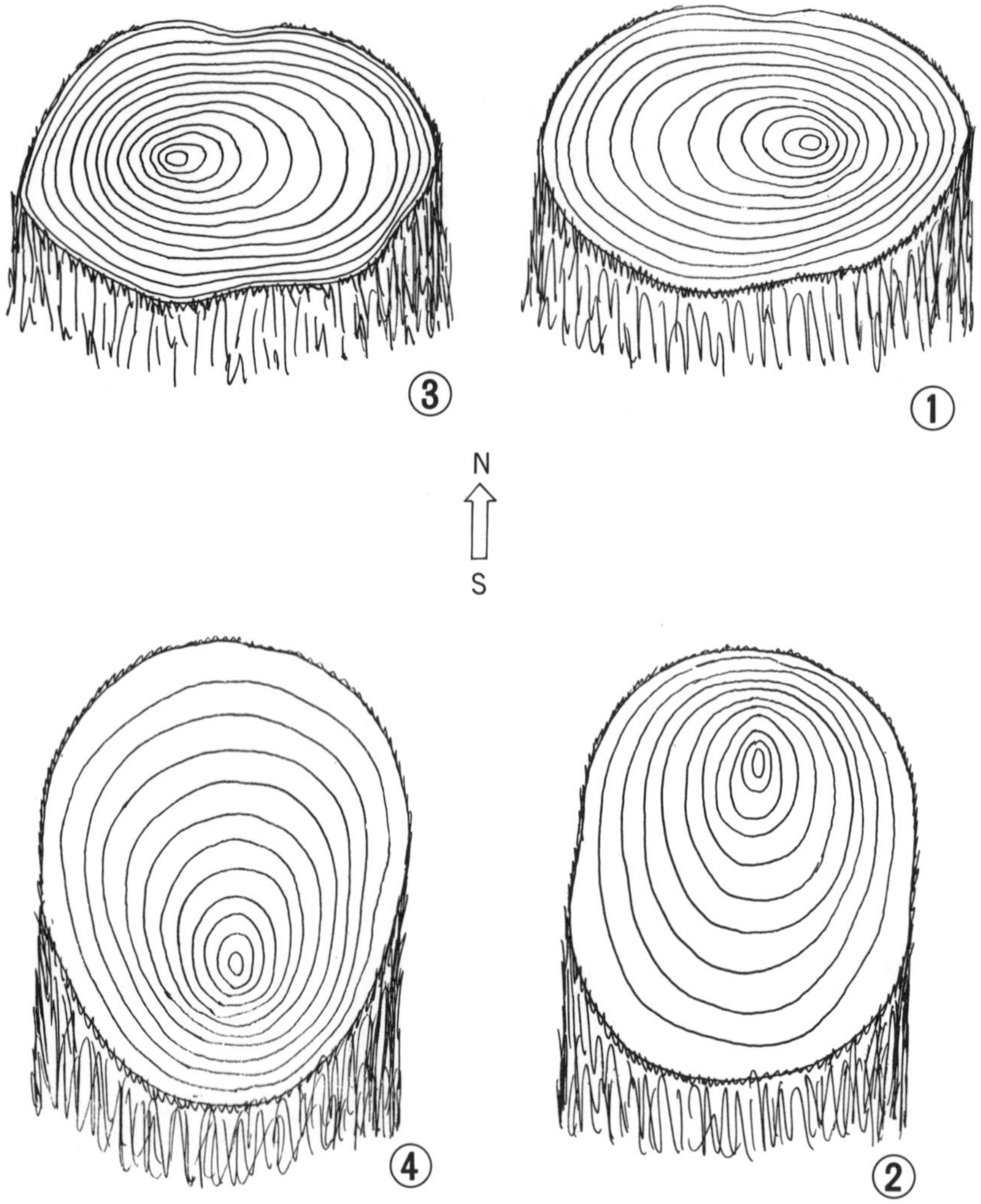


## 切り株

木本茎

木は春から夏（春材）にかけてのよく生長する季節と、秋から冬（秋材）の生長が鈍る季節とが繰り返されるので、春材と秋材を合わせて一つの年輪ができるのです。

木を伐採したときに切り株を見ると、正円でないことと、中心が真ん中にあるとは限らないことなどがわかります。このとき、生長のよい方、すなわち年輪幅が広い方が南であるといわれていて、事実、南によく枝を伸ばし、南側がよく発達するので、中心が真ん中にはきません。このような生長のしかたを、「偏心《へんしん》生長」といいます。

### 春材と秋材の繰り返し

年輪は一年の生長の不均等からできるので、熱帯のように一年中ほとんど温度差、雨量差のない所で生育した樹木では、年輪は不明瞭です。南方から輸入されるラワン材は、年輪がない代表です。

ところが、熱帯でも雨季と乾季とがはっきりしている地方では生長に不均等が出るので、やはり年輪はできます。

## 観察のポイント

「山で迷ったとき、切り株を見ると南の方が年輪の幅が広いので、方向を定めることができる」というようなことが、よくいわれたり、書かれたりしていますが、それは迷信です。というのは次のような条件、すなわち、㈠周囲の木の状態や枝のつき方、㈡根の張り具合、㈢風の方向や土地の傾斜方向、㈣樹種、などによって変わることが考えられるからです。

いま、平地に一本の木があって、四方に根が張り、特別の風の方向のないときには、どの方向に幅の広い年輪ができるか考えてみましょう。右の図はいずれも上の方が北を指すと決めます。

このような条件のときには、南の方の年輪幅が広くなった図②が正しいということになります。向日性が著しいほど、枝もよく発達するので、南の方がよく生長すると考えられます。図①は西の方の発達がよいことになっていますが、このようなことはないでしょう。図③は東側、図④は北側が、それぞれ年輪幅が広くなっていますが、このようなことは特別な立地条件の他はできないでしょう。

## 山で方向決定に年輪を使ってはいけない

偏心生長は、斜面に植えるとより大きい変異を生じます。ことに傾斜地の針葉樹と広葉樹とでは、まったく逆の方向に発達するのです。

一般に、針葉樹では谷側に、広葉樹では山側に年輪幅が広くなります。道に迷ったとき、年輪幅の広い方が南であるなどと教えたり、考えたりしていると、遭難にもつながることになりかねません。山の地形、気象条件は複雑です。したがって、険しく深い山で迷ったら年輪を見てなどということは、危険なのでやめてください。

## 根を四方に張らせる

木を植えるとき、根を四方へ広げると、平等に張ります。これは取りも直さず年輪を均等に発育させることでもあります。ことに盆栽などでは安定感が出ます。

木を植える時期は、休眠期が明ける前の三月ごろが、どの木にもよい季節といえましょう。しかし、南方系の木ほど遅く植えることが望ましく、たとえばクスノキやバンブー類は五月が適期です。

## 植物の話題

木の枝のうちで、最も大きく発育している枝を「力枝《ちからえだ》」といいます。この力枝のあるのはたいてい南側であることが多く、その幹の下が一番よく発育し、年輪の幅が広くなっています。

一般に、樹木は南側や東側に面した方に枝がたくさん出ます。木材にしたとき、枝がたくさん出た南面には節が多く、北側に面して年輪が密になった木材と比べると、硬くて強いです。このように南や東に面して枝のよく茂った方を「日面《ひおもて》」、反対の北側を「日裏《ひうら》」と呼んで区別しています。昔の宮大工は、神社や寺院を建立するとき、建物の南や東に面する所には、日面が来るように使いました。この木の使い方は柱だけではなく、縁側の板に至るまで生かされています。こうして自然に逆らわないことが、いつまでも建物が狂わず、美しさが保たれる秘訣であることをよく知っていたのです。

いま、何百年も経て寸分の狂いもない建立物を見るとき、大工さんたちの生活の知恵に、改めて頭が下がります。

# うそっ！ほんと？ キンメイチクは芽溝部がすべて緑色です

《正しいキンメイチクは何番？》

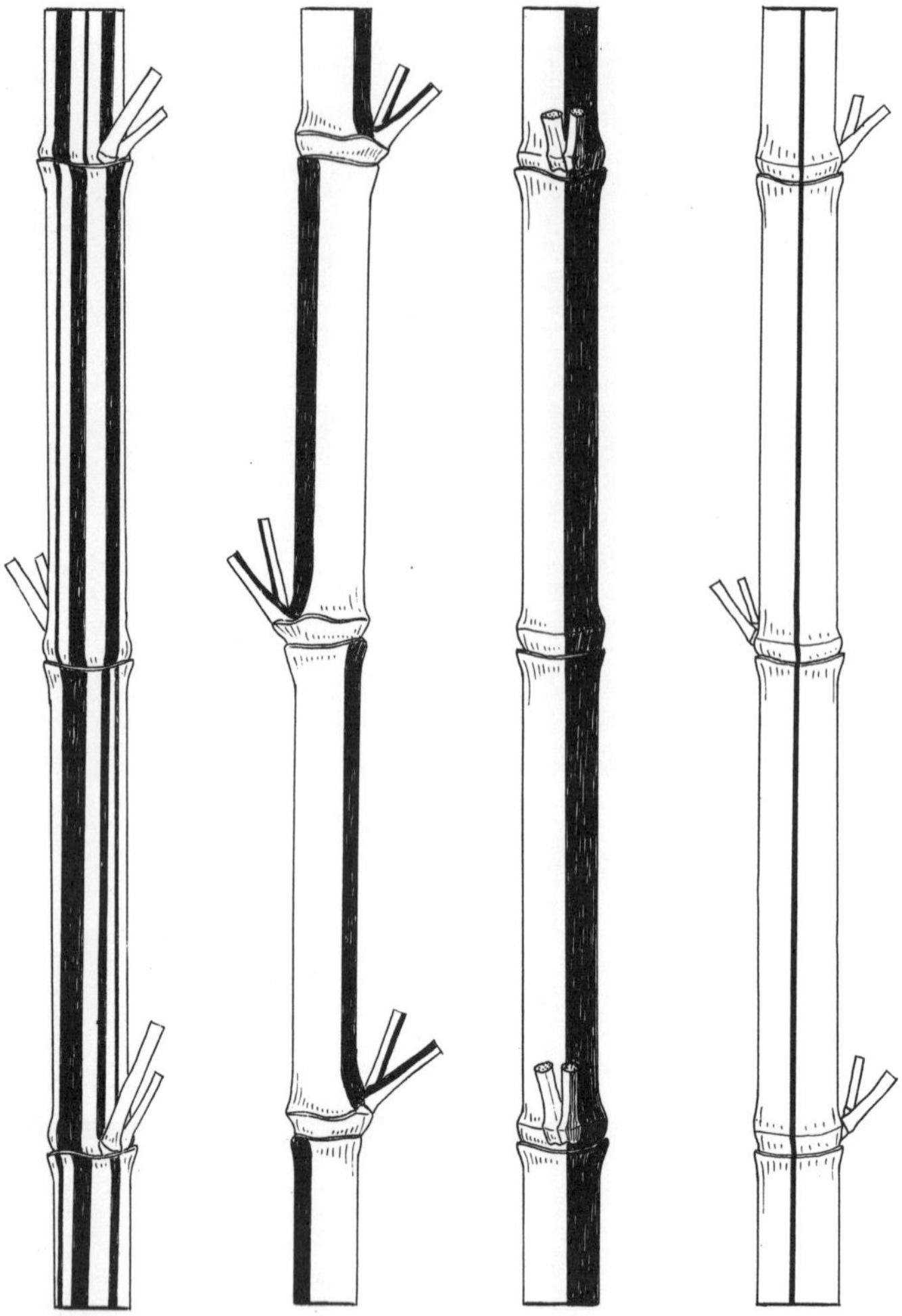


## キンメイチク

タケ科

落語に「金明竹《キンメイチク》」というのがありますが、これは竹にはまったく関係がなく、世の中で特別に変わったものを指したもののようです。

竹の方のキンメイチクは天然記念物になっているほどの珍品で、植木屋さんでさえほとんど実物に接することがありません。稈や葉に黄色や赤色、白色などの縞のあるものは、高価に売るために何でもこの名で呼んでいますが、たいていは挿し木で簡単に苗ができるスホウチクのことが多いようです。

事実、竹《ちく》類の苗は少なく、かつて見たものと、現に見ているものとを比較することができないので識別は困難です。「竹苗はキンメイチクというと売れるが、他の名では売れない」とは植木屋さんの話で、これほど名前で売れる植物も珍しいでしょう。

### 組織の対比を観賞

キンメイチクはマダケの一品種で、全稈が黄金色をしていますが、芽のある上部の溝面だけが緑色で、この緑色は稈の一節ごとに交互に位置し、その色の対比がすばらしく美しいものです。ことに、筍が皮を落とした新竹の美しさは、今日でも誰が見ても驚くほどの美しさなので、初めて見た人の驚きはいかばかりだったのでしょうか。

手元にある寛政七年の瓦版には、「マダケ藪に黄金色のキンメイチクが一本生えたが、このような珍しいものを個人で所有すべきではないので、八幡様の境内へ奉納します……」と、書かれていて、緑の竹藪中に突然黄金色に輝くキンメイチクが出現したときの驚きは、想像を絶するものがあります。

### 観察のポイント

竹稈の組織は三層からなっていて、外から第一層、第二層、第三層といいます。キンメイチクは第一層が黄色、第二、第三層が緑色の周縁キメラで、黄色の組織が緑色の組織を包んでいるのです。竹の節から枝が出ますが、そのとき表皮の第一層が枝の方と二分することになり、竹稈の溝部が薄くなるので、稈の第二層の緑色が外側から見えるのです。もちろん節から出る枝も、同様に相接する面が緑色になります。

図③がキンメイチクです。枝の上側の溝面が緑色をしていて、他は黄色です。

図①はオウゴンチクにできた緑条です。このように梢《こずえ》から株元までの条線は、タケノコの小さいときに、頂端に近い第一層の細胞の一つが、黄色から緑色への突然変異を一回だけおこし、この緑色になった細胞と、もとの黄色の細胞とが、いずれもその後ずっと細胞分裂を続けたことによって現れた縞です。

図②はソメワケダケ（染分竹）です。ハチクのタケノコの小さいときに、頂端の第一層の細胞の一つが、緑色から黒色に突然変異したものです。

図④はタテジマキンメイモウソウ（縦縞金明孟宗）で、節の生長帯で突然変異が何度もおきたためにできた縞です。

ちなみに、キンメイチクと反対に、稈が緑で芽溝部に黄条を出現するギンメイチク（銀明竹）というのもあります。

### 母竹を選ぶのがコツ

キンメイチクは緑色の鮮やかなものを母竹として植えつけると、美しいものを育てることができます。ということは、第三層が緑色のものということです。品質のよいものでないと、育てがいがありません。

### 植物の話題

キンメイチクが理論づけられたのは、ごく近年のことで、笠原基知治博士の研究の功績です。竹の組織の研究から、植物の組織の究明に発展しました。

オウゴンチクはマダケの一品種で、稈に緑色の色素がなく、三層ともに黄色なので、稈はどこも同じ黄色です。幸いに葉は九五《パーセント》内外が緑色に転化しました。もし、稈とともに葉も緑色に転化しないで黄色のままだと、同化作用をすることができず、死滅してしまったことでしょう。この転化についてはキンメイチクも同様です。

あらゆる植物の茎や葉は緑色で、通常に生活できているのですが、ときには細胞分裂のときに遺伝子の構造が変わり、いままでとは異なった遺伝子ができ、それに支配されて細胞の性質が変わってしまいます。この竹の突然変異も同様です。この突然変異は体内の生理状態が大きく変わったときなどにおこりやすいのですが、竹では何十年、あるいは百数十年に一度という開花によって突然変異をおこしやすい遺伝子ができることがあり、これが受け継がれていくのです。

うそっ！ほんと？

# クロモは種のほかに休眠芽でも越冬します

《正しい越冬の様子は何番？》

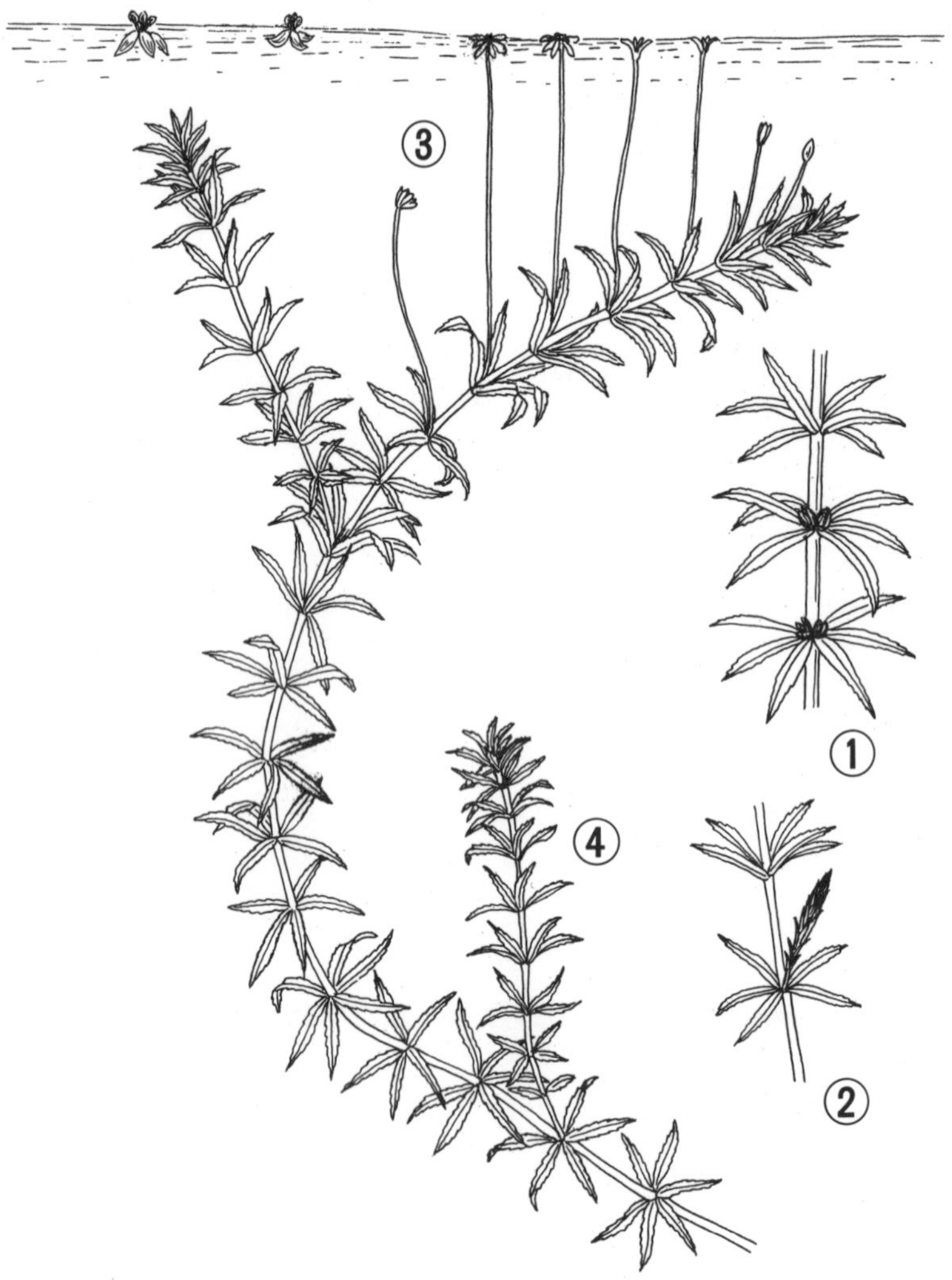


## クロモ

トチカガミ科

キンギョを飼っていた水槽を庭に出したまま放っておきました。夏のある日、何となく水槽に目をやると、水面が白くなっていました。これは不思議と近寄って見ると、それはクロモの雄花で、花の柄が切れて水面にたくさん浮いていたのです。不幸にして雌花がなかったので、さっそく近くの溝へ雌花を探しに出かけました。

### 水の助けを借りて受粉

クロモは日本各地の湖沼や溜池、河川などに群生する雌雄異株の沈水性の植物で、水槽に入れる水草としてよく知られています。茎は脆弱《ぜいじゃく》で簡単に切れますが、その小さな切端からでも再生するほど生活力は旺盛《おうせい》です。

葉は四～八枚が輪生し、葉縁に細かい鋸歯《きょし》があります。一年に五〇～六〇センチも伸び、夏には黒ぐろと茂るところから、「クロモ」という名がつきました。あまりにもよく繁茂して溝の流れを邪魔するので、農家の人の嫌われ者です。

雌花は葉腋《ようえき》に一個ずつつき、初めは細長い

鞘苞《しょうほう》内にありますが、のちに子房の上方が伸びて水面に浮かび、受粉します。花は雄花よりも貧弱で、萼《がく》、花びらともに三枚です。一方、雄花も葉腋の鞘苞内に一個ずつつき、開花すると花柄から切れて水面に浮かびます。このとき、萼片が反り返って三個のおしべを高く持ち上げ、花粉を放出します。

## 観察のポイント

クロモは流水のゆるやかな溝全体を埋めつくすようにびっしりと生えますが、維管束の発達が悪いので、茎はすぐに切れてしまいます。また、茎の組織が柔らかい水草だけに、厳冬期には枯死してしまいます。

図②が越冬状態の正しいスケッチで、寒さが加わった晩秋には、葉腋に節間のつまった休眠芽(越冬芽)ができ、茎から離れて水底に落ち、翌春、芽が伸びます。このような芽を作るものは他に、フサモ、エビモ、ムジナモ、タヌキモなどがあります。このタイプの越冬方法は、淡水域での水温の低下に適応したものといえるでしょう。

また、図③のようにうまく花粉が流れて雌花に到着すると、受粉して種ができ、水底に落ちて翌春に発芽するのです。図①は葉腋に雄花がついたもので、熟すと花柄から離れて水面に浮かびます。図の左上に浮かんでいるのが雄花で、萼が筏《いかだ》の役目をしています。そして、花粉を放出しながら水面を漂い、花粉は風によって生じた流れで図③の雌花に近づき、水の表面張力によって引き寄せられて受粉します。いわゆる「水媒花」です。

水中の茎は冬に枯れてしまい、水中部は切れて流れてしまうので、図④は誤りです。

## 水は切らさないのがコツ

クロモは一度池や水槽に植えると、冬に水が涸れない限りよく育ちます。このとき、溝の中をのぞいて雌雄の株を確かめてから採集して植えれば、毎年受粉が行われます。

水草の栽培は金属性の入れものではよく育たないので、陶器類かコンクリートの枠で作った池などに植えるのがよいでしょう。

水草類を大きく育てたいときは、泥を深くして水を浅くします。反対に小さく育てたいときは、泥を少なくして水を深くします。浮漂性のホテイアオイなどは、さらに根を切ると小形になります。

## 植物の話題

クロモは水質汚染に弱く、日本中の用水池から急激に減少しつつあります。そのうえ近似種であるコカナダモに負けて、生活範囲をどんどん縮小しています。

コカナダモはアメリカから植物生理実験用として輸入したものが広まったもので、学者たちはその責任の重大さを痛感しています。動植物の輸入とその後の管理には、十分心したいものです。

日本に入ったコカナダモは雄株ばかりで、種はできませんが、地下茎と休眠芽だけで猛烈に繁殖します。コカナダモはクロモとよく似ていますが、葉は三枚輪生か対生なので、すぐ区別できます。開花は六月から一〇月と五か月間も続き、水媒花の受精の困難さを証明しています。その他、地下茎、休眠芽、水中茎など、あらゆる方法で繁殖するために、生活環境がどうであろうと、アッという間に広がっていくのです。やはり近似種で南アメリカ原産のオオカナダモの繁殖も、すさまじいものがあります。外来植物の急速な繁殖にはただ驚くほかありません。

うそっ！ほんと？

# シダレヤナギは光を求めて長く伸びます

《正しいスケッチは何番？》

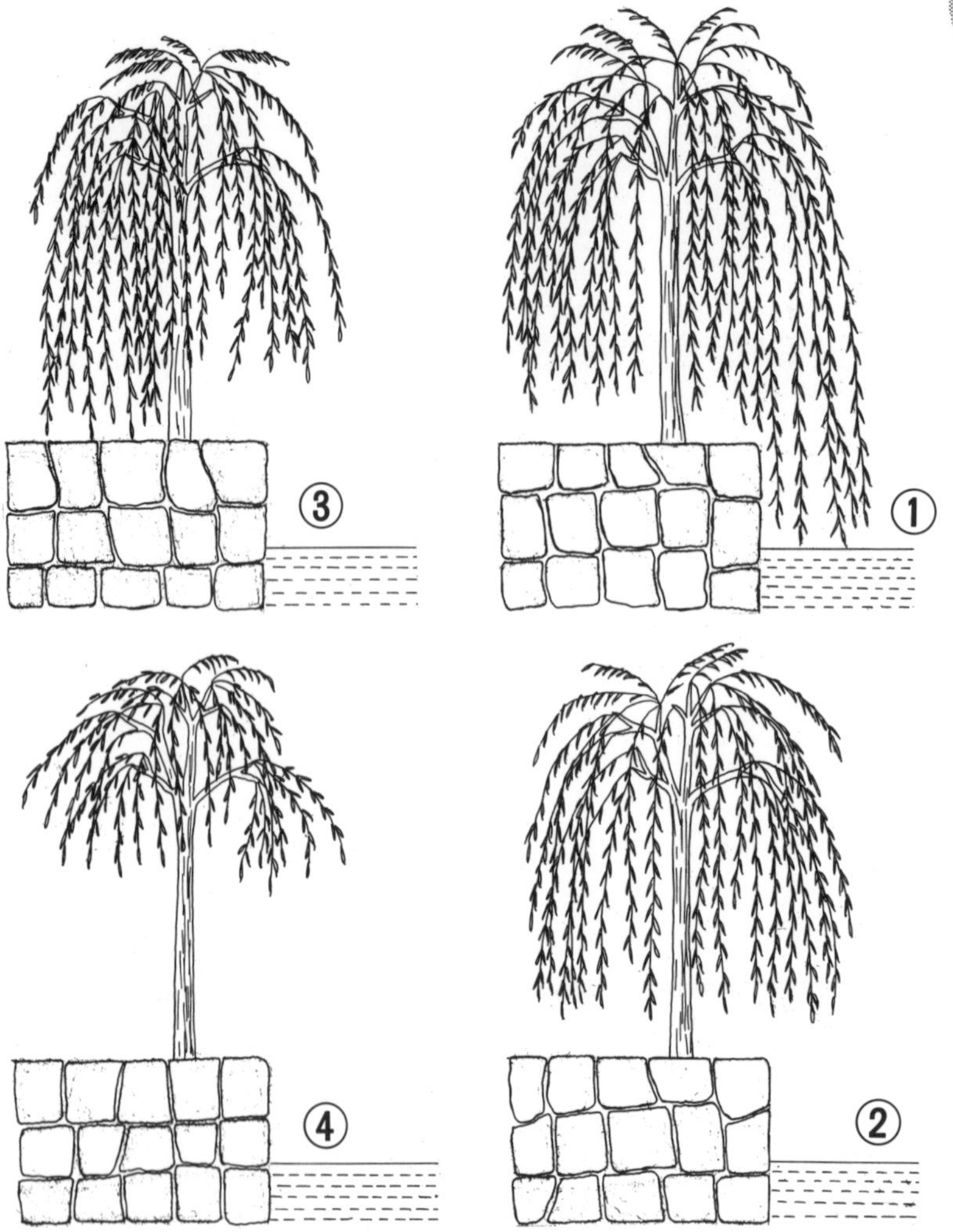


## シダレヤナギ

ヤナギ科

ある夏、奈良の猿沢《さるさわ》池のほとりを散歩したとき、池畔に植えられたシダレヤナギの枝が、道路面よりはるかに低い池の水面に接するばかりに伸びているのを見て、向日性の強さに驚いたものでした。

よく温泉地や公園にシダレヤナギが植わっていますが、下垂した枝の中を通ると、何となく心が落ちつきます。ことに温泉地などの騒ぞうしい街中で、サラサラとなびく枝条は快いもので、静かな環境作りに一役買っています。

### 典型的な雌雄二型

ヤナギの仲間はすべて雌雄異株で、シダレヤナギの雄株は枝が長く下垂しますが、雌株の方はあまり伸びません。このように花を見なくても雌雄の別がよくわかるものを、「雌雄二型」といいます。その他は一四二ページ「シダレヤナギ」の項を見てください。

### 観察のポイント

シダレヤナギは向日性の著しい植物で、枝

条が四方へ、幾重にも重なって下垂し、少しでも光を求めて同化作用をしようと努力しています。その証拠に、下垂した葉は葉柄の基部で半転してみな表面を外側に向けています。そして、池の方へ下垂した枝は、水面からの反射光と湿気を求めて、一年間に三〜六メートルも競い合って下に伸びていきます。だから、反射光のない所では、枝はあまり伸びません。図①が正しいスケッチです。

　図②は地面と水面への枝の伸びが同一、図③は地面の方へ長く伸びているので、ともに間違いです。図④は雌株で枝は短く、雄株の枝のようには長く枝垂れません。

## 挿し木でふやす

　シダレヤナギのような下垂した枝条は、見る人の心を落ちつかせてくれます。日当たりのよい池や川の端などへ植えれば、水面からの反射光を受けて、いっそう枝が伸び、美しさを増します。

　ヤナギの仲間では雄株のみのものが幾種類か知られていますが、すべて挿し木で簡単にふやせるので、美しい種類、それも雄の木ばかりがどんどんふえていきます。

　ヤナギ類の挿し木は、二月下旬から三月下旬が最適ですが、いつでも可能です。一〜二年生の枝を一五センチ前後の長さに切って土に挿すだけで、一か月後にはほぼ一〇〇パーセント根を下ろします。花材で使った枝を挿したり、そのまま水に生けておくだけでも、簡単に発根します。活着率が高いことは、他の樹木にはない特性ですが、成木の移植は困難です。

## 植物の話題

　シダレヤナギは中国の原産で、古く日本に伝わり、平城京ではすでに都大路に植えられていました。万葉人が渡来したばかりの「梅」と「柳」をこよなく愛したことは、『万葉集』にウメが一一八首、ヤナギが三九首も登場することからもわかります。平安京でもシダレヤナギは人気者で、素性法師は「見渡せば 柳桜をこきまぜて 都ぞ春の錦なりける」と詠んでいます。

　時は流れて、明治維新後、最初に街路樹を植えたのは東京で、それはシダレヤナギだったそうです。関東大震災や東京大空襲で、二度も全滅しましたが、人々の努力によって復活し、「銀座の柳」はいまも健在です。

　昔、ヤナギは神霊を降臨させる力があるとかで、陽《よう》の代表の木と信じられていました。ふつう神の依代《よりしろ》になる木は常緑樹で、落葉樹のヤナギというのは例外です。それなのに信仰を集めてきた理由は、どの木よりも春の芽吹きが早く、陰の冬を送り、陽の春を迎える木であること、挿し木で簡単に繁殖すること、生長が早く生命力が旺盛であることなどがあげられ、美しく枝垂れる姿は、神の降臨にふさわしい木と考えたのでしょう。それで、屠蘇《とそ》をヤナギの枝に結びつけて、大晦日《おおみそか》に井戸の水面に吊るしたり、また、正月の三が日に使う祝箸もヤナギで作られていて、これで食事をすると、家中の厄災が払われるといわれています。

　また、水辺を好むヤナギは、この世と異界の境の象徴とされ、幸せや霊魂を呼び寄せる力があると信じられていました。「柳に幽霊」もその一つです。この世はすべて陰と陽から成り立ち、陰陽が相整うように、水神の化身である陰の幽霊は、陽の木であるヤナギの下に出るのだそうです。

　ヤナギを「楊柳」とも書き、かつてはこの枝でようじを作ったので「楊枝」と書きます。昔はヤナギの小枝の先端をたたいて房状にして歯を磨きました。

うそっ!ほんと?

# シバは茎をジグザグに伸ばします

《正しいシバのスケッチは何番?》

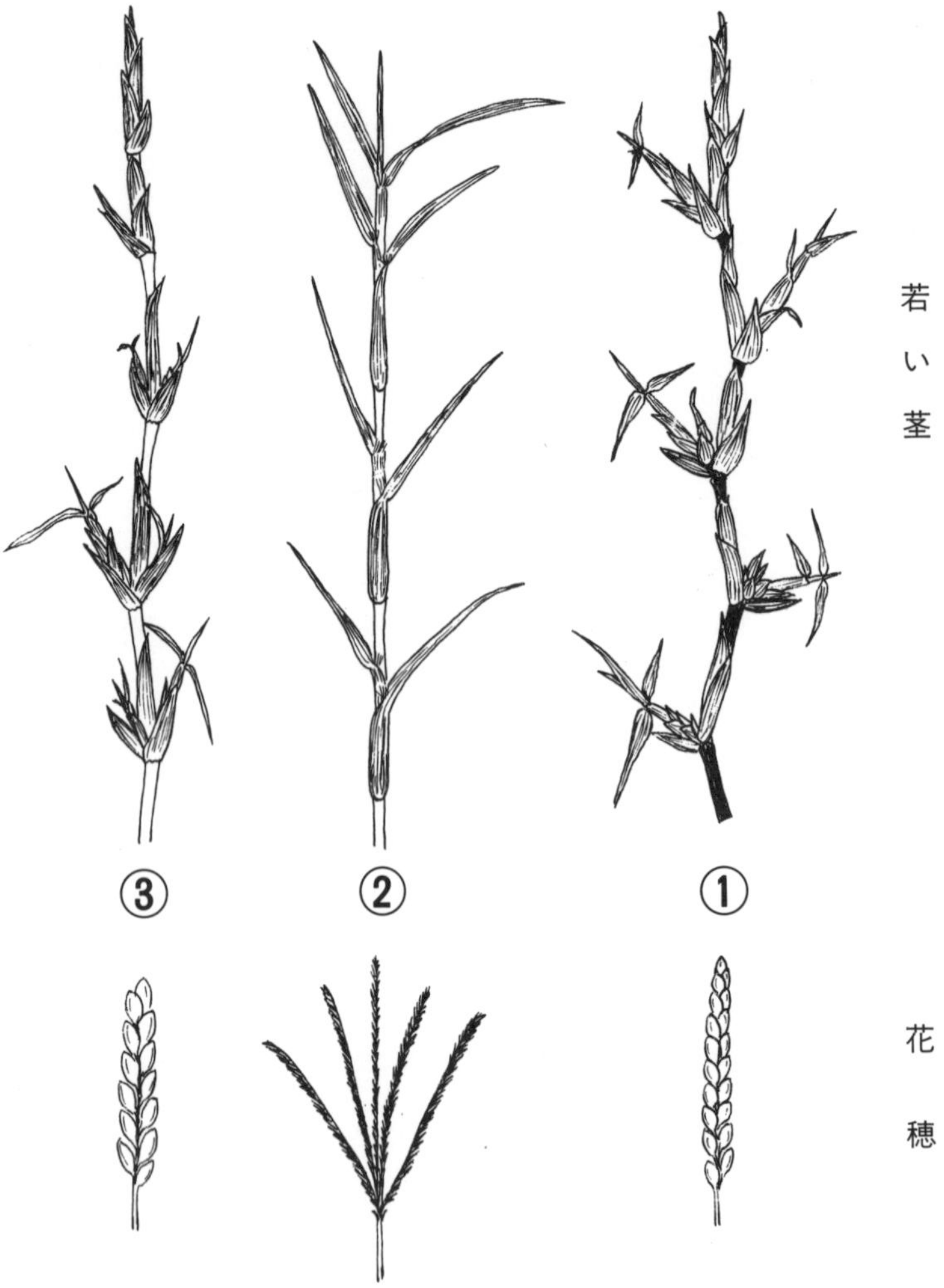


## シバ

イネ科

若い人たちのあこがれは、美しい芝生の庭に囲まれた明るい家でしょう。それはゴルフ場のグリーンや広々とした公園、緑地などで芝生の美しさを見て頭の疲労を回復させた経験があるからで、緑の力というものは、はかり知れません。

「シバ」と一口にいっても、庭のシバ、ゴルフ場のシバ、河原のシバ、よく踏みつけられる所のシバと、みなそれぞれ種類が違い、茎も葉も花も異なります。

### 三節ずつの縮節茎

河原を歩くと、あちこちにシバの群落が目につきます。一年に二〇センチ以上も地を這《は》って伸びます。それも直行するか蛇行するかは、茎の構造というか、種類によって決まっています。シバとコウライシバは三節ずつの、ギョウギシバは二節ずつのそれぞれ縮節茎を持っています。

### 観察のポイント

シバは茎が一番頑強で太く、伸長率も高く

てジグザグに伸びます。節は三節間が同じように生長しないで、かたまって縮節茎を作り、その次の節間が著しく伸びます。第一節の最下の芽だけが側枝として伸びるので、茎は芽のある反対側に押し出されることになります。

また、最上部の第四節にのみ生長ホルモンが働くので節間は長く伸び、その反動で反対側に著しく曲がります。そして、この右折、左折を繰り返しつつ伸長するので、茎はジグザグになります。根は最下部の第一節にだけ出ます。

コウライシバはシバと同様三節の縮節茎を持って伸長しますが、最下と次の二節に一個ずつ芽を出すので、屈曲がほとんどなく、真っ直ぐに伸びます。したがって、最も密に枝を出し、節間も短く美しく茂ります。

ギョウギシバは二節だけの縮節茎を持つので、多少交互に屈曲しますが、シバとは比較になりません。

図①がシバで、三節の縮節茎を作って曲がることと、第一節に芽を出すこと、一本の角状の花穂《かすい》を出すことなどによります。

図②はギョウギシバで、二節だけの縮節茎を出すので、左右に一枚ずつ出た長い葉が対生しているように見え、花は傘状です。図③はコウライシバで、シバと同様三節の縮節茎を作りますが、第一節と第二節から小枝を出すので、茎はほとんど曲がりません。また、子枝に養分を取られるので、茎自体の伸長も小さいです。花穂はシバに似て角状ですが、小形です。

## たんねんに葉を刈る

いずれの種類のシバにしても、芝生を美しく保つには、しばしば葉刈りをすることです。それによって茎は長く伸び、子枝をたくさん分かつことになるのです。ときには踏みつけることも大切で、ホルモンの一種のエチレンが分泌され、分蘖《ぶんけつ》もさかんになって、いっそう地面を固めます。年に一度、目土を入れると、地に張りついたような美しい芝生になります。

## 植物の話題

造園関係では、シバは「野芝《ノシバ》」といい、古くから利用されてきました。最近、よく芝生に用いるのは、コウシュンシバとコウライシバで、業者は前者を「高麗芝《コウライシバ》」と呼んでいます。葉が細くて繊細で美しいので、ゴルフ場のグリーンや公園に使われます。

シバは庭や公園、原野などに広く見られますが、葉をウマやウシ、シカなどに食べられるか、あるいは芝刈り機で刈られるなどして、茎の先端に日光を受けると、生長ホルモンができて、ますます発育がよくなります。そのうえ、ふつうは第一節にだけできる側枝が、第二節の葉腋《ようえき》からも伸びるので、より密に枝を分かち繁茂します。

奈良公園（約六六〇ヘクタール）には約一二〇〇頭のシカがいます。芝刈りや観光PRにも一役買っていて、その労働力を賃金に換算すると、一頭当たりの日当は「一万円」とはじき出されました。広大な芝生を人手で管理するのはたいへんですが、それをシカが無償で請け負い、美しい公園にしてくれているのです。

しかし、ススキや雑草など、背丈の高い草木が侵入してくると、それらが作り出す日陰によって、シバは急速に衰えてしまいます。

シバの縮節茎

うそっ！ほんと？

# ジャガイモは芋の先端の方から芽を出します

《正しいスケッチは何番？》

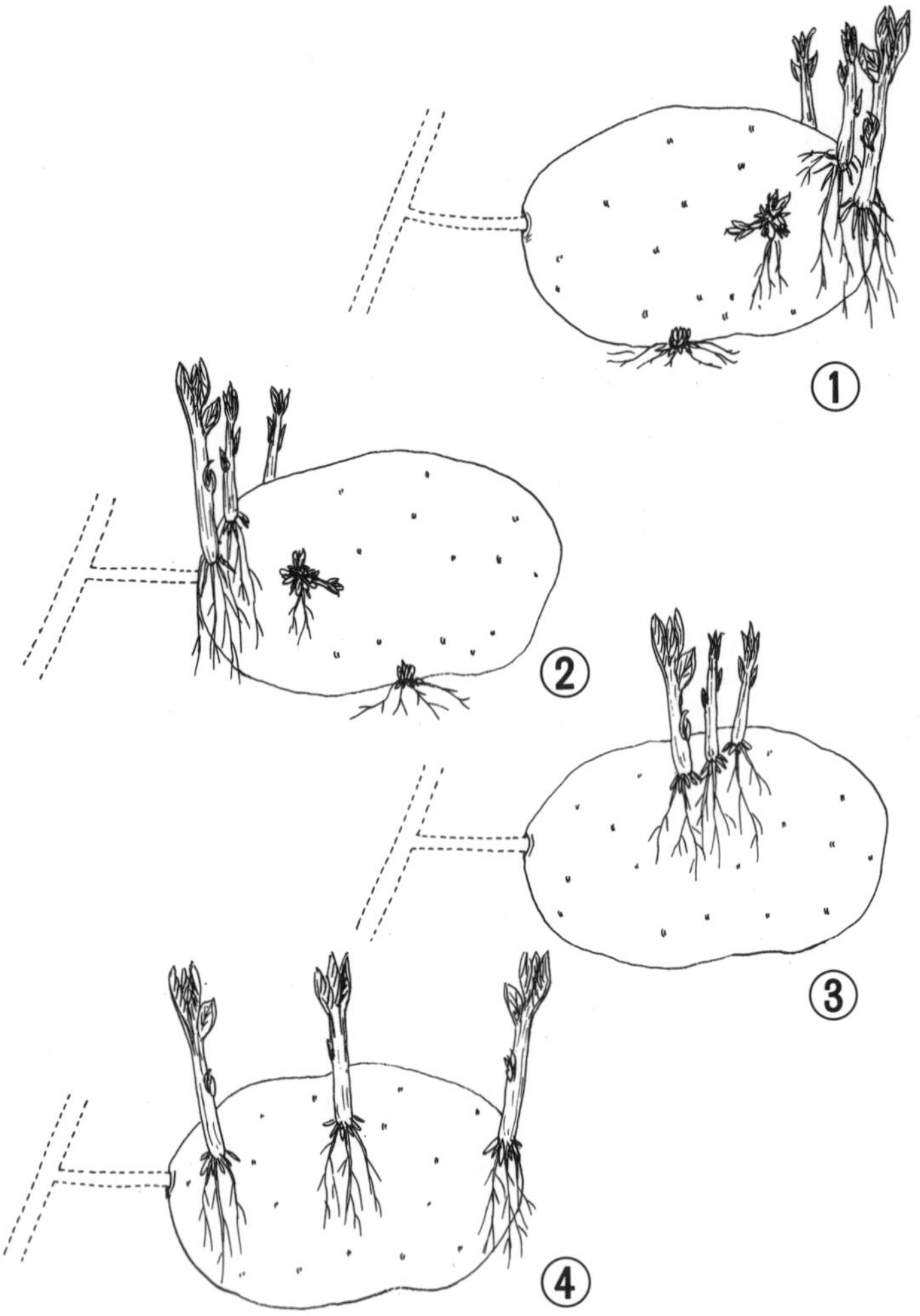


## ジャガイモ

ナス科

数年前、北海道の知人からジャガイモの種をもらって蒔《ま》きました。できた芋は大きな疣《いぼ》状の突起がいくつもあって、私たちが食べているものとは似ても似つかず、とても食べられるような代物ではありませんでした。

その後、ペルーに行く機会を得、あちらの市場をのぞいたとき、先年、種から出現したのと同じような芋が並んでいるのを見て、驚きました。何でも、そのまま洗って煮食するとのことでした。

芋の平滑な面を見るとき、千年も二千年もの長い年月をかけて、世界各国の人びとが力を合わせて淘汰を重ね、今日の優良品種を作り出してきたことに頭が下がります。

ちなみに、ジャガイモの原産地は、アンデス山系を中心とした南米だといわれています。

### 昔は年に二、三回収穫

戦前までは、ジャガイモは年に二、三回収穫できたので、「二度芋《ニドイモ》」とか「三度芋《サンドイモ》」と呼ばれていました。

ところが、戦後、ウイルス病が蔓延したために、春に収穫した芋の一部を秋に植えつけても、ほとんど収穫できなくなりました。それで年一回の栽培、それも東北か北海道、長野県あたりのウイルスに感染していない寒地の種芋《たねいも》で栽培しなければならなくなったのです。とても不幸なことです。

## 観察のポイント

下の図Fで見られるように、ジャガイモは土の中に根と地下茎が出て、その地下茎の先端が徐々に膨れて芋に生長していきます。芋が肥大している時期に掘り出すと茎になり、茎の若いときにこれを埋めると芋になります。それで、芋は茎起源のものであることがわかります。

芋の表面には一〇個ほどの窪みがあり、そこから芽が出ます。芽は茎と同じ葉序（2／5）でらせん状につくので、右巻き、または左巻きがあり、その割合はほぼ半々です。

親芋に近い方から一センチぐらいの所に最初の芽が、中央部に三番目の芽ができ、七番目からは頂部に集中してつきます。また、土の中で上になっていた方に芽が多く、下側は少ないです。出芽のときは一番先端の芽ほど勢いよく伸長します。これを「頂芽優勢《ちょうがゆうせい》」といい、樹木の伸長と変わるものではありません。

各図は、親芋から出た地下茎（点線）の先端が肥大して芋になったものです。図①は地下茎の頂部から芽が出て、頂芽優勢の法則に従っているので、正しいスケッチです。図②は地下茎の基部から芽が出ているので、自然のものとは逆です。図④のように芋の高い所からだけ芽が出たり、図③のように中央部だけから出芽したりすることは、まったくありません。

## 病菌のない種芋を

病菌のない種芋を植える前に、「浴光育芽《よっこういくが》」といって、二～三週間、低温で強い光に当てると、強い芽が育ちます。こうすると、出芽が揃い、芋の肥大率が上がり、でんぷんの含有量も多くなります。このあと種芋を三、四個に切りますが、どの芋にも必ず頂芽が入るようにすると、生育がよくなります。以前は切り口に木灰をつけてから植えたものでしたが、こうすると芋が乾燥するので、切ったまま植えつけた方がよいようです。

春になると何本か芽が出てきますが、一株に四本の茎を仕立てたときが、一番成績がよく、大きな芋がたくさん収穫できるようです。

## 植物の話題

芋は日光を受けると緑色になり、ソラニンという毒素ができます。食べると嘔吐《おうと》、その他の症状を起こすので、保存するときは日の当たらない室内の、できるだけ温度変化の少ない北側におくことです。また、芋が芽を出すときもソラニンがふえるので、芽の部分を深くえぐり取ってから、調理することです。

芋を箱に詰めて保存するとき、リンゴを一個入れておくと、リンゴから出るエチレンの作用で、出芽を抑えることがわかっています。

芋に含まれる多量のビタミンCは、加熱してもあまり壊れません。また、カリウムも多く、摂りすぎたナトリウムを排出し、細胞を若返らせ、ガン予防などの働きもしています。

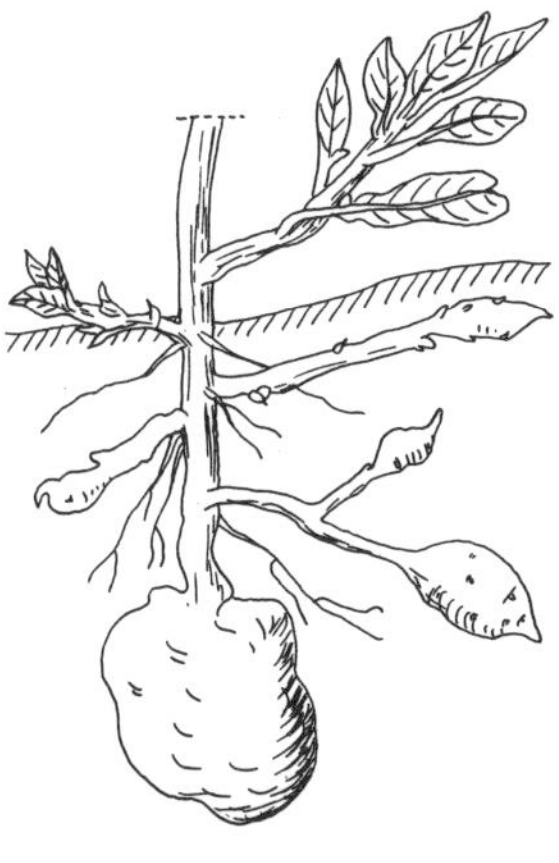

図F　芋のでき方

うそっ！ほんと？

# 筍の皮は左右交互についています

《正しいスケッチは何番?》

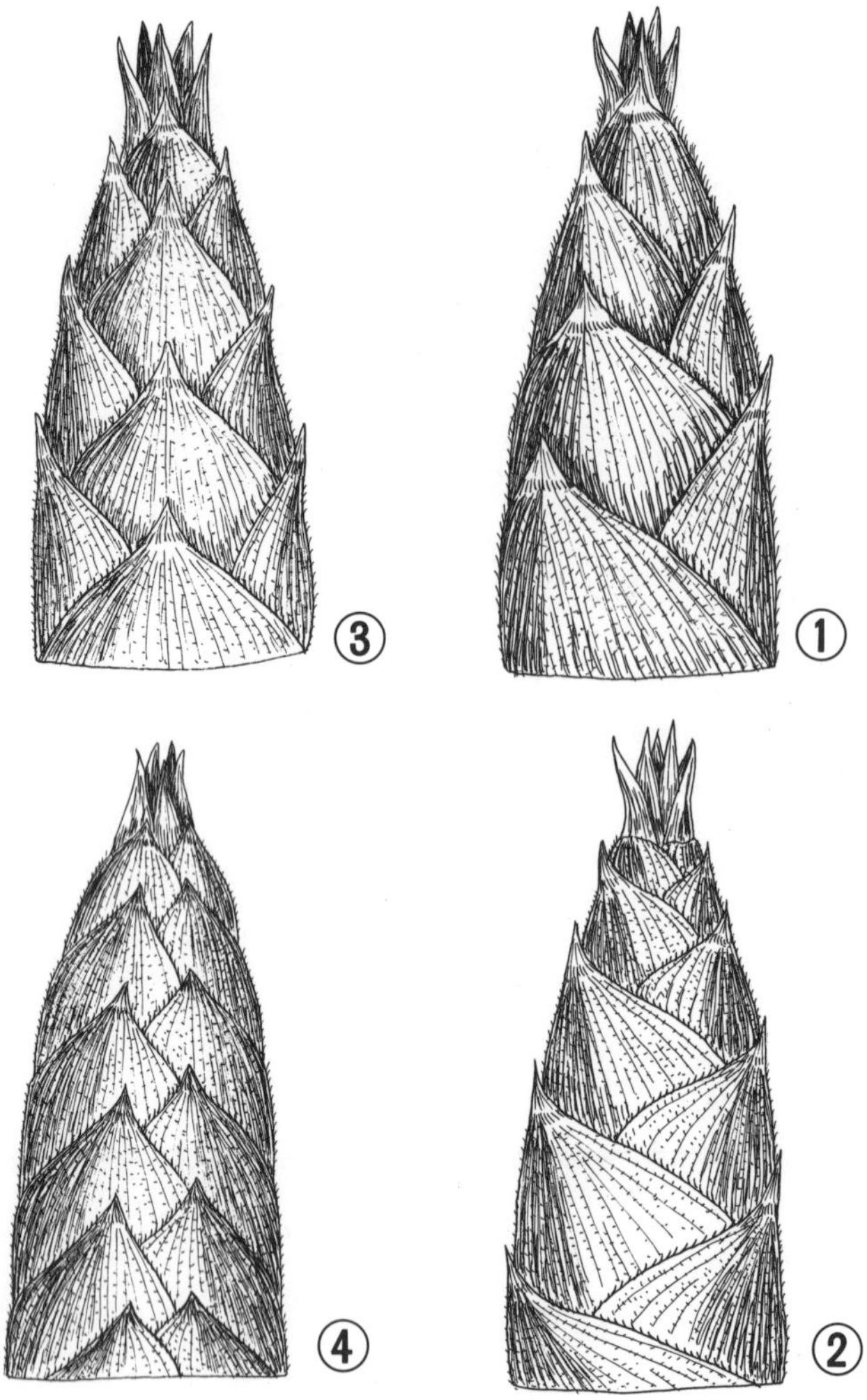


## 筍

タケ科

筍は「竹の子」とも書くように、竹の地下茎から生じた若芽です。

筍は二〜三年生の地下茎のすべての節ごとについていて、一つ取られると次のもの、また取られると次のものというように、順番に出てきます。もし、取らなければ出筍《しゅつじゅん》は一回で終わり、地下茎に用意されていた他の筍は、「止まり筍」といって腐ってしまいます。これは鳥の補充産卵性とよく似ているので、私は「出筍補充性」と命名しました。子孫を絶やさない知恵です。モウソウチクの筍は三月下旬に出はじめ、取らないとそれで終わりますが、取ると五月までの一〇〇日間にわたって、次つぎと出筍するのです。

徳川幕府五代将軍綱吉は、貞享二年に「生類《しょうるい》憐《あわれ》みの令」を出しました。「あのように大きくなる有用な竹を、小さい筍の時代に食ってしまうのはけしからん」というと、それを聞いた町人が嘲《あざけ》って、「まったくそのとおりだ。キノコも大きくなると建築用木材になるのに、小さい木の子の時代に食べてしまうのはもったいない」と、相槌を打ったという笑い話があります。

ちょっと考えてみると、将軍の意見ももっともだと思われますが、この考えは自然の摂理を知らない人間の無知をさらけ出したもので、恥かしいことです。

### 竹の皮は葉柄

タケ科やイネ科の植物には、若い生長点と節部生長帯を保護するために、葉鞘《ようしょう》、または竹の皮があります。竹の皮と葉とは同一のもので、竹の皮の広い部分は葉柄で、その先端についている尖った部分が葉身です。

すべての竹の皮は、互生葉のように、節ごとに一枚ずつ交互についていて、枝も互生に出ますが、ときに節の左右に枝が対生に出るものがあります。これは「両枝竹《リョウシチク》」という奇形で、ごくまれに見られます。このような竹は、筍のときからわかります。

ラセツチク（螺節竹）は名のとおり節が地上一《メートル》ぐらいまでらせん状で、上部はメダケの節のようになり、枝葉が出ます。このらせん状の部分の竹の皮は2／3の葉序という珍しいもので、いまのところラセツチク以外では見つかっていません。また、このラセツチクの地下茎からは、十字対生の稈が一〇《パーセント》内外出ることも特異です。原産地は鹿児島県の南部です。

### 観察のポイント

竹の仲間は節ごとに交互に枝が出ます。この枝を保護する目的で竹の皮があるので、竹の皮も交互につくことになります。

そのような目で筍を見ると、正しいのは図②です。竹の皮は右前、左前と交互につき、右前、右前と続くようなことは絶対にありません。図③は一節から二つの枝を出す両枝竹で、竹の皮が相対してつくので、枝のつき方は十字対生になります。

図①は葉序が1／3で、スゲ類の葉のつき方です。図④のような筍は知られていませんが、挿し絵ではよく見かけます。

### 藪を常緑樹で囲う

竹の皮は早落性で、皮が落ちると、節に日光が当たって節間が長く伸びません。節間を伸ばすためには、藪のまわりの垣は常緑樹で厚く、かつ高く作ることがよい竹を作るコツです。したがって、日当たりのよい川端の竹は最低で、使い道はありません。

### 植物の話題

竹《チク》類を大きく分けると、生長後に竹の皮が落ちる「タケ」、竹の皮がいつまでもついている「ササ」、地下茎がなく株立ちになる「バンブー」の三つのグループになります。

このうち生け花にしたとき、バンブーが一番水揚がりがよく、次いで竹です。竹は節の中央に小さな孔をあけて、節間に〇・七《パーセント》の塩水を入れるとよく揚がります。ササの仲間は水揚げが一番困難です。バンブーは葉を透かして見ると平行脈だけで、その脈と脈を連絡する格子目がほとんど見られません。

竹は一日に一・二《メートル》も伸びます。それは節ごとに生長帯があるからで、竹の節が六〇個あると、ふつうの植物の六〇倍も伸長することになります。

マダケやモウソウチクは、一節から二本ずつ枝が出ます。太い方は枝ですが、細い方は枝から出た子枝です。

モウソウチクは中国江南地方の原産です。八代将軍吉宗のころに、筍を食べる目的で琉球から薩摩に移植されました。それ以前は、マダケやハチク、ネマガリダケ（チシマザサ）などの筍が主流でした。

うそっ！ほんと？

# ツタの茎は長・中・短を繰り返して伸びていきます

《正しいスケッチは何番？》

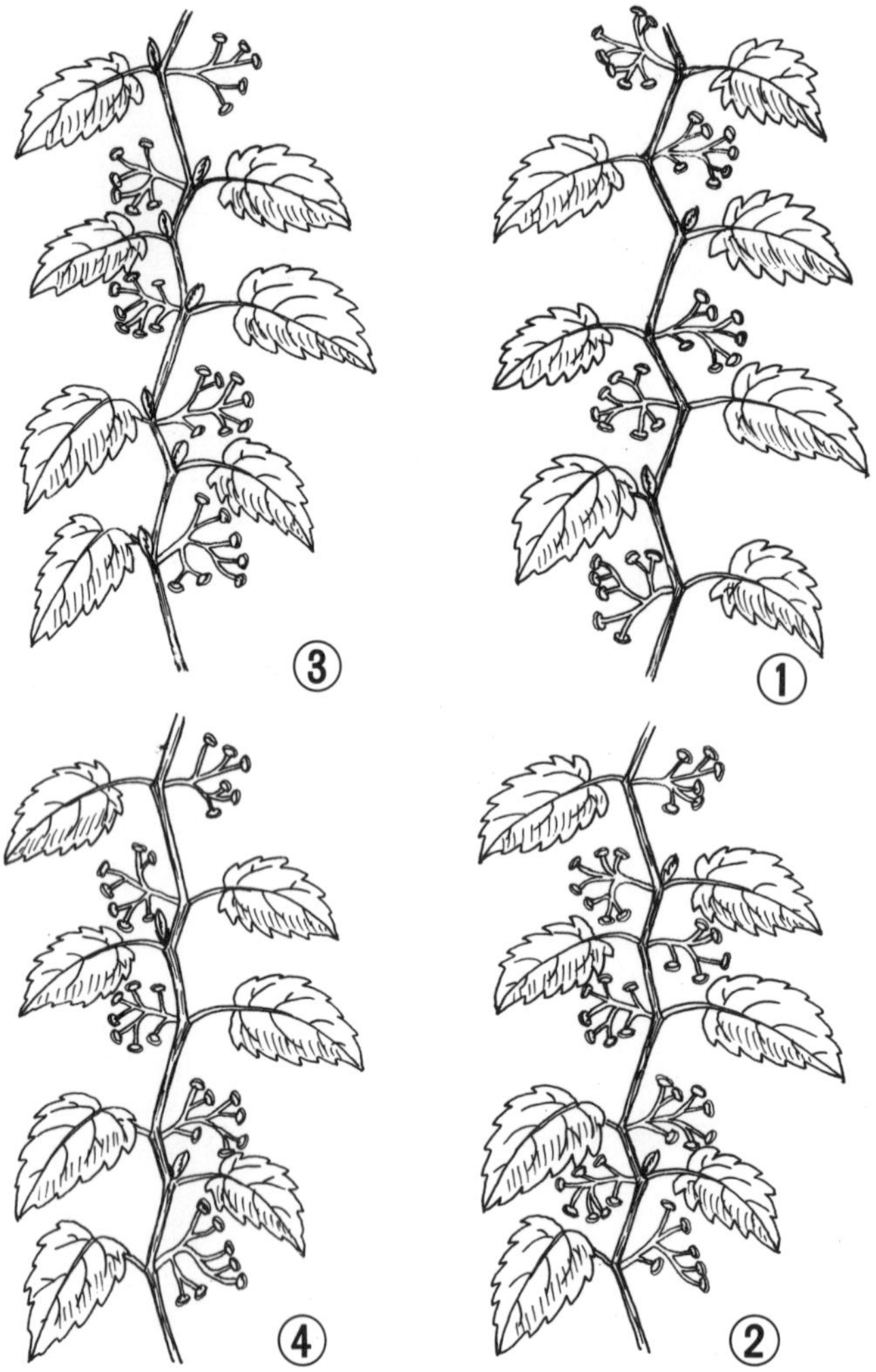


## ツタ（ナツヅタ）

ブドウ科

ツタの若い茎を見ていると、ブドウ科のうちで本種ほど観察材料としてふさわしいものは他にないように思えます。その理由は、道路に面したブロック塀などにからまっていることが多く、材料が豊富なこと、茎の伸び方が規則正しく、観察しやすいことなどです。

緑化への関心が高まっている今日では、どこへ行っても、人の住んでいる所には必ずといってよいほどツタを見ることができます。

### 茎がジグザグに生長

ツタの茎をブロック塀に沿って植えつけると、二～三年で細い徒長枝が北側に向かっていっせいに伸びていきます。その伸び方はまさに動物なみといっていいほどの激しさで、同じ間隔を持ってほぼ平行に、それも四五度ぐらいの角度で斜上するのです。赤っぽい梢端を曲げたまま伸長（調位運動）する様子は、かわいいというほかいいようがありません。この先端は花軸、または付着根となって生長を停止し、代わって腋芽《えきが》が生長します。

この若い茎につく葉は丸い小さな単葉で、

三小葉からなる葉とはまったく違ったものです。それが三年生ぐらいの枝からは、先端が三裂して黒ぐろとした大きな単葉が伸びてくるのです。

ちなみに、調位運動とは、生長ホルモンに敏感な枝の先端が、終始、陽光に対して負の屈光性を示しながら生長をする動きのことをいい、インゲンマメやヤブガラシなどの茎の先端でも、同様な現象が見られます。

## 観察のポイント

ツタの若い徒長枝を見ると、茎はジグザグに生長し、その一節の長さが長い節間、中ぐらいの節間、短い節間という順序を実に整然と繰り返して伸びています。さらにおもしろいことに、一番短い節間の下部の節に芽、上部の節に付着根がついていて、その次の長い節間の上に付着根、その次の中ぐらいの節間の上にはまた芽というように、長、中、短と規則正しく繰り返して生長しているのです。

付着根は葉の反対側につきますが、付着根が二節続いてつくと一節を休み、また二本の付着根が続きます。芽をつけている主軸は、葉をつけた時点で先端が付着根になってしまい、それから出た芽は一節でまた付着根になってしまうのです。

このように茎の主軸が花軸や付着根となり、かわって腋芽が生長することを「仮軸（連軸）分枝」と呼んでいます。そして、芽のある上下だけが茎と茎のつながりになっていて単軸分枝をしているのです。いい換えると、仮軸分枝、仮軸分枝、ついで一節だけが本当の茎で単軸分枝になります。

正しいのは図④です。芽の上の節間が一番短く、その上が最長で、続いて中くらいです。図①は付着根と芽のつく位置は正しいのですが、節間長が誤っています。図②は節間長は正しい間隔ですが、各節に付着根がついているので、違います。図③は正しい節間長ですが、芽が各節についているので間違いです。

この節間長と芽、付着根の位置はたいへんむずかしく、正確に描ける子どもがいたとすれば、よほど優れた観察眼の持ち主です。もし誤りがあれば、その部分を指摘することなく、もう一度実物と見比べて訂正するように指導することで、それによって、観察眼は大いに伸びるのです。

## 植物の話題

ブドウもツタと同じ形式で茎が伸びていきます。ただ発芽して一、二節は単軸分枝ですが、三節目ぐらいからはツタの付着根に代わって蔓《つる》、または花軸になって仮軸分枝を繰り返していきます。

ツタは「伝う」の意味で、この茎が樹木や建物などを這《は》い伝って伸びていく性質から名づけられました。ツタのように自分では直立することができず、他のものの助けを借りて高い木の上などにのぼり、光合成をし、開花結実するものを「光寄生植物」と呼んでいます。茎は明るい所では上へよじのぼり、暗い所では地上をどこまでも這う性質があります。とくに地上を這うときは節間が長く伸びて、その速度は意外と速いものです。テイカカズラ、フジ、ムベ、クズ、ブドウ、カギカズラなどもこのような性質を持っています。

図G　単軸分枝（左）と仮軸分枝（右）

うそっ！ほんと？

# ツバキの花蕾は冬芽の基部につきます

《正しいスケッチは何番？》

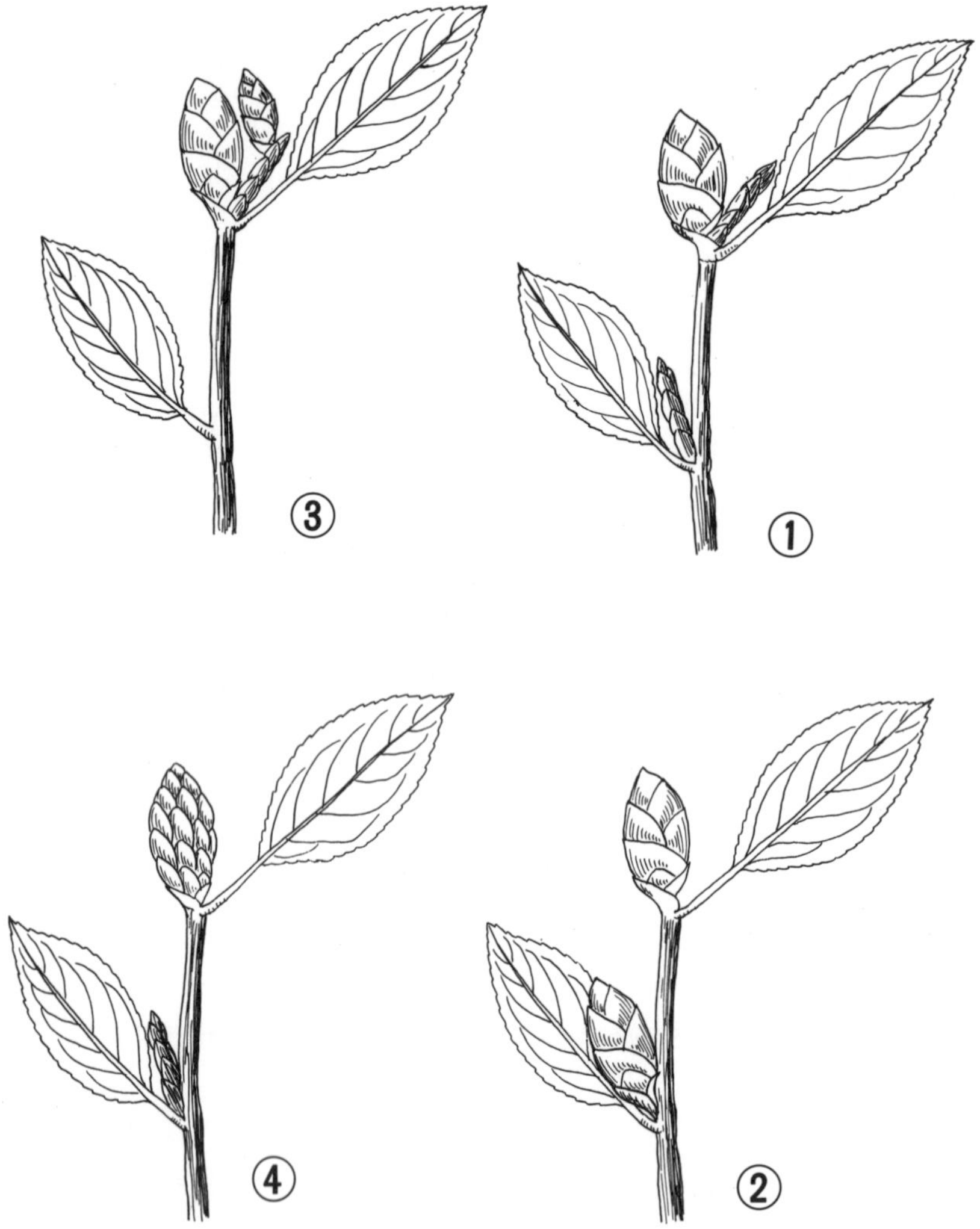


## ツバキ（ヤブツバキ）

ツバキ科

ツバキは日本原産の常緑樹で、本州以南の各地に広く分布しています。花が可憐で変異性に富んでいることから、一七世紀にヨーロッパに伝わるやいなや人びとの心を虜にし、短期間で世界中に広まりました。外国での研究がさかんで、その中心はアメリカです。

中国のトウツバキやキンカチャ（金花茶）などとの交配や改良によって、バラやボタンを思わせるような大輪で華麗な花を咲かせる品種が、たくさん作られています。

### 花蕾は冬芽の基部に

ツバキの花蕾《からい》は、夏から用意される葉腋《ようえき》の冬芽の鱗片内に一個ずつできて、丸く大きく膨らんでいきます。ときには葉腋いっぱいに数個もつくことがあります。多くの品種は三～四月に咲きますが、早いものは前年の一二月から開花します。

ツバキは全株無毛ですが、変種のユキツバキは葉柄に長い毛が散生し、株元から分枝するなど、とても変異性に富んでいます。

## 観察のポイント

ツバキの花蕾は冬芽の第一鱗片内にできて大きく膨らみ、冬芽が伸びるより一足先に開花し、花が終わった四月中～下旬に、冬芽が伸長します。多くの植物では冬芽が伸びてから開花するので、これは珍しい開花形式です。

正しい図は①で、花芽が冬芽の鱗片の基部にできています。花蕾が二個のときは、第一と第二の鱗片内に一個ずつつきます。図②のように花芽だけができることはなく、図③のように五、六枚目の鱗片中に花芽ができることもありません。また、図④のように鱗片がらせん状につくこともないようです。

## 強風と乾燥を避けて

ツバキは冬の強い風を嫌うので、そのような所を避けて植えることが大切です。ことに開花期に空気が乾燥するような所では、せっかく花蕾がついても落ちてしまいます。それで山間部とか、薮の端などの風の当たらない湿度の高い所によく咲くのです。

近年、急にツバキの品種が多くなって騒がれるようになりました。一つの理由は、千《メートル》級の山からユキツバキが発見されたことです。このツバキは赤の一重咲きで、あまりきれいな花ではありませんが、その交雑によって多くの優良新品種が作られています。

## 植物の話題

日本にはツバキ（ヤブツバキ）とユキツバキの二種類が生育しています。

ツバキは北海道を除く日本の暖地、多くは海岸近くの山に生えますが、ユキツバキは東北地方から滋賀県までの日本海側の多雪地帯の山地に生え、両種の分布はほとんど重なりません。

ところが、この両種の雑種にユキバタツバキがあって、その花粉媒介をしたのが、蜜を吸うために訪れたヒヨドリであったわけです。まったくの自然交配で、ヒヨドリの功績が、ツバキ研究の糸口となったといってもいいすぎではありません。

下の図Hは、ツバキとユキツバキの違いを描いたものです。

上段はツバキで、主幹がはっきりとしていて一本立ちです。花は筒咲き、おしべの花糸は白色で、下半分が合着していて円筒状になっています。また、葉は厚くて無毛で細かい鋸歯《きょし》があります。

下段はユキツバキで、下からたくさんの枝が出て株立ちになり、枝は粘り強くて雪の重みでもなかなか折れず、地面に接すると、そこから根を下ろすこともあります。これらは雪国に適応した形態です。花は平開し、花びらは五～七枚で、先端が大きく二裂し、長さも不揃いです。花糸は濃黄色か赤色をおび、基部だけがほんの少しくっついているだけなので、バラバラに離れているように見えます。葉は薄くて光沢が強く、鋸歯も顕著ですが、葉柄に毛のあることは、何といっても大きな特徴です。

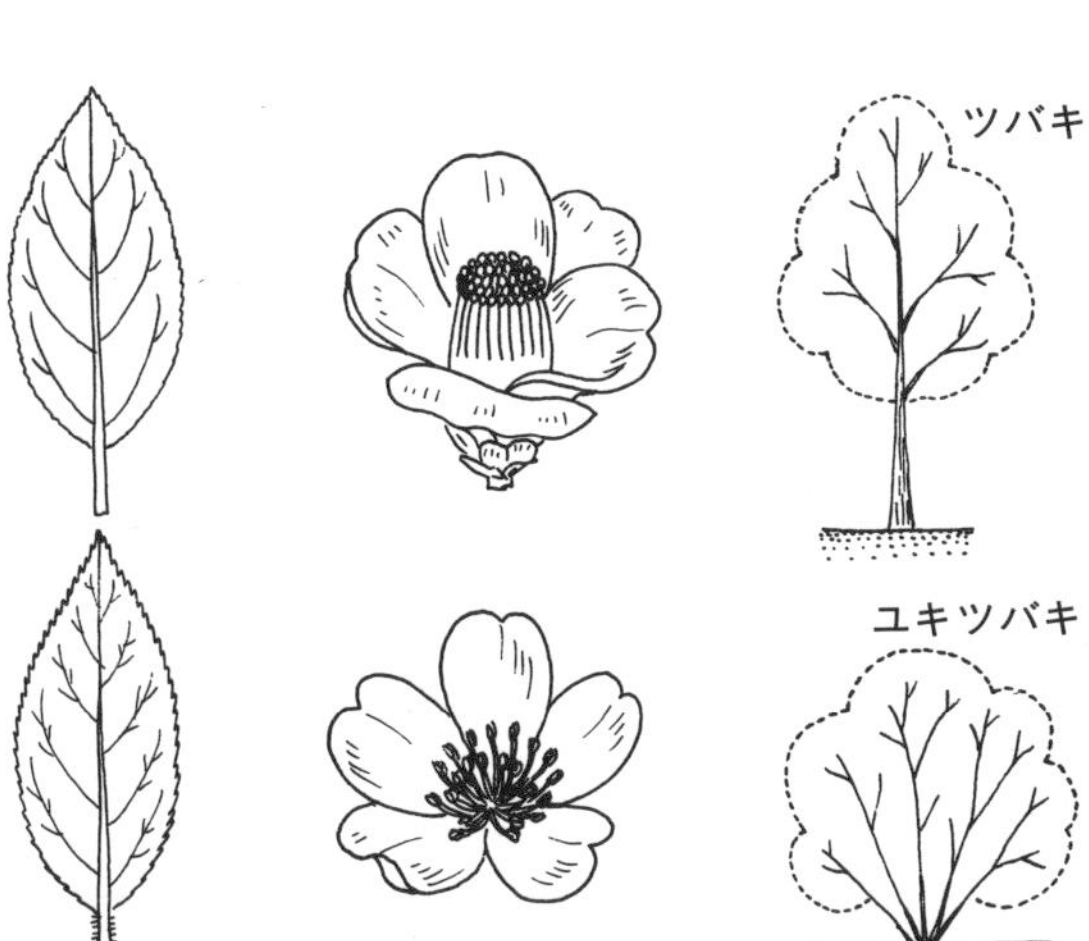


図H　ツバキとユキツバキの違い

うそっ！ほんと？

# ツルニンジンの蔓は左右自在に巻いています

《正しいスケッチは何番？》

## ツルニンジン

キキョウ科

ツルニンジンには、右巻きの株と左巻きの株、ときには左巻きと右巻きの混じった株などがあります。その様子を若い男女のもつれ合う姿にたとえ、古くから精力剤として用いられてきました。また、タデ科のツルドクダミも、蔓《つる》が左右巻きをするので「交藤《コウトウ》」といい、やはり大名の精力剤として重用されたそうです。

ツルニンジンという名前の由来は、根が薬用のチョウセンニンジンに似ていて、大きくて太く、茎が蔓になるからです。薬用にもなりますが、おいしい山菜の一つでもあります。

別名を「ジイソブ」といい、花冠の内側にある紫褐色の斑点を、おじいさんのソバカスに見立てての名で、近似種の「バアソブ」は、おばあさんのソバカスにたとえ、ともにユーモアのある名前です。

### 苞葉が大きく目立つ

ツルニンジンは山麓や林縁に自生する多年生の蔓草で、各節に小さな葉が一枚つき、側枝のもとには三、四枚の大きな苞葉《ほうよう》をつけ、先端に一個の花を咲かせます。

花は八月から一〇月にかけて咲き、先端が五裂した釣鐘形で、一節に一個ずつうつむいてつきます。花冠の外側は白緑色で、大きな花の割にはあまり目立ちませんが、内側には紫褐色の斑点があります。萼《がく》と花冠とは少し離れていて、萼は子房の下部に付着します。おしべは五本で、めしべの花柱は三裂し、子房は三室です。おしべは先熟で、自花受粉を防いでいます。実には五枚の葉状の萼片がいつまでもついていて、星形をしています。熟すと上部から裂け、中には淡褐色の種がたくさん入っています。種の片側には大きな翼がついていて、風によって遠くへ飛ばされ、分布を広げていきます。

植物体を切ると乳白色の汁を出し、悪臭を放ちますが、この汁は切り傷に薬効があるといわれています。

### 観察のポイント

ツルニンジンの蔓は左、または右に巻いて支柱をのぼります。この左巻き、右巻きの生長のしかたは、蔓によって決定的なものではないと見えて、たとえば左巻きの蔓の先端が、支柱が短くて垂れ下がり、のちに別の支柱に巻きつくようなことがあると、いままでの左巻きのメカニズムがくずれて、右巻きに変わります。また、太い蔓が切断されるなどして数本の枝が出たときは、左、または右巻きに生長することが知られています。

図は①、②、③ともに正しいといえます。野外では一株が全部左巻き、あるいは全部右巻きになったもの、また、図①のように一株の切り口から出た複数の枝が、それぞれ右巻きになったり、左巻きになったりするものなど、実にさまざまです。

### 短い支柱に巻かせる

ツルニンジンを植えるとき、支柱を短くして先端を下垂させ、さらに別の支柱に巻きつかせたり、また一本の茎を下部で切って数本の枝を出させたりして、その巻き方を観察するのもおもしろい栽培のしかたです。支柱の太さは二㌢ぐらいのときが、最も巻きつきやすいようです。

### 植物の話題

蔓の「右巻き」、「左巻き」の呼び方は、牧野富太郎博士とかつての文部省が決めたものですが、これが学校教育における植物の形態の理解を、他の科学の分野、すなわち物理学、化学、動物学から遊離させ、リンネや木原均博士の提唱する左巻き、右巻きの定理と対立しています。学問での対立は、一歩離れて見るとなかなか味のあるものですが、植物界での混乱は否めません。この本は現在の文部科学省の方式にならっています。

植物の茎や蔓が巻くということは、四細胞期に細胞の一方側の生長がよいか、または悪いかということによって決まるといわれています。ツルニンジンをはじめバアソブ、ソバカズラ、ツルドクダミなどでは、細胞生長のメカニズムが不安定なので、その都度、ちょっとした刺激でバランスがくずれ、茎の巻き方が決まるようです。

ツルニンジンには独得の強い臭気があって、それが生えている所は何となく臭いが漂っているので、すぐにありかがわかります。

根は太く、朝鮮語で「トトク」といい、「トラジ」といわれるキキョウの根と同じように食用になります。きんぴらにして食べると、特有の香りと歯ごたえが何ともいえません。

根にはサポニンとイヌリンを含み、去痰作用があります。昔は、チョウセンニンジンの代用にしたそうです。

うそっ！ほんと？

# ノブドウの茎は仮軸分枝をします

《正しいスケッチは何番？》

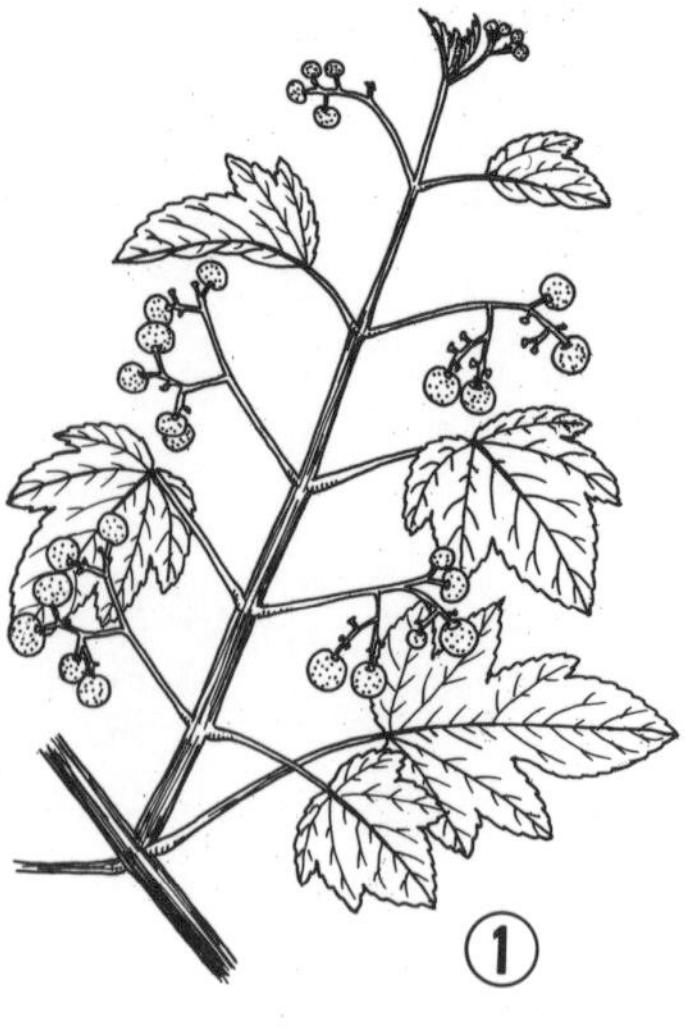

①

③

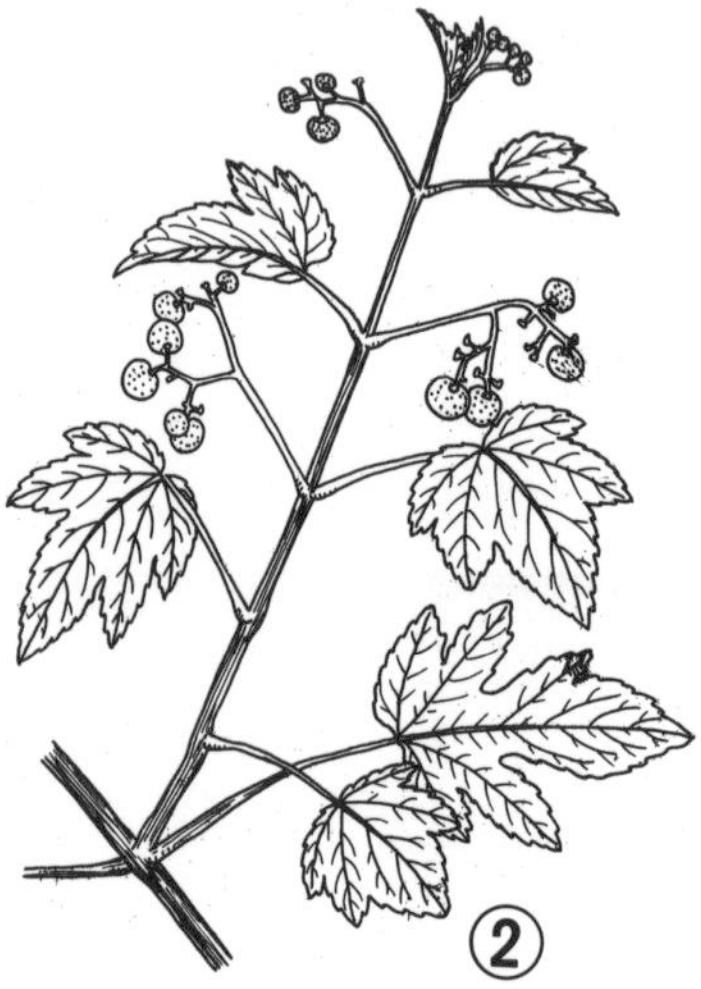

②

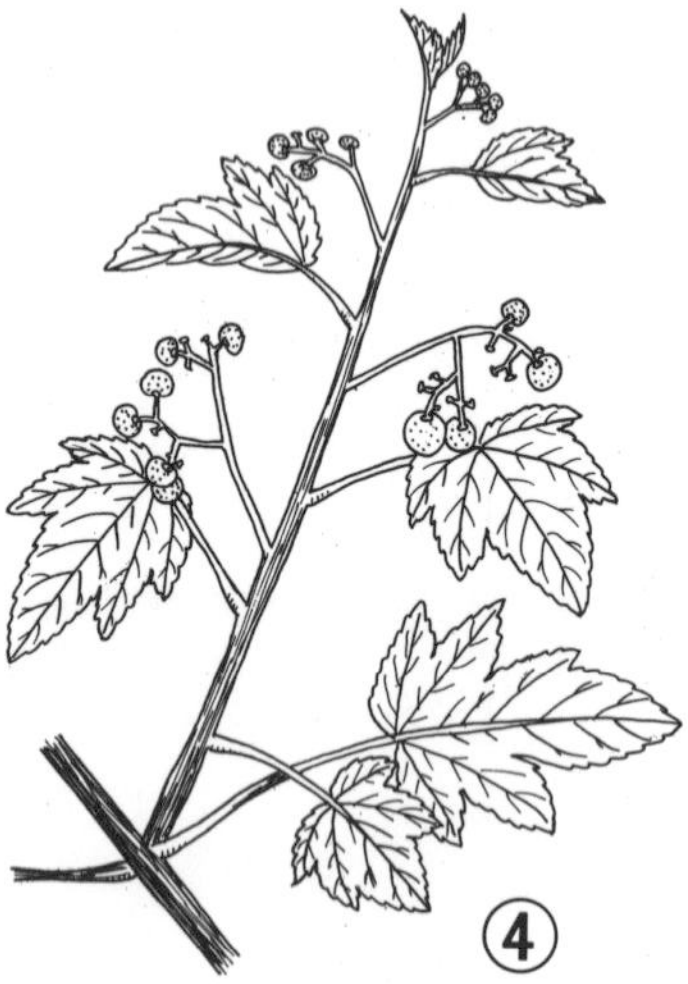

④

## ノブドウ

ブドウ科

秋の山野を歩くと、一つの房の中に紫や青、赤など、一つとして同じ色のないきれいな実をつけたノブドウが目につきます。よくブドウタマバエなどの幼虫が寄生していて、異常に大きくなったり、いびつになったりした実が混じるので、毒草ではないかと勘違いされることがありますが、毒成分は含まれていません。

春から秋にかけて開花し、次々と実を結んでいきます。

### 樹冠となる生長構造

ノブドウはふつうのブドウと異なり、各節に花軸をつけてよく実がなりますが、蔓《つる》（巻きひげ）の出は悪いようです。しかし、若い徒長枝からは蔓がよく出ます。

人目につくのはやはり実の方で、他の野生ブドウのエビヅルなどとは、大いに性質を異にしています。

ノブドウは株から切られたりすると、若い徒長枝が出て、これにはすべてに長い蔓と切れ込みの深い葉がついて、節間も著しく長くなります。節間が長く、蔓も長いということは、樹冠までのぼるのに有利です。この植物は「光寄生」といって、日光のよく当たる樹冠上で枝を広げ、各節に花軸をつけて生殖作用専門にと、まったく都合よくできているので驚くばかりです。

## 観察のポイント

図①、②を見ると、葉に相対して果（花）軸をつけています。この果（花）軸が反対につくということは、仮軸（連軸）分枝をした結果です。各節の軸は、親軸、子軸、孫軸と連なって伸びているので、スギやアサガオなどのように、一本の茎からなっている単軸分枝とは大いに異なる伸び方です（くわしくは八七ページの「ツタ」、および一〇〇ページ「ブドウ」の項を見てください）。

正しいのは図②で、左下の幹から枝を出すと、二、三節からは花軸も蔓も出さずに伸長します。これは、「二型遺伝」といって、茎の若さと、若さに働く遺伝子が働き合っているときは花芽が形成されないためで、三節目あたりから若さに働く遺伝子の働きが休止して、初めて茎の先端が花軸になるのです。

図①は、図②とよく似ていますが、果軸が茎の下からつきすぎています。図③は単軸分枝、図④も単軸分枝で、葉腋《ようえき》から出た果軸が茎とくっついたもので、これはナス科植物の特徴なので、ともに間違いです。

## 仮軸分枝と遺伝の説明に

ノブドウは仮軸分枝と二型遺伝の説明によい材料です。

一品種のニシキノブドウは、葉の斑《ふ》入り品で、色とりどりの実の色に加え、葉の緑部と白部、それに若い茎の赤色のコントラストは、梅雨《つゆ》の晴れ間に鮮やかに映えます。この葉の斑の原因は核内遺伝子によるものですが、季節により、細胞のおかれている位置により、突然変異をおこしやすい白色遺伝子が次々に突然変異をして、白地に大小さまざまな斑点を出現させます。

ちなみに、茎は白色で葉緑素を欠くので、赤いアントシアンが含まれていることがよくわかります。

## 植物の話題

ノブドウの葉は寒さに遭うと、葉肉を作るプリンが欠乏して細かく切れ込みます。早春に出芽するものにはこの型のものが多く、よく知られているものは他に、ダイコン、ミズナ、スイカズラ（ニンドウ）などがあります。

左のノブドウのスケッチは、五月に伸びた若芽の枝先です。蔓と副芽がつき、葉が細かく分かれていて、前ページのスケッチとはまったく別物のようです。蔓は茎の変形したもので、二叉するのではなく、太い方の茎から細い枝が出るのです。その分岐点で未発達の葉がついていて、茎起源であることを証明しています。また、蔓が主軸なので、葉の基部についた小さい芽は、枝でなくて副芽であることがわかります。

ツタ（ナツヅタ）やエビヅル、ヤマブドウなどの蔓は、二節ついて一節休むということを繰り返して伸長しますが、ノブドウは各節ごとに蔓が出ます。

ノブドウ

うそっ！ほんと？

# ハコベの毛は茎の内側に生えます

《正しいスケッチは何番？》

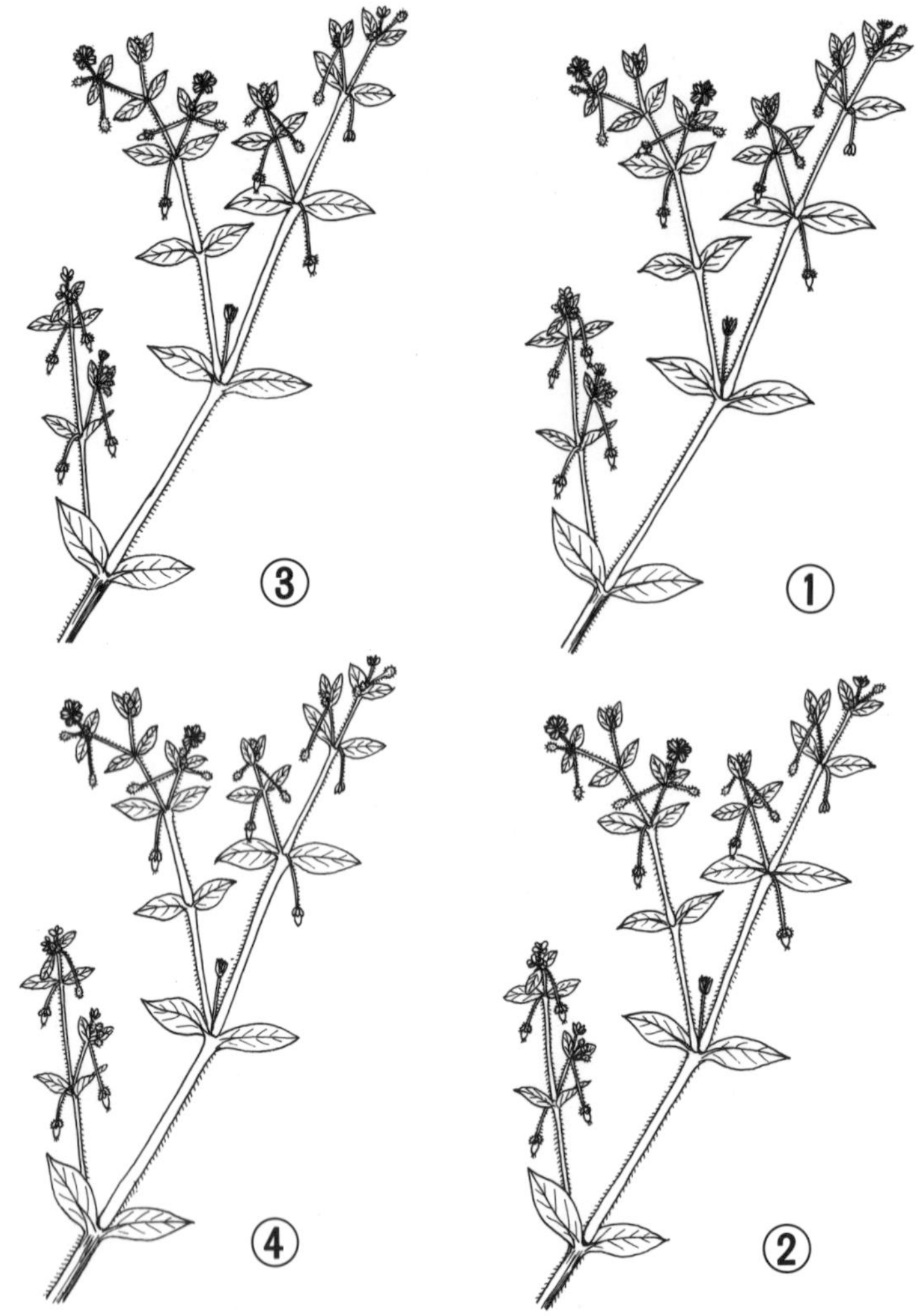


## ハコベ

ナデシコ科

ハコベは家のまわりや庭の片隅、畑などどこにでも生えている雑草で、すべての部分が生活に都合よくできているのに驚かされます。ところが、そういうことに少しも気がつかない無関心の人がたくさんいるのは残念です。子どもたちに見るくせをつけさせるためにも、ハコベはとてもよい観察材料です。

### 花は茎の頂端に

ハコベは秋から春に発芽する一～二年生の雑草で、早春から白い花を開きます。花びらは五枚ですが、基部まで深く二裂しているので一〇枚に見えます。ほとんど一年中開花生育し、高さは二〇～三〇センチぐらいに伸びます。

花は茎の頂端にでき、そこで茎の生長は止まります。すると、花の下の両方の葉のつけねからそれぞれ新しい枝を出し、またその頂端に花をつけるという生長を繰り返します。このような開花様式を「有限花序」といいます。

ハコベは光周性がなく（中日性）、温度によって花芽ができます。

### 観察のポイント

ハコベの茎の一部には下向きの毛が生えていますが、必ず茎の二股に分かれた内側にのみ生えます。あまりにも合目的な解釈ですが、朝露などがこの毛の上を通って根元へ根元へと流れていくので、相当の干天時でも生き長らえることができるのだと考えられます。分枝していない一本の茎は節から芽が出なかったもので、毛の生えている状態を見れば、どちらの茎が欠けたのか知ることができます。

毛は茎をはじめ萼《がく》にも生えていますが、萼の毛は先端に丸い突起のある腺毛で、ルーペで見るとその違いがよくわかります。高学年の生徒たちには、おもしろい観察となることでしょう。

花柄は開花時には上を向いていますが、生長するにつれて下を向いてしまいます。しかし、熟れて裂開するときには再び上を向いて、少しでも種を遠方へ飛散しやすくします。

正しいのは図①で、二叉した内側にのみ毛が生えています。図②のように外側にも内側にも毛が生えているものはありません。図③は図①の逆で、また、図④のような生え方のものも実在しません。

### 植物の話題

秋に発芽したハコベは、寒い時期には地面を覆うようにびっしりと茂り、小鳥が絶えず飛来して食べます。

ヒヨコが好きなので、「ヒヨコグサ」の別名があり、英名も「チックウイドウ」で、和名と同じヒヨコグサの意味です。

ハコベ（ハコベラ）は春の七草の一つで、たん白質に富む野草です。ちょっと土臭さがあるので、シュンギクやミツバなどの香りのある野菜を少し入れてゆでると、臭みが消えます。ゴマ和え、クルミ和えなどにすると野菜よりはるかにおいしく、野趣を満喫することができます。

近縁に大型のウシハコベがあります。茎の節々や葉の中央脈が赤褐色をしていて、対生葉の基部は茎を抱いています。また、ハコベの柱頭は三裂ですが、ウシハコベは五裂なので区別がつきます。

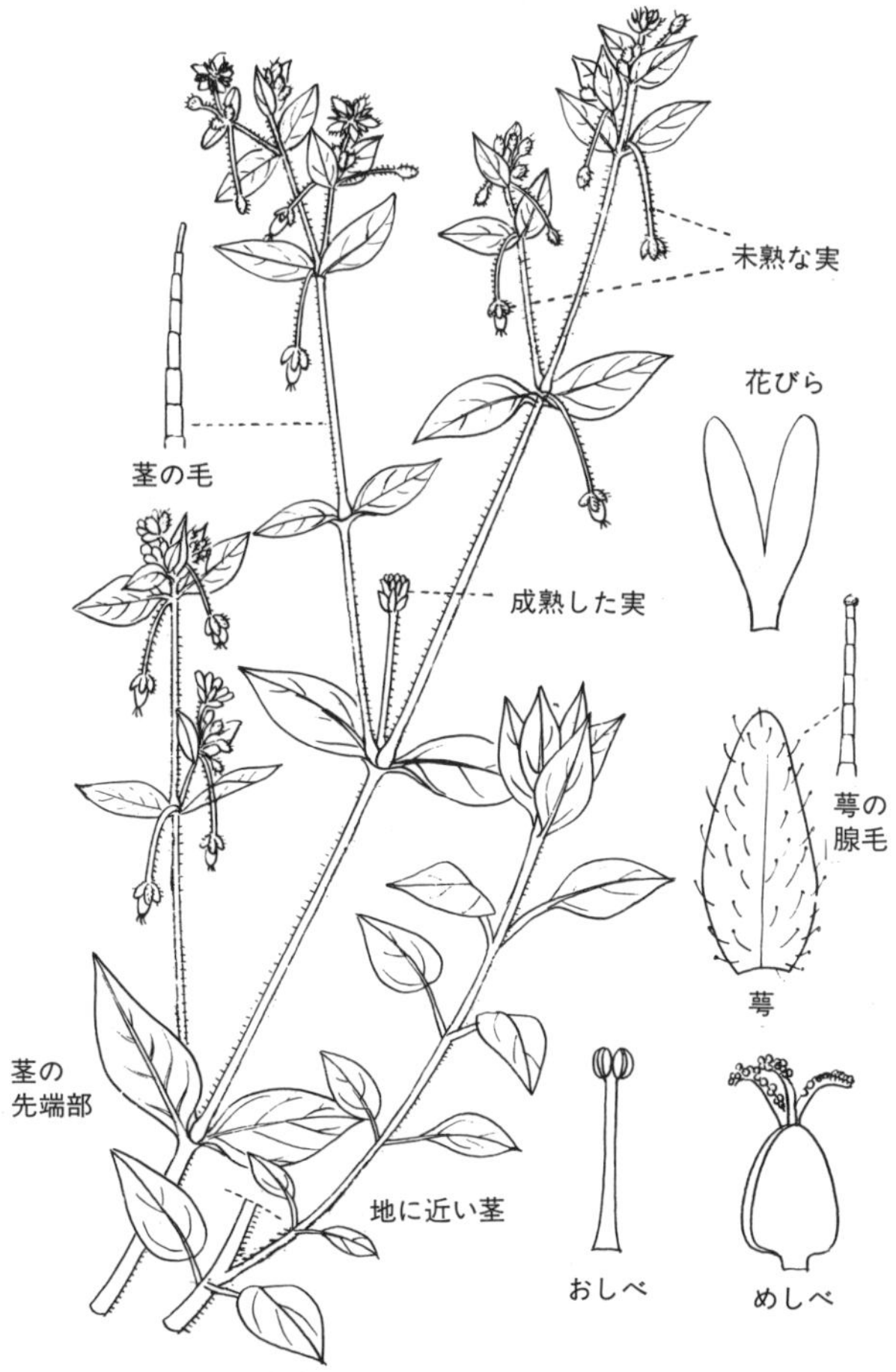

うそっ！ほんと？

# ハスの花と太った蓮根は同居しません

《正しいスケッチは何番?》

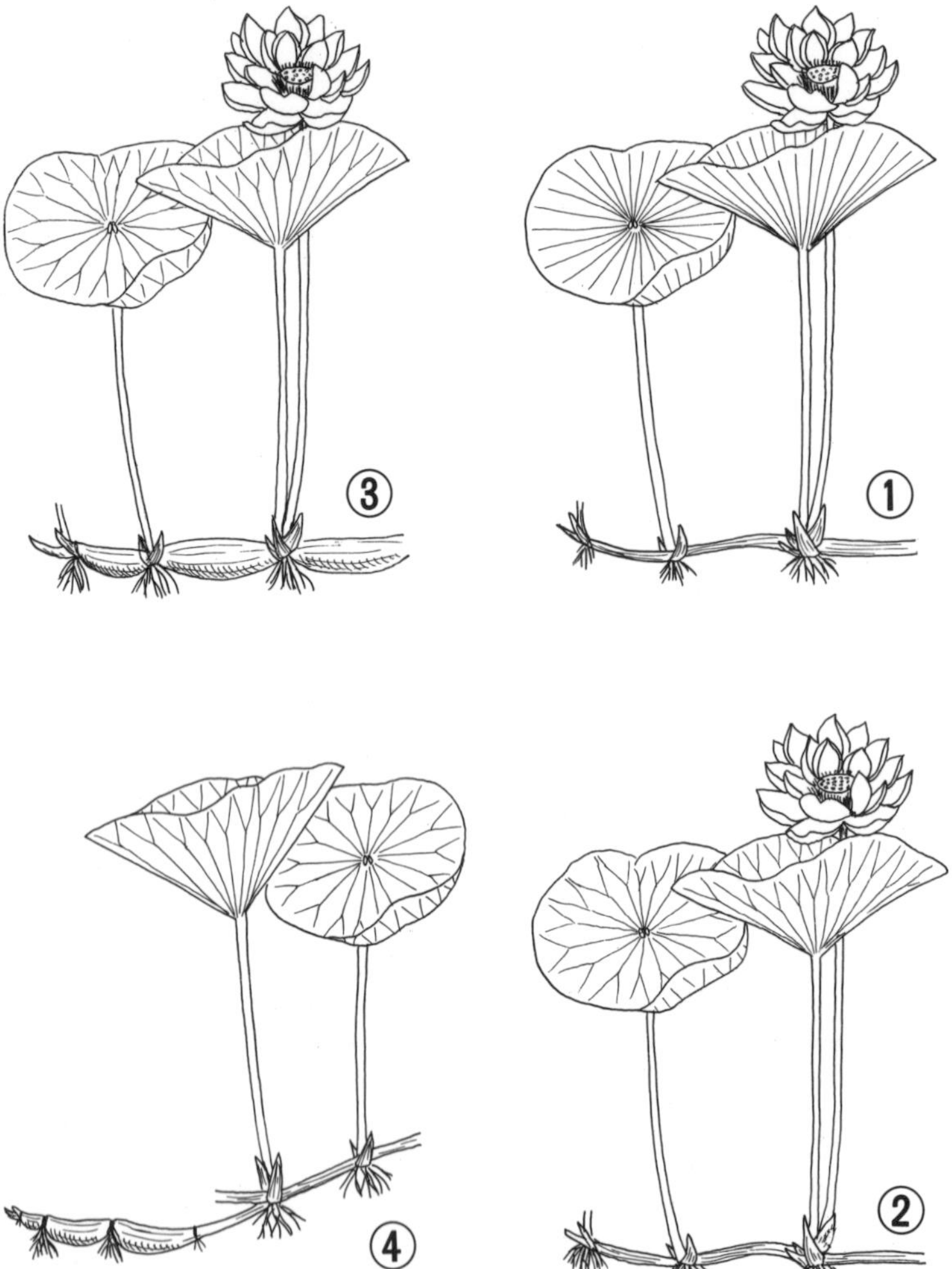


## ハス　スイレン科

子どものとき、近くの寺に蓮《はす》池があって、葉の上を転がる水玉をよく眺めたものでした。お坊さんは「臍茶《へそちゃ》」とか、「臍《へそ》が茶をわかすのだ」と教えてくれました。それは蓮根の穴が葉の真ん中までつながっていて、空気が絶えず出てくるからで、気温の高い夏の晴天時は、おもしろいほど水玉が動きます。このように水をはじくことができるのは、葉の全面に短い毛が密生しているからです。

### 葉脈が先端で二叉

ハスの葉は、春になると水の中から出てきます。初めに出る二枚は浮葉《ふよう》で、水面に浮いていますが、その後に出る葉は、水上に突っ立った水上葉（立葉）です。葉は巻いて立った状態で伸び、開くと円形の楯状になり、葉脈は中央部から放射状に走って、先端近くで二つに分かれています。

よく見ると、巻き葉のときに上側になっていた葉頂と、下側の葉底にはともに小さな突出が見られ、葉頂へ向かう脈は一直線で二叉していないので、葉頂か葉底かの区別はすぐにつきます。

また、左の図Ⅰのように若葉が向いている方向が、地下茎の伸びる方向になります。

## 観察のポイント

ハスの花は盛夏のころに開花しますが、このころには泥中の地下茎、すなわち、蓮根は細い紐《ひも》状で、食用にはなりません。いい換えれば、太った地下茎と花とは同居しないということです。

図②が正しい花と葉、地下茎のスケッチで、夏のさかりの状態です。開花しているときは水も十分にあり、地下茎は紐状で太くなっていません。

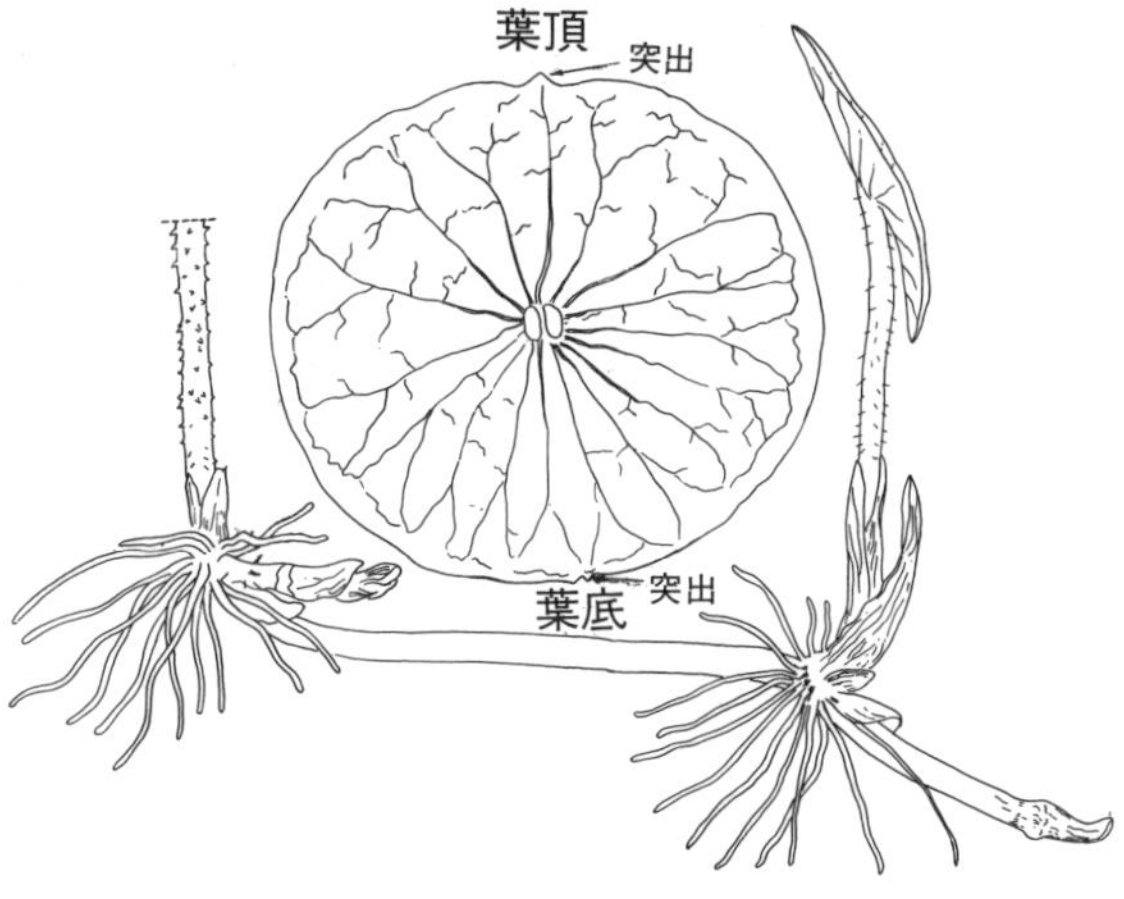

図Ⅰ　地下茎の伸び方と葉

図④は秋の姿で、地下茎が太くなっているので正しいスケッチです。蓮田の水を切って一か月もすると、地下茎は膨れてきます。食用部は先端の三節です。

図①は葉脈が一本の平行脈ですし、図③は開花中に蓮根が太っているので、ともに誤りです。

## 先端の芽を大切に

ハスの地下茎の移植は春に行いますが、先端の芽を折ると活着しないので、注意が必要です。

鉢栽培時に干ニシンなどを突っこんで肥料にするとよく開花しますが、速効性の肥料はよくありません。

## 四日間で開いたり閉じたり

ハスの花には萼《がく》が四、五枚、花びらは二〇枚ぐらいあり、外側の七、八枚は大形です。おしべは多くて、四〇〇本内外もあります。

蕾《つぼみ》が開くときに、ポンと音がするとか、しないとかよく論議されますが、ハスの花びらは小さくて薄いものだけに、音がするはずはありません。

一つの花の寿命は四日です。最初の日は半ばだけ開きますが、正午ごろには閉じてしまいます。二日目は早朝に開き、午前八時ごろに満開になります。最も美しいときで、凛《りん》と立つ姿は気品にあふれ、花の君子そのものです。それもつかの間、正午ごろには閉じてしまいます。三日目もやはり早朝に満開になって、正午ごろには完全に閉じることなく、四日目の早朝に三度目の開花をし、午後にはくずれるように花びらは舞い落ちてしまいます。ところが、風が強く吹いたり、暑いときには三日目ぐらいで散ってしまうし、涼しいときには七日間も開閉を繰り返します。

## 植物の話題

わらべ歌に「開いた開いた　何の花が開いた　蓮華《レンゲ》の花が開いた　開いたと思ったらいつの間にかすぼんだ」というのがあります。この「蓮華」というのは、ハスの花のことで、つないだ手で大きな輪を作ったり、小さな輪になったりして、花の開閉を表しています。ハスの花の生態をよく観察し、表現したわらべ歌です。

うそっ！ほんと？

# フジの茎は右巻きです

《正しいフジのスケッチは何番？》

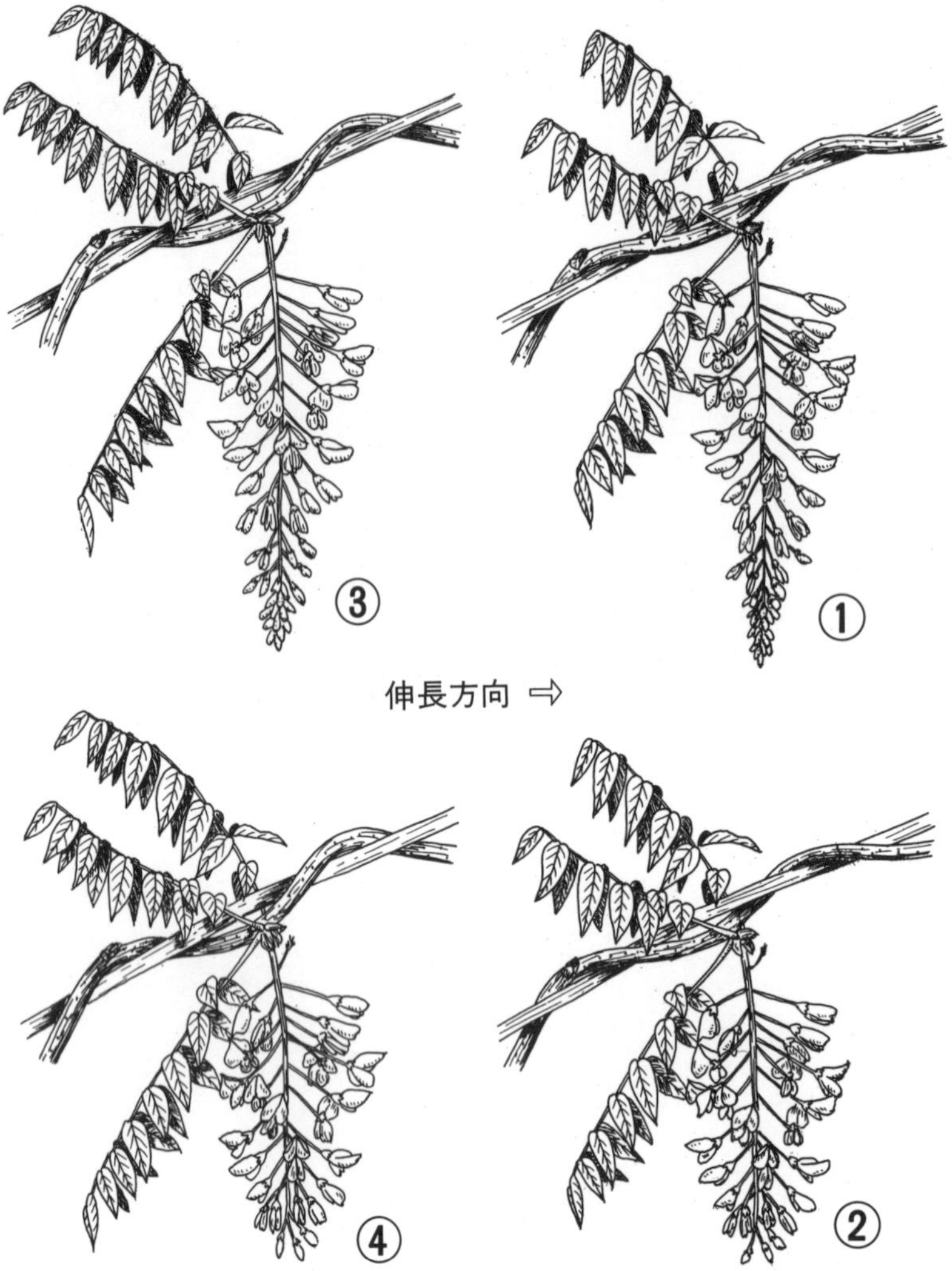


## フジ（ノダフジ）

マメ科

初夏のころ、優雅に咲く薄紫色のフジの花房を見ていると、どんなにいらだったときでも心がなごみます。

こんなに美しい花でありながら、昔は下垂した花を見ると、「不治が入る」などといって敬遠したものでした。というのは、生け花に用いたとき、水揚げがたいへんむずかしかったことも理由の一つでしょう。ところが、茎の切り口をアルコール類に浸すと、水揚がりがよくなることがわかり、いまでは人気の花材です。

### 茎は右に巻く

フジは茎が右に巻きながら生長します。花《か》穂《すい》はふつう三〇～四〇センチですが、長いものでは二メートルにも伸びます。

語源は、落ちた花は乾くと紙のように薄く軽いので、春風に吹き散ることから「フチ」、これが「フヂ」へと転じ、さらに「フジ」になったといわれています。

フジの花は五弁で紫色がふつうですが、白花やピンク、八重咲きなどもあります。また、茎が左に巻くヤマフジは、花穂が短いわりには花が大きく、かつ色価が高くてはるかに美しく、多くの園芸品種が作り出されています。

## 観察のポイント

フジの仲間には右巻きのフジ、別名ノダフジと、左巻きのヤマフジの二種があって、それぞれ日本中に広く分布しています。この二種を本田正次博士が「フジ姉妹」と名づけて紹介し、いまでは世界中で広く栽培されています。その美しさはどこの国でも認められ、日本の誇れる花の一つです。

両者の区別は、茎や花がなくても簡単にできます。フジの葉は披針形で狭く、毛も少ないですが、ヤマフジの葉は長楕円形で幅が広く、両面にビロード状の軟毛があります。

図の茎はすべて左から右へ伸びています。図③はフジで、右巻きです。花穂の長さ、葉の細さに注目してください。

図②はヤマフジで、茎は左巻きで花穂が短く、一つの房についたたくさんの花はほぼ同時に咲きます。図①はヤマフジに似て左巻きですが、花穂はフジのように長く、図④はヤマフジに似ていますが、茎の巻き方が逆で、ともに実在しません。

## 窒素肥料をひかえる

花をよくつけさせるには、肥料、ことに窒素肥料を制限することが大切です。砂質土壌の乾燥地で、少し高めに植えるとなおよいでしょう。勢力が旺盛《おうせい》すぎるときは、根切りを行うのもよい方法です。

盆栽仕立てにするときは、花芽が形成される六月中旬の灌水《かんすい》を少なくすることです。剪定も生育期間中はひかえ、三か月に一回ぐらいがよく、夏期に剪定《せんてい》すると、来春の花は望めません。

## 受粉に有利な蝶形花

フジは花穂が垂れ下がるので、花の背面が下向きになりますが、開花するにつれて花柄が一八〇度ねじれて、スイートピーなどと同じ正位になります。

花は蝶形花で、上部に位置する旗弁には黄色いガイドマークがあって、虫に蜜《みつ》のありかを知らせます。クマバチやマルハナバチなどの大きなハチ類が花に止まると、その重みで翼弁と竜骨弁が下がり、中からおしべとめしべが飛び出て、ハチの腹部に花粉をつけます。そのハチが別の花を訪れることによって、受粉が成立します。

ハチが飛び去ると、翼弁と竜骨弁は元の位置にもどり、新たなハチの訪れを待ちます。

## 植物の話題

フジの繊維は長くて強く、上代はこれで織った着物を「藤衣《ふじごろも》」といい、また、靴なども作りました。

この繊維を取るには、木にのぼった藤蔓《ふじづる》では弱くて使いものにならないので、株から出て地上を這《は》った茎、すなわち真っ直ぐに長く伸びたものを使います。それを切って槌で打ち砕き、表皮を剝《は》いで灰汁で煮て、さらに流水でさらし、色白く干し上げます。それを小さく裂きほぐし、縒《よ》りをかけて織るのです。

一〇世紀ごろになると、藤衣は麻や絹に押されて減少しました。フジの繊維を鉛色に染めた藤衣は、貴族の喪服の代名詞として、わずかに名をとどめるにすぎなくなりましたが、労働者は作業着としてずっと着用していました。

地上を這ったフジのしなやかな茎は、花材をはじめ、民芸品を束ねたりするのに用いますが、一度枯れてしまうと堅くなって、二度と解けることがありません。

うそっ！ほんと？

# ブドウの蔓や花序は頂生します

《正しいスケッチは何番？》

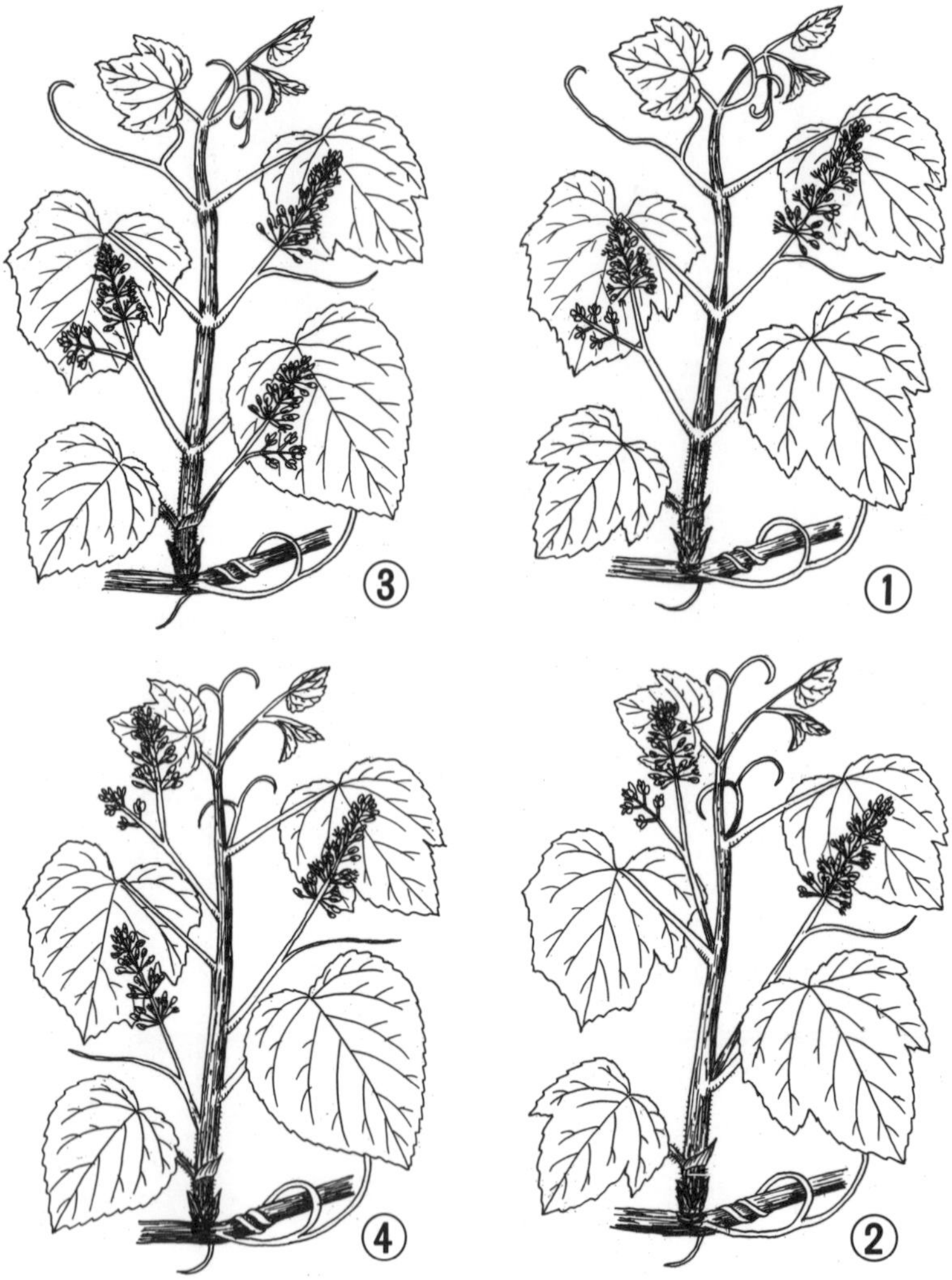


## ブドウ

ブドウ科

ずいぶん前のことですが、昭和天皇が静岡県興津《おきつ》の園芸試験場へお出になり、ブドウの各品種を試食されたときのことです。一粒ずつ種を出して食べておられるのを見た場長が、「ブドウは剝皮してそのまま召し上がらないと、下の先が傷んでおいしくありませんから、どうぞそのままで……」と、種を出さずに食べることをすすめました。すると侍従が、「盲腸炎になるのでは？」と心配したということが、報道されました。

この場長の一言によって、日本人が真のブドウの食べ方を知ったのです。

### 典型的な仮軸分枝

ブドウやヤブガラシなどのブドウ科の植物は、茎の先端が蔓《つる》、または花序となって生長を止めてしまい、続いて腋芽《えきが》が生長します。ところが、またしばらくすると、その先端が蔓などになって生長を停止し、また次の腋芽が生長するということを繰り返して伸長します。このような分枝を「仮軸（連軸）分枝」といいます（八七ページの図Gを参照）。

もう少しわかりやすくいうと、ブドウの茎の先端（主軸）は、蔓や花序になって茎本来の働きとは別のことを受け持ったため、まともに伸びることができなくなります。そこで葉のつけねにある芽（横軸）が、茎の代わりに伸びて代役を演じるのです。すなわち、主軸は横軸に交代したのです。

ところが、主軸として交代したはずの横軸の先端も、やはり蔓や花序になってしまうので、また、次の葉のつけねの芽が、代役の代役を演じることになります。この茎は一本に連なっているように見えますが、実は親軸、子軸、孫軸……と続いたもので、それを延々と繰り返して伸びていくのです。

ちなみに、仮軸分枝に対して、主軸が長く生長を続け、枝は側枝の発達したものを「単軸分枝」といい、ふつうの植物に見られる分枝の方法です。

## 観察のポイント

ブドウの若い元気な茎を見ると、仮軸分枝をするためジグザグに曲がって伸びていて、茎が一連のものでなく、仮軸であることがよくわかります。生長することによって、真っ直ぐな茎のように見えます。

図①は仮軸分枝で正しいスケッチです。図②は単軸分枝の花と蔓のつき方、図③は第一節目から花軸を出しているので、ともに間違いです。図④も単軸分枝のナス科の花軸のつき方で、当然このようなものはありません。

## 深耕するのがコツ

ブドウの苗を植えるときは、排水のよい土地に深さ一《メートル》ほどの穴を掘って堆肥などを元《もと》肥《ごえ》として施し、土を入れてその上に植えると、保水力も強くなって生育がよくなります。このように深耕して植えつけをしないと、後でいくら施肥をしても発育がよくありません。

ブドウは栽培品種によって自花不和合の性質が強いものがあるので、雌雄花ともに完全であっても、必ず二株以上植え込まないと結実しにくいようです。

## 植物の話題

初夏、新しい枝の葉に対生して花序を出し、黄緑色の小さな花をたくさんつけます。花びらは五枚、おしべは五本で、基部に蜜腺《みっせん》があります。ブドウの花はふつうの花のように花びらが開いて、いわゆる満開という状態になることがありません。開花の時期がくると、左図のように花びらの下部が離れて、先端が開かないうちに、おしべやめしべの発育によって突き上げられて落ちてしまいます。

ブドウの栽培は五千年前に遡るといわれるほど古く、世界中で最も広範囲に栽培されている果樹です。

ブドウは食べる三〇分か一時間前に冷蔵庫に入れて冷やすと、さわやかさが増していっそうおいしくなります。しかし、二日も三日も入れたままにしておくと、自己消化のために酸っぱくなって、急激に味が落ちます。

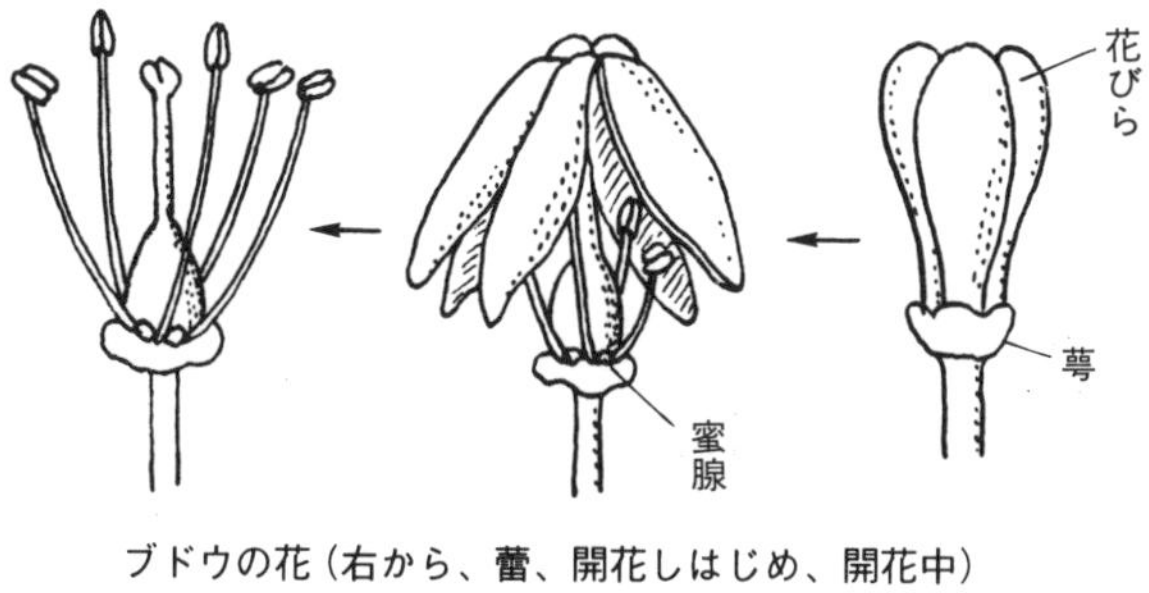


ブドウの花（右から、蕾、開花しはじめ、開花中）

# ミズゴケは枝で水を吸い上げます

《正しいスケッチは何番？》

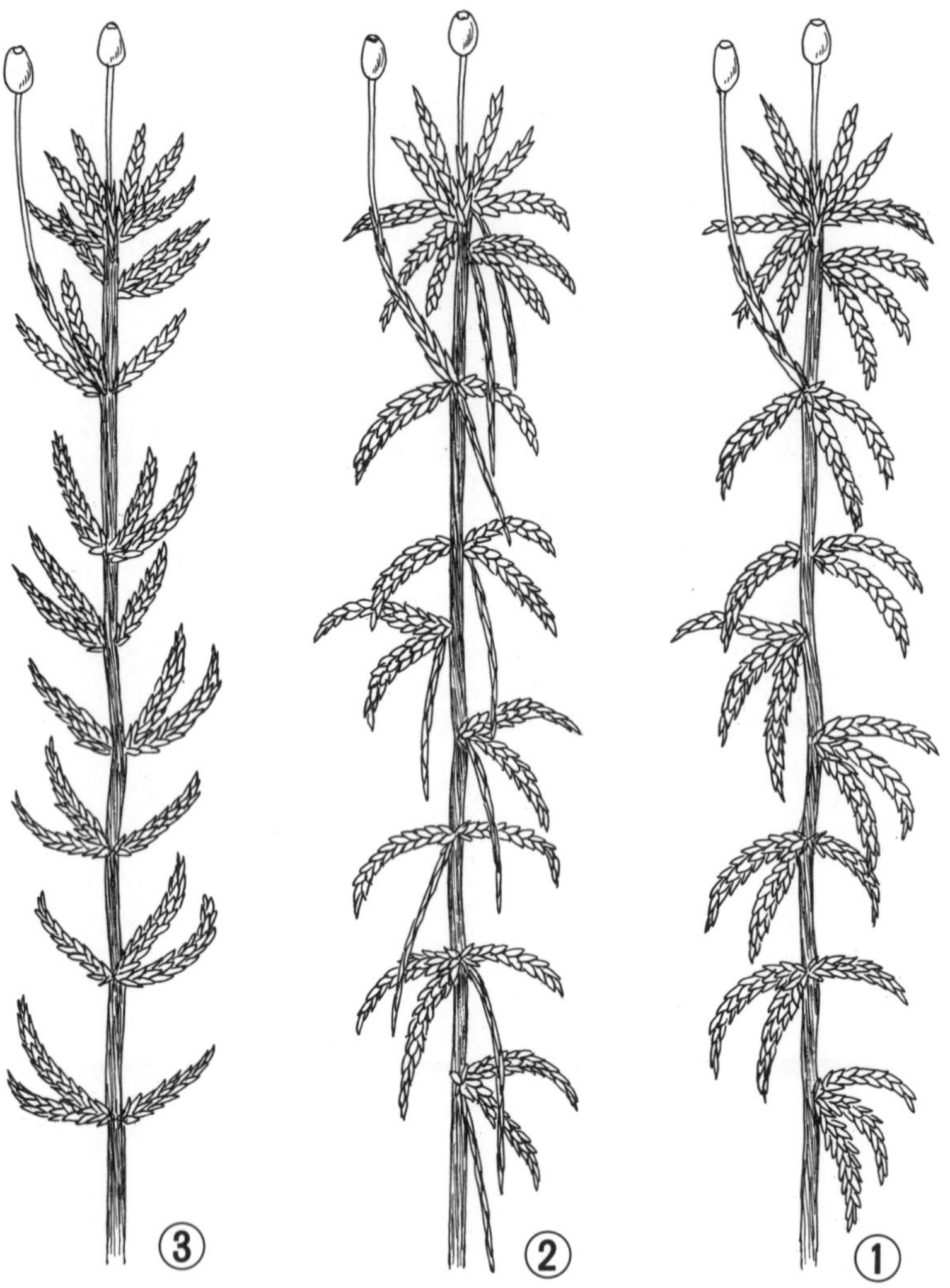


## ミズゴケ

セン類

最近は洋ランやサギソウ、オモトなどの栽培がさかんで、ミズゴケがよく利用されます。これらは年に一度は新しいミズゴケに植え替えないと、よく育ちません。愛好者の一番の悩みは、よいミズゴケが少なく、かつ高価になったということです。

ミズゴケは一年に一センチ内外しか生長しません。その下は腐って、泥炭地では一四～一五メートルの深さで氷河退去以来の泥炭層と連なっています。この層は何万年か前から生長したものが堆積し、圧縮されて泥炭化したもので、少なくとも一～二万年も生存していると考えられています。

### 自重の二五倍を保水

ミズゴケ類は全世界に三〇〇種以上産し、日本にも四五種以上が分布しています。酸性土壌の指標植物として知られ、わが国の高層湿原の基盤を作っています。群落地では青々と繁っていますが、それは上部の四～五センチだけで、下部は腐って泥炭化しています。

ミズゴケの上部の各節からは、三～五本の

仮枝が出ていて、その中の一本が下を向いています。この仲間には維管束がなく、この下垂した仮枝が水を吸収する役目をし、上へ上へと水を吸い上げて生きているのです。もし、この下垂した仮枝がないと、水を吸収することができず、枯れてしまうでしょう。

　ミズゴケには緑色細胞と透明細胞とがあります。仮葉を透かしてルーペで見ると、網目がわかります。その網糸に当たる部分が緑色細胞で葉緑体を持ち、その間に当たる部分には透明細胞があります。透明細胞は葉全体の八割を占め、内部は空洞になっていて、ここに水が貯えられると透明になるので、植物体は白っぽく見えます。透明細胞には外部に通じる穴があって、乾燥してもすぐにまわりから水分を吸収することができ、ミズゴケ自身の重さの一六～二五倍もの水を吸収します。第一次世界大戦のときには、外科手術用として用いられたという記録もあります。ちなみに、脱脂綿では三三倍の水を吸収します。

## 観察のポイント

　ミズゴケやスギゴケ類には、水を吸収する維管束がとくに分化していませんが、仮根からわずかですが吸い上げています。ミズゴケの場合、多くの水を上部に吸い上げるのは、節から出た一本の下垂した仮枝だけで、これは生活には絶対に欠かせないものです。

　図②が正しいミズゴケのスケッチです。図①は下がった仮枝がないので吸水できず、生長することができません。図③は仮枝が上向しているので、これでは水が上がらず、枯死してしまいます。

## 利点と悲劇

　園芸でよくミズゴケが利用される理由は、(一)保水力が強く、苗木の輸送、取り木、鉢植えの覆いなどにする、(二)酸性を示すので、酸性土壌を好むアザレアやセッコクなどの植え込みに使う、(三)乾燥すると軽くて腐らないので運搬や貯蔵に便利である、などです。

　しかし、これらの利点がミズゴケ類にとっては悲劇となりました。

　とくにミズゴケのうちのオオミズゴケは、園芸用の乱獲がたたって激減し、環境省のレッドリストの絶滅危惧I類に指定されているほどです。ミズゴケ類の中でも高層湿原に生育する種類は、生息地が国立公園内にあったり、天然記念物に指定されていたりするので、採取禁止で保護されている所が多いのですが、低地の湿原に生育するオオミズゴケは採取されやすく、激減に拍車をかけました。

　野生のミズゴケ類は、絶対に採らないのが原則です。

## 植物の話題

　高層湿原は酸性が強く、無機栄養塩類が少ないので、ミズゴケ類をはじめ特殊な植物しか生育することができません。低温と過湿のため、ミズゴケの遺体は長い年月分解せずに堆積して泥炭が形成されます。それが上へ上へと盛り上がっていくので、湿原は時計皿を伏せたような形状になり、もはや地下水を利用することができず、雨水だけが頼りです。

　高層湿原は日本に残された貴重な自然植生の一つです。

　昨年の夏、北欧の北極圏へ行きました。広大な氷河地形の中に延々と広がるミズゴケの湿地。ワタスゲやミツガシワ、ウメバチソウなどが、短い夏を謳歌するかのように咲き乱れていました。それを見て、改めて日本の湿地の現状を考えさせられました。

　湿地は、いまや生物多様性の宝庫として、世界的にも保護に力を入れねばならない大切な自然の一つであることを痛感しました。

うそっ！ほんと？

# モウソウチクは節をなでれば目を閉じていてもわかります

《正しいモウソウチクは何番？》

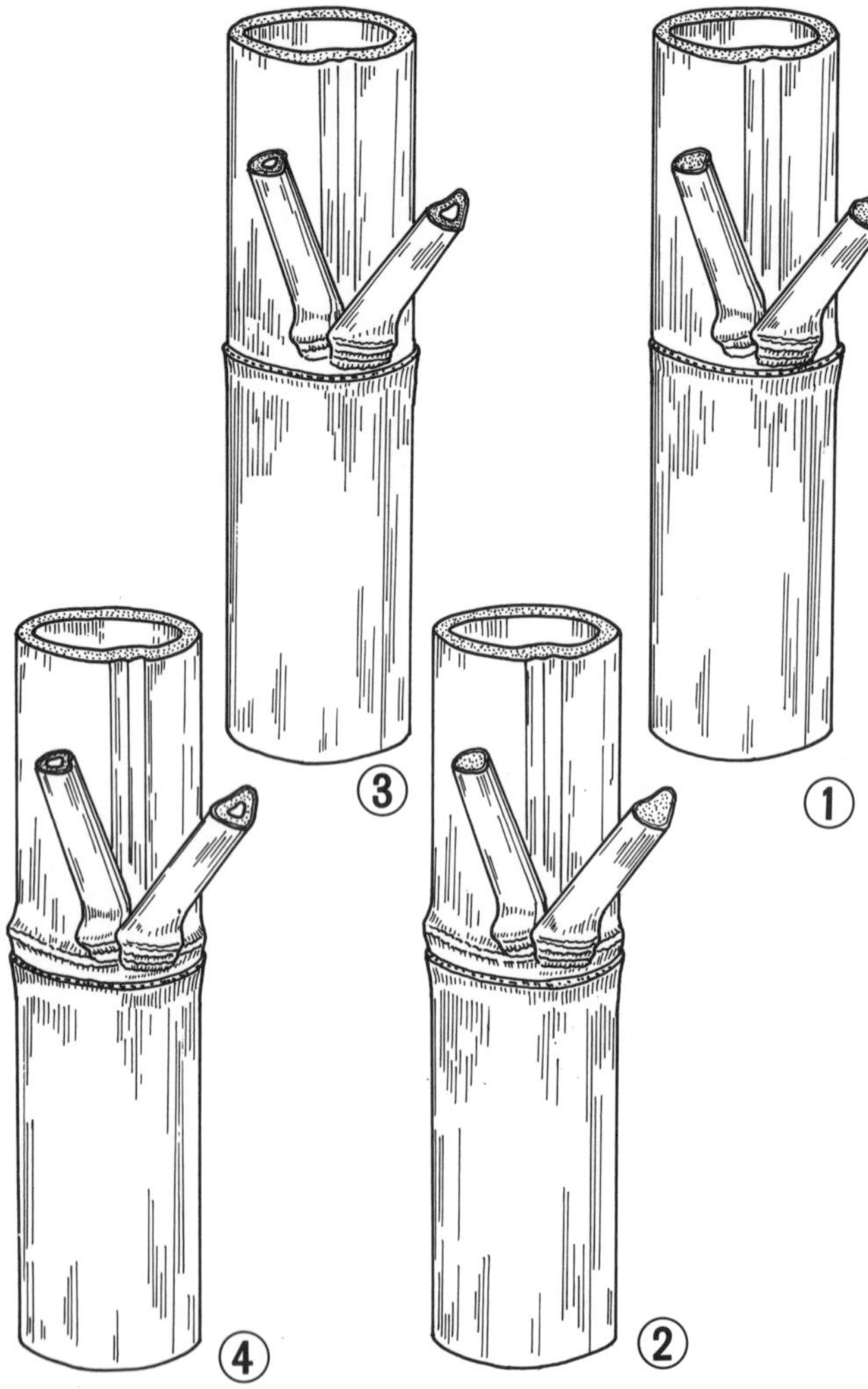


## モウソウチク

タケ科

モウソウチクは最もふつうの食用筍で、日本で栽培されている竹の中で、一番大きくて太く、味もよいので市場性は最高です。

戦前までは、モウソウチクを「もう葬」に掛けて、植えつけた人が死ぬなどといって忌《い》み嫌い、正月の床の間の生け花などには絶対に用いませんでしたが、今日ではそういう忌みことばをいう人もいなくなりました。

### 一日に一メートルも伸びる

モウソウチクは中国原産の竹で、三〇〇年ほど前に琉球を経て薩摩（鹿児島県）に渡来しました。三月早々、他の筍よりも早くに出るので、筍のご馳走というとモウソウチクがその代表のようになっています。

この筍は一日に最高一・二メートルも伸び、一秒間に九万個もの細胞が作られます。ことに節の真上ごとに生長点が集まって、ぐるっと稈を取り巻いて生長帯を作り、ここで細胞分裂がさかんに行われるので、このように伸長が早いのです。

ふつう一年に少しずつ伸長していくものを

## 105　モウソウチク

樹木といいます。竹の類は一年目にはぐんと伸びますが、以後の伸びは鈍ります。でも、竹は年々わずかずつでも生長しているので草の仲間でなく、木のグループに入ります。竹のように年輪のないヤシや木生シダなども木の仲間ですが、竹と違って毎年同じぐらいずつ伸びていきます。

### 観察のポイント

竹《チク》類は世界に二千種類もありますが、モウソウチクだけが、節が一環節からなっています。同じ仲間のマダケやハチクでは、竹の皮のつく環節と生長帯の環節が離れているので、一節に二つずつ環節を作りますが、モウソウチクは生長帯が不明瞭で環節を作らず、竹の皮のつく環節だけがはっきりしています。このことを知っていると、目を閉じていても、節をなでれば、すぐにモウソウチクだということがわかります。

また、枝の第一節間を切ってみると空洞がなく、中実になっています。ここが空洞でないのは、ハチクも同じです。

節が一環節であることと、枝の第一節間が中実であるなどの特徴から、図①がモウソウチクです。

図③は枝に空洞があるので実在しません。図②は節が二輪状で、枝の第一節間が中実なのでハチク、図④は節が二輪状で、第一節間が空洞になっているので、マダケです。

### 移植は二月中〜下旬

モウソウチクを移植するには、二月中〜下旬に、藪《やぶ》の中から細い地下茎を選んで、その竹稈を地際で切って植え、筍が十分生長するまで灌水を続けます。また、細型のタケ、ササ類は三月下旬に藪の周辺の地下茎を竹稈とともに地際で伐採して移植し、一、二回灌水《かんすい》するとほとんど活着します。

また、秋に筍が出るカンチク、スホウチク、ホウライチクの類は、五月上旬に移植すると一〇〇%《パーセント》活着します。これらは必ず竹稈の梢《こずえ》を切り、枝を剪定《せんてい》してから移植するのがコツで、春筍性の竹のように地下茎だけ植えたのではよくつきません。

五月一三日は「竹酔日《ちくすいじつ》」または「竹迷日《ちくめいじつ》」といい、竹を植えるのに一番適した日といわれています。ところが、これは熱帯系の竹か秋筍性の竹の移植期で、日本の竹類には当てはまりません。

### 水揚げのむずかしい花材

竹類は生け花によく使われますが、水揚げのむずかしいものの一つです。節に小さな孔をあけて、筒の中に〇・六〜〇・七%《パーセント》の薄い塩水を入れると、刺激となってよく水が揚がります。

### 植物の話題

竹稈が空洞になる経過は、筍の時代に、比較的早く内部の方の細胞が分裂を停止し、稈の表面に近い部分の細胞だけがずっとのちまで分裂を続けるからです。

「竹の一生」がよく話の種になりますが、その一生とは、ふつう生えた竹が枯れるまでをいいます。これはだいたい一〇年ほどで、この長短は肥料と日光の量によって決まります。しかし、本当の一生とは、竹に花が咲いて地下茎も地上茎もすべてが枯れるまでの期間です。ところが、他の植物と違って竹は開花期までが異常に長いので、その期間というものがわかりかねます。

このようなとき、東洋では、十干十二支《じっかんじゅうにし》の最小公倍数の六〇という数字を用いて、「竹は六〇年に一度花が咲く」などというのです。

うそっ!ほんと?

# モミジバフウは横枝の上面に翼をつけます

《正しいモミジバフウのスケッチは何番?》

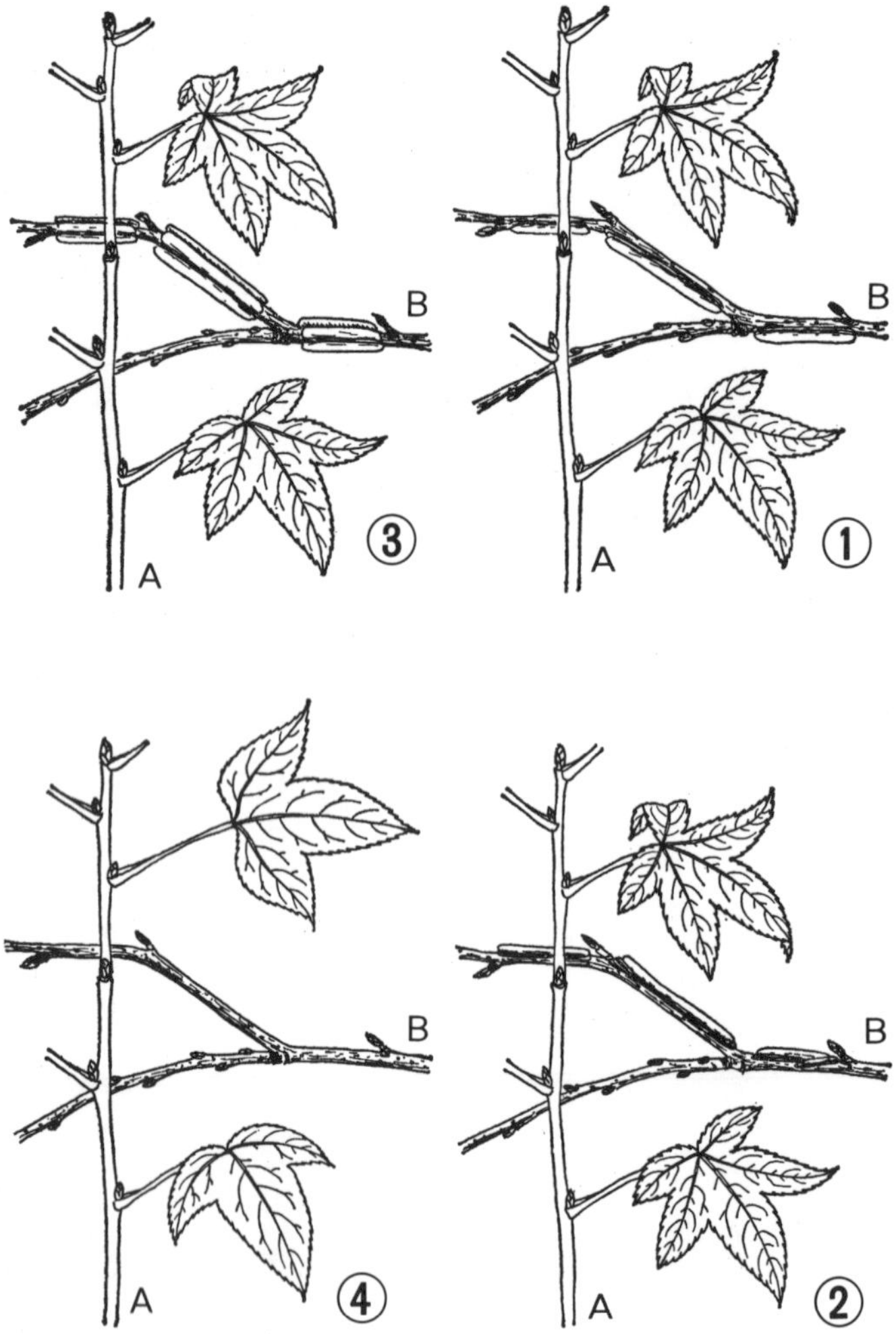


Aは一年生の徒長枝、Bは三年生の枝

## モミジバフウ
(アメリカフウ)

マンサク科

四季の移り変わりがはっきりしていることは、そこに生活している人びとに潤いや安らぎを与えてくれます。

なかでも木々が錦に彩られる秋は、厳しい冬に向かう前のつかの間の華やかさです。赤や黄色など色とりどりに染め分けられた紅葉は、自然の芸術作品といえましょう。

紅葉の代表はモミジ(カエデ)でしょうが、それにも劣らないぐらい鮮やかに色づくものにモミジバフウ(アメリカフウ)とフウ(タイワンフウ)があります。暖地では黄色になることが多いようですが、ともに街路や公園などに広く植えられているので、都会の真ん中でも、もみじ見物を楽しむことができます。

### 萼や花びらのない花

モミジバフウは北アメリカ原産の雌雄同株の落葉高木です。三~五月、枝先に雌雄別々の頭状花序を出します。雄花序はさらに総状に集まって直立し、球形の雌花序は単一で下垂します。花には萼《がく》や花びらがなく、雄花のおしべの数も一定しません。

実は球形で刺状の鱗片《りんぺん》と花柱がいつまでも残っているので、クリのいがのように見え、葉の落ちた枝先に、翌春までぶら下がっています。

葉は掌状に五～七裂してモミジ（カエデ）のようなので、モミジバフウと呼ばれています。よくカエデ属と間違われますが、次のような点で区別します。

一番わかりやすい違いは、葉縁の鋸歯《きょし》の先が、カエデ属は外側に向いていますが、フウの仲間は内側に曲がっています。これは化石として葉のかけらが掘り出されただけでも区別ができるほど大きな特徴です。また、フウ属は葉が互生で、実は突起のある球形ですが、カエデ属は葉が対生で、実はプロペラ状なので、まったく異なります。

## 観察のポイント

フウの仲間には、台湾から中国大陸にかけて分布するフウと、北アメリカ東部原産のモミジバフウとがあります。両者の違いは、モミジバフウの葉は五～七深裂してモミジのようですが、フウは三つに浅く裂けます。

また、モミジバフウには翼状のコルク層（木栓形成層）が発達していて、ニシキギのように枝から突き出ています。それもおもしろいことに横枝の上面だけに現れ、下面や側面、立った枝などには見当たりません。何のためにあるのかわかりませんが、フウにはありません。

図②がモミジバフウです。図①のように下面、あるいは図③のように四方に出ることはありません。図④はフウのスケッチで、葉が三浅裂し、翼もありません。

## 実生でふやす

フウやモミジバフウは公園樹や街路樹として植えられていますが、紅葉や黄葉が美しく、ことにモミジバフウは緑が優れているので、盆栽にも仕立てられます。丈夫な木で、乾燥地以外ではどんな所でもよく生育します。主に実生《みしょう》（芽生え）で繁殖するので、挿し木や接ぎ木ではなく、種からふやします。

## 植物の話題

フウの漢名は「楓」ですが、日本ではこれを間違えて「カエデ」と読んでいます。ちなみに、カエデの漢名は「槭」です。

フウは六五〇〇万年前から一八〇万年前までの第三紀に広く日本にも分布していて、化石として各地からたくさん出ていますが、現在では絶滅して、台湾と中国の南部だけに生き残っています。

コルク質の翼がよく発達して有名なものに、ニシキギ（ニシキギ科）があります。秋の紅葉がとても美しいので「錦木」といわれ、生け花などにもよく利用されています。この翼にはスベリンという薬効成分を含んでいて、刺《とげ》が刺さったとき、この翼を黒焼きにして粉末にしたものを、飯粒と練り合わせて刺が刺さった所に貼っておくと、一晩で抜けます。モミジバフウの樹脂は防腐剤や皮膚病の薬などに用いられていますが、翼にニシキギと同じような薬効があるかどうかはわかりません。また、フウの材から出る樹脂を「楓香脂《ふうこうし》」といい、結核などの薬に用います。

アメリカではモミジバフウは「スイートガム」と呼ばれています。これは樹液を乾燥させたものをチューインガムにするところからきているようです。

モミジバフウの幹はシラカバに似て白く、夜間の道路標識にも役立っています。外国旅行をすると、木の幹に白のペンキを塗って標識と防虫にしているのを見ることがありますが、まさに一石二鳥の名案といえましょう。

うそっ！ほんと？

# ヤエムグラは節ごとに二本の枝を伸ばして花序をつけます

《正しいスケッチは何番？》

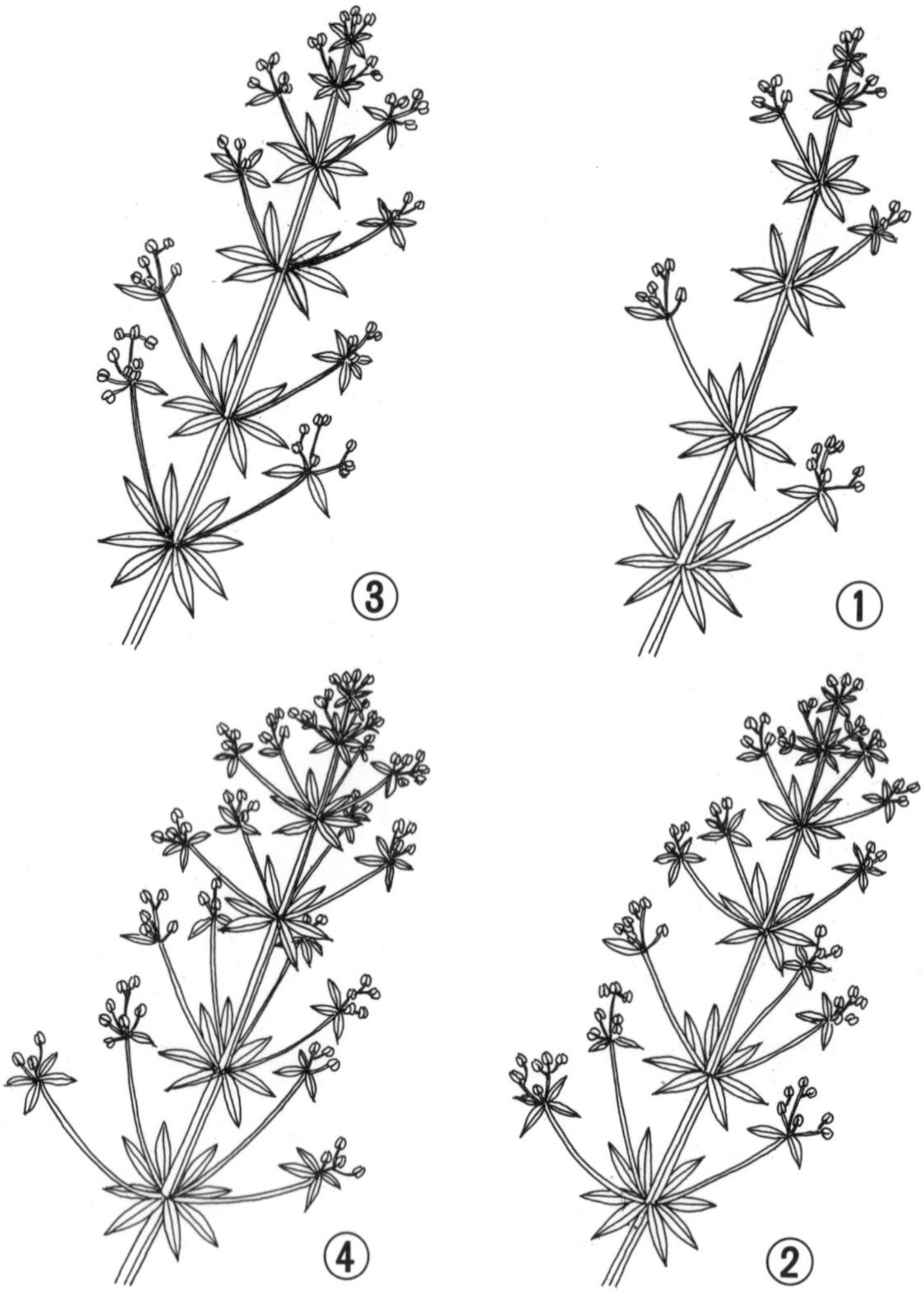


## ヤエムグラ

アカネ科

八重葎《やへむぐら》　繁れる宿のさびしさに
人こそ見えね　秋は来にけり　　恵慶

これは『小倉百人一首』の中の有名な一首です。この和歌に詠まれた八重葎は、「ヤエムグラ」という特定の植物を指したのではなく、カナムグラ（クワ科）のような生い茂った下草だと解釈されています。

ヤエムグラは秋遅く芽生えて翌春に茂り、五～六月に開花、結実ののち、枯死します。したがって、秋に繁っているというこの歌の意に沿わないので、アカネ科のヤエムグラでないことは明らかです。

昔は、オオムギやコムギ畑の株間にヤエムグラがいっぱい生えていたので、麦飯の中に黒い小さなヤエムグラの種がポツポツと入っていました。ヤエムグラは、古くムギとともに種が中国から渡ってきたと考えられているので、「史前帰化植物」の一つといわれ、身近な植物でした。

ヤエムグラは秋になると麦畑によく生えてきます。四角い茎の稜や葉縁、葉裏の中央脈には小さな下向きの刺《とげ》が生えていて、この刺をムギに引っかけてよりかかりながら生長し、ムギと同じ六月に熟します。

## 本葉とそっくりの托葉

ヤエムグラは一節に七、八枚の葉を輪生しますが、本によっては対生とも書いてあります。どちらが正しいのでしょうか。

ヤエムグラは秋に発芽し、年内の葉の数は同形同大の四枚ですが、本当の葉は相対する二枚で、あとの二枚は本葉から出た托葉《たくよう》です。そして、生長するにつれて、この托葉も本葉と同形同大になって枚数もふえていくのです。このような托葉を「葉間托葉」、または「葉柄間托葉」といいます（図Jを参照）。

植物学的には、葉は二枚で対生ということになりますが、観察したままを書くと、七枚も八枚も輪生していることになるのです。そして、各節から出る芽は必ず葉腋《ようえき》から出るので、葉がたくさんついていても、相対する一対の芽の出た位置についた葉だけが、本当の葉なのです。

いい換えると、四角い茎の稜《りょう》についた葉が真正の葉で、この葉腋から枝を十字対生に出して繁茂するのです。

## 観察のポイント

発芽したばかりのヤエムグラの四枚の葉を見ると、相対する二枚の葉腋には小さな芽が準備されています。また、葉身の方が托葉よりわずかに大きいので、区別がつきます。

図③が正しいスケッチで、各節から二本の枝が伸び、花序をつけて開花結実しています。図①は一節に一芽しか生長していません。瘠せた土地に生えたものでは、このようなこともありますが、すべて一節に一芽ということはなく、何本か生えていたら、必ず一節に二本の枝を出すものがあるので、正しい図とはいえません。

また、図②、④のように各節から数本も枝が出ることもありません。

## 薮の周囲などに繁茂

ヤエムグラは雑草なので栽培することはありませんが、今日、麦作の減反で、かつてに比べると少なくなりました。いまでは薮《やぶ》の周囲や畑地、よく肥えたごみ捨て場などで見かける程度です。この草のように人家近くに生える植物を「人里植物」といい、山野や草原には生えていません。

## 植物の話題

ヤエムグラの花は、茎の先端や葉柄から出た花序の先にまばらにつきます。花冠は黄緑色で四裂し、四本のおしべがあります。

実は二分果からなり、表面には鉤《かぎ》状の毛が生えていて、熟すと衣服などにくっついて運搬されて広がります。いわゆる「ひっつき虫」の一つです。

ヤエムグラと同じ仲間のアカネの根には、プルプリンという赤色の色素が含まれていて、古くから緋色の染料として有名です。ヤエムグラの根は染料にはなりませんが、生えているときは赤味をおびた黄色で、乾くときれいな赤褐色になります。

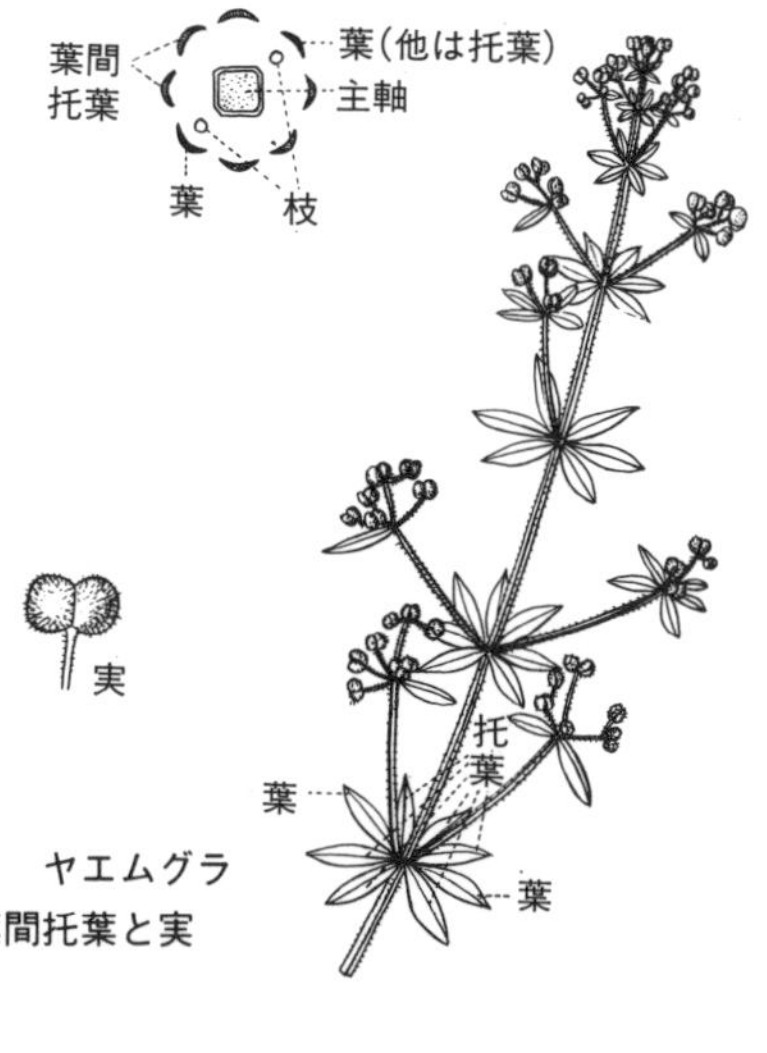


図J　ヤエムグラの葉間托葉と実

うそっ！ほんと？

# ヤマノイモは茎が下垂するとむかごをつけます

《正しいスケッチは何番?》

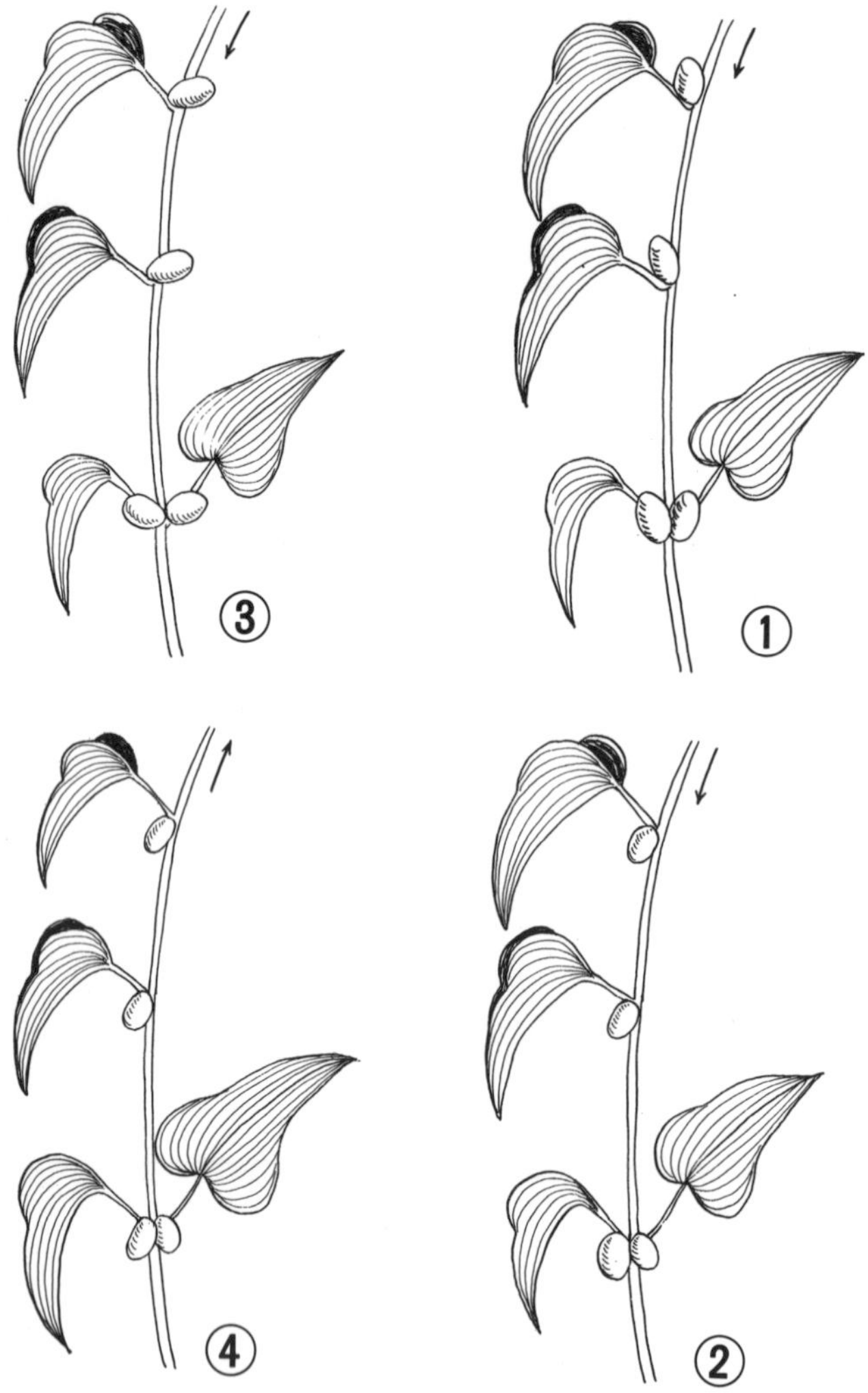


矢印は蔓の進行方向を示します。

## ヤマノイモ

ヤマノイモ科

晩秋の山を歩くと、鮮やかな黄色に色づいたヤマノイモが、木々の幹をのぼっているのをよく見かけます。垂れ下がった茎には丸いむかごが鈴なりになっています。取ってかじると、素朴な味が口の中に広がります。

### 腋芽が膨れてむかごに

ヤマノイモのむかごは茎の短縮した芽で、「珠芽《しゅが》」とか「肉芽《にくが》」といいます。その芽の部分が膨れて維管束などはでんぷんの中に隠れてしまい、ついには地中にできる芋、すなわち担根体と同一のものになってしまいます。胆根体は茎でも根でもない原始的な器官です。　山野に生えているヤマノイモや畑で作るナガイモは、茎が一～二メートルも伸びて先端が下垂すると、腋芽《えきが》が膨れてむかごとなります。これは生長ホルモン前駆物質が停滞するのが原因といわれています。だから、高木などに巻きついて茎の先端が下垂しなかった場合は、むかごはできません。

　ヤマノイモの茎は、アサガオと同じ左に巻きながら伸長します。葉は若いころは互生ですが、のちには対生につきます。また、新芽のときには節間が接近しているので、対生か輪生状になることが多く、元気な太い茎から出た葉ほど、輪生状につく傾向があります。

## 観察のポイント

ヤマノイモのむかごは葉腋につきます。一見すると、葉の下側についているように見えますが、それはヤマノイモの茎自体が下垂しているからで、むかごの基部は葉腋についていて、そこから葉柄が上向しているのです。

むかごをたくさんつけさせるコツは、株の横に二～二・五メートルまでの棒を立て、茎の先端を四方に下垂させることで、こうするとおもしろいほどよくできます。しかし、棒が短かすぎると、茎が地上を這《は》ってむかごはできないし、反対に棒が長すぎて茎が下垂しないときもできません。

図②は茎が下垂し、葉腋にむかごがついた正しいスケッチです。図①はむかごのつき方が違っています。図③のようにむかごが横向きにつくことはありません。また、図④のように茎が上向しているときは、絶対にむかごはできません。

むかごは生で食べるのが最高の味ですが、醤油《しょうゆ》で辛く煮るか、むかご飯にするのもおいしい食べ方です。

## 排水のよい傾斜地に

ヤマノイモは排水のよい傾斜地で作ります。長い芋を作るときは、直径一〇センチ内外のビニールパイプの一方を開けて土の中に斜めに入れて植えつけると掘り取りに便利で、ナガイモよりもずっと味のよいものができます。

ナガイモ類を畑に作る場合は、丸い芋ができるツクネイモ、イチョウの葉形をしたイチョウイモが作りやすいです。

むかごはもともと葉腋にできた芽が膨れたものなので、これを植えると、中に貯蔵した栄養分で発芽し、新しい株に生長していきます。

## 植物の話題

むかごができる植物は、三倍体、または高倍数性のものに限られているようで、サトイモ科のヤマノイモ、ナガイモ、カラスビシャクの他に、ユリ科のオニユリ、タデ科のムカゴトラノオ、イラクサ科のムカゴイラクサ、ユキノシタ科のムカゴユキノシタ、セリ科のムカゴニンジンなどがあります。これらの間には、系統発生上の関係はまったくありませんが、むかごの形成と種ができないこととの間には、高い相関関係があるようです。

「芋」と呼ばれる担根体は、根ぎわの茎の鱗《りん》片《ぺん》葉の間から出た短い枝の下側だけが垂れ下がるようにして伸びたもので、初めは丸く、のちに長く生長して一メートルにもなります。芋は年ごとに新生交代して、伸長生長をしません。すなわち、春に昨年の芋の頂部に新しい芋のもとが作られ、古い芋の貯蔵物質が新しい芋にどんどん吸収されて、大きな芋になります。毎年これが繰り返されて、より大きな芋になっていくのです。

山野に自生するのがヤマノイモ、すなわち自然薯《ジネンジョ》、畑に作るのは芋の形が長くても丸くても中国原産のナガイモです。葉はヤマノイモの方が長く、芋の味も優れています。

ヤマノイモのトロロは、空気のまろやかな味です。擂《す》り鉢におろしたトロロを入れ、連木で左、または右に回して十分に擂り、空気をたくさん入れて真っ白に仕上げます。その感じをよく覚えることが、おいしいトロロを作るコツです。ヤマノイモにはでんぷんを消化する酵素アミラーゼが含まれています。

うそっ！ほんと？

# アザレアのよい苗は葉が平等に出ています

《正しい頂芽のスケッチは何番？》

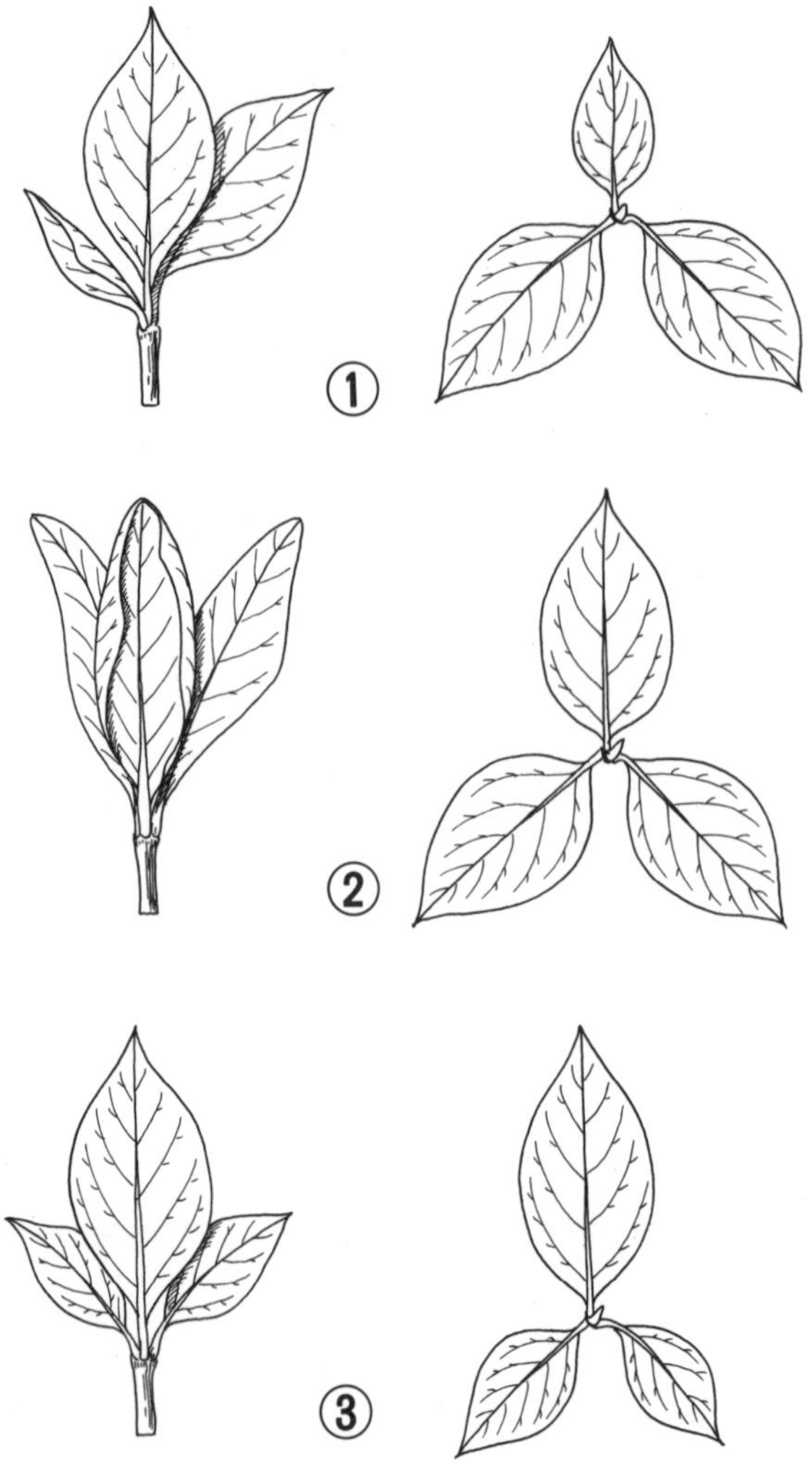


## アザレア

ツツジ科

アザレアは日本の花卉《かき》界をリードするほど、実にさまざまな品種が作られ、五月から六月にかけてはその花で埋まります。

アザレアはツツジの仲間で、その名前は一八世紀のスウェーデンの分類学者で学名（二名法）の創始者リンネによってつけられました。当初は落葉性でおしべが五本のものをアザレア、常緑性でおしべが一〇本のものをロードデンドロンとして属を分けていましたが、その間に区別がないことがわかって、今日では学問的にはロードデンドロンだけが使われています。

ところが、日本の園芸界では、海外で改良されて里帰りした花が大きくて易変《いへん》遺伝子を持ったものをアザレアといい、欧米では日本でいうツツジ類のサツキやオオムラサキをアザレアと呼んでいます。

### 幹起源の苗は真っ直ぐに

アザレアは常緑低木で、葉は互生しますが、枝端の葉は三枚が輪生状に出てよく発達します。挿し木したとき、同形同大の葉が三枚揃って出た幹からの苗、いわゆる幹起源の苗は真っ直ぐ伸びて、きれいな樹形になりますが、側枝から出た枝起源の苗は、一方に片寄って伸び、自然形にはなりにくく、挿し木苗としては失格です。

### 観察のポイント

挿し木したアザレアの樹形を見ると、幹起源の苗は枝先に同形同大の三葉がつき、三角形に安定した自然の形に小枝が伸びますが、枝起源の苗は三枚の葉のうち二枚は大きく、一枚は小さくて、一方に片寄って伸びるので、きれいな樹形にはなりません。専門家の枝さばきを見ていると、頂芽は別に取っておき、側枝から出たものは捨てています。

図①は側枝についた葉で、下位になった二枚の葉は大きく、上位になった一枚は小さくて、これを挿しても真っ直ぐ平等には伸びず、よい苗はできません。図②は梢端から出たもので、自然形に、かつ、よく伸長する正しい図です。図③のようなものは実在しません。

### 酸性土壌を好む

ツツジ類は酸性土壌を好んで生育します。日本の国土はほとんどが酸性土壌で、ツツジ類にはもってこいの土地柄で、多くの種類があります。

ツツジ類を植えるとき、用土に鹿沼土を使うのは、吸水性のよいこともさることながら、アルカリ性でないためです。これに対して、木灰や石灰を施したり、鉢の上に卵の殻を並べたりするとよく育ちません。

ちなみに、オオシラガゴケを用いるのは、これは酸性土壌に生えていて、酸性を示すからです。

### 植物の話題

ツツジ類の花冠は五裂し、上の中央裂片が大きく、その中心部に赤い点々があって、これをガイドマーク（蜜標《みつひょう》）といいます。そのマークの真ん中を縦に走る溝の奥に蜜槽があり、吻の長いアゲハチョウが吸蜜に訪れます。このとき、糸状に綴られた花粉がチョウの体につき、他の花のめしべに花粉が運ばれます。

ツツジ類の葉は互生ですが、枝端の三枚が輪生状に並ぶ性質があります。その代表はミツバツツジの仲間でしょう。

また、この頂芽がよく伸びることから和名となったものが、ドウダンツツジです。これは三本に伸びた枝を逆さまにすると、昔、油をともして明かりにした灯台のようなので、「トウダイ」から「ドウダン」となまったのが、名前の由来といわれています。

「幹起源」、「枝起源」の関係は、はじめナンヨウスギ（アラウカリア）から知られました。裸子植物では著しく、なかでもイチイとキャラボクの関係は、よく知られています。イチイの幹の頂部の枝を挿し木したり、種を蒔《ま》いたりすると、真っ直ぐに伸びた幹起源のイチイになりますが、側枝を挿したり、その実生《みしょう》は真っ直ぐに伸びず、横に這《は》ったような樹形になります。この枝起源のものを、「キャラボク」といいます。

また、ヒマラヤスギでも、幹起源のものは真っ直ぐ立ってよく伸びます。スギやヒノキなどの種も、幹の頂上から取ったものほど、生長と素性のよいものが育つので、大木のてっぺんから命がけで種を取るのです。

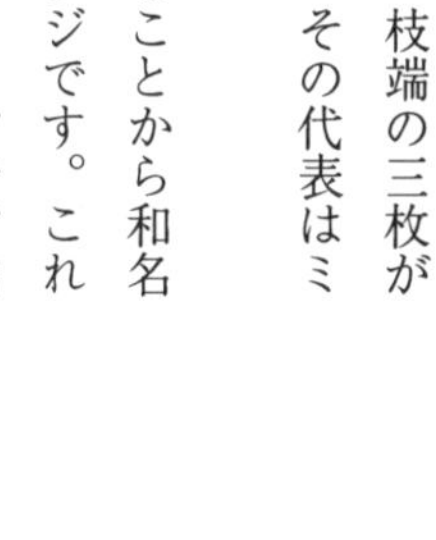

アザレアの一品種。ガイドマークと易変遺伝子によって現れた斑紋。

うそっ！ほんと？

# イチョウは後から出る葉ほど葉柄が長くなります

《正しいスケッチは何番？》

## イチョウ

イチョウ科

イチョウは系統発生上とても古い植物で、二億年前の古生代の末期から祖先が知られ、中生代に最も栄えた植物といわれています。化石で発見されるイチョウは葉が細く裂けていて、多くの属や種に分かれていましたが、いまのものは扇形に進化しました。現在、イチョウ科の植物はイチョウ一種のみで、近縁種は知られていません。

イチョウは昔の日本にも分布していて、第三紀の化石中から多量に出土していますが、野生種は中国だけに残っています。いま日本で見られるイチョウは、古く中国から渡来したものです。一千年もの寿命を保つといわれ、日本の植物の中では最も長命の木です。

### 原始的な形態を残す

イチョウは雌雄異株の落葉高木で、美しく堂々たる木ですが、発生が古いだけに得体の知れない怪物の感があります。

まず、平瀬作五郎博士の精子発見（一八九六年）をはじめ、葉脈はすべて二叉脈《にさみゃく》で、葉に種がなるオハツキイチョウ、葉が筒形になるラッパイチョウ、大きい枝から奇妙な乳柱（担根体）を出すチチイチョウなどがあります。春に放たれた花粉は、数十キロも離れた雌花を求めて飛散します。

　雌花の小さい珠孔についた花粉は、九月上旬まで待って精子を作り、そののち受精するなど、原始的な形態を数多く残し、不思議とも神秘ともいいようのない植物です。

　葉もずいぶんさまざまな形をしていますが、葉の切れ込みは雌雄の区別にはなりません。若木や剪定《せんてい》後にはしばしば切れ込みの深い葉が出ます。これは実生《みしょう》時に出る葉や化石の葉の形とよく似ていて、先祖返りをしたものです。一般に、徒長枝の葉は切れ込みが深く、短枝につく葉は全縁です。

　葉は二叉脈で、葉身のつけねから二叉を繰り返して葉の先端に達します。短枝から数枚の葉を出しますが、春の初めに出た葉の柄は短く、しだいに長さを増して同化効率をあげるように努力しているのです。

### 観察のポイント

　イチョウの枝が伸びるのを見ていると、まず徒長枝が伸びて葉を互生し、その葉の基部に一個の芽をつけます。次年にその芽の所から数葉を出して、いわゆる短枝を作ります。その短枝から出る葉は、初めのものほど葉柄が短く、あとに出る柄はしだいに長くなって、葉どうしが重なって互いの同化作用を妨げないよう配列しています。

　図④が正しいスケッチで、徒長枝には葉を一枚ずつ、短枝には三～七枚出し、かつ早く出た葉ほど葉柄が短くなっています。

　図①は、早く出た葉ほど短枝についた葉の柄が長くなっているので、実際とは逆です。図②は短枝が欠損しているし、図③は、短枝から出た葉の柄が全部同長になっているので、ともに実在しません。

### 雌雄異株だけれど

　イチョウは雌雄異株の植物で、ふつうは両株を植えないと種ができませんが、風媒花なので、雌雄が数十キロも離れて植えられていても種ができます。

### 植物の話題

　イチョウは裸子植物の一種で、種が心皮で覆われていないので、「実がなる」などといってはいけません。一般に、イチョウの「実」と呼ばれている種は、二層の種皮からなり、外種皮は肉質で柔らかく、ギンゴール酸とビロボールを含んでいるので悪臭を放ち、かぶれる原因にもなります。木化した白っぽい内種皮を取り除くと、薄い皮があります。これが珠心で、シダの大胞子のうに相当し、その中から食用にするギンナンが現れます。これは雌性配偶体（内乳）そのもので、青酸をはじめとする各種の有機酸が含まれているので、生で食べたり、多食したりすると下痢をします。また、ひどいときには死亡することもあるので、注意が必要です。

　内種皮はふつう二稜ですが、ときに二稜半、三稜、五稜になったものがあります。これらは胚珠《はいしゅ》の発育が不完全で、種を蒔《ま》いても発芽することは少なく、もし、発芽した場合は雌株になるといわれています。

　イチョウの枝は、雌株では水平に、雄株では鋭角に出る傾向があります。しかしその逆も見られるので、自然界では「絶対」ということばは使えません。また、幹の先端や枝先は背日性を示すので、日の当たる方向には曲がらず、北の方へ曲がる傾向が強いようです。

　最近、「イチョウ葉エキス」といって、イチョウの緑の葉の薬効が注目されています。脳血管障害の予防に有効のようです。

うそっ！ほんと？です

# イノモトソウの胞子葉は背高のっぽ

《正しいスケッチは何番？》

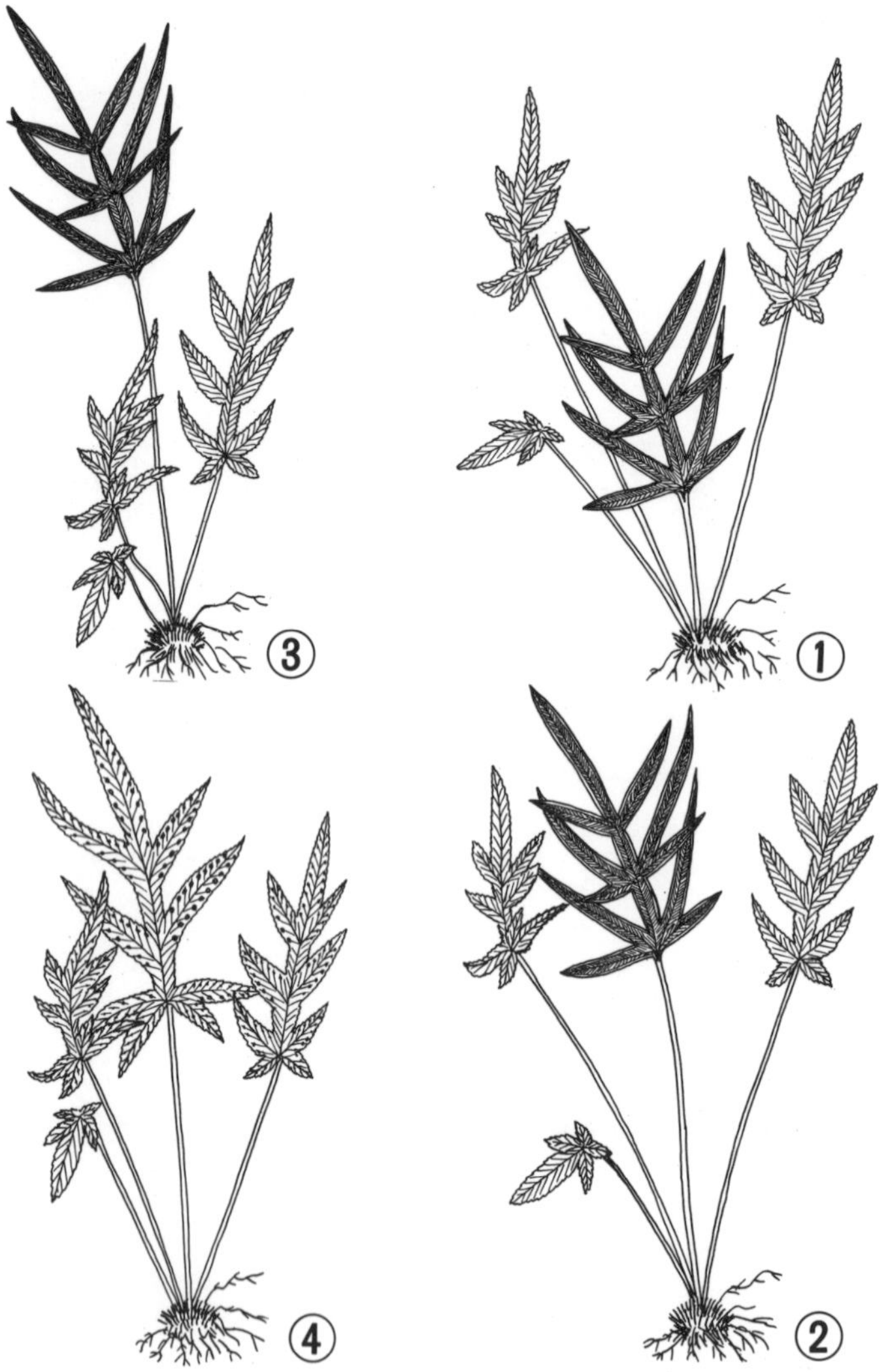


## イノモトソウ

イノモトソウ科

イノモトソウは石で組んだ井戸の内壁や日陰の石垣、山中の崖などの陰湿地にごくふつうに生える常緑のシダで、井戸の付近に生える草という意味の古い漢名「井口辺草」に由来するといわれています。

葉には同化作用によって養分をつくる「栄養葉（裸葉《らよう》）」と、胞子をつけて子孫をふやす「胞子葉（実葉）」の二型があります。栄養葉は斜めに伸びて高さ二〇～四〇㌢、葉縁には細かい鋸歯《きょし》があります。胞子葉は直立し、長さ四〇～六〇㌢で栄養葉よりも高く、葉縁を巻き込んで胞子をつけているので、幅は狭く、鋸歯は見られません。

イノモトソウは栄養葉、胞子葉ともに葉の中軸に翼がついていますが、近似種のオオバノイノモトソウにはこの翼がないので、両者の区別はすぐにつきます。

### 珍しい三稜の葉柄

イノモトソウの葉柄は細くて長く、三稜があって、シダ類としては珍しい形をしています。葉は一回羽状複葉で、下部の裂片は常に大きく、上になるにつれて小さくなっていきます。

側脈は中央脈から平行にたくさん出ていて、途中で一回分岐して二叉脈《にさみゃく》になっていますが、葉縁までは達していません。

### 観察のポイント

イノモトソウの葉は無毛ですが、葉柄の基部だけに鱗片《りんぺん》状の短い毛が多数群がってついています。

多くの植物の葉は、同化作用をさかんにするために高く立っているのがふつうですが、イノモトソウの胞子葉は同化作用をする栄養葉よりもはるかに高く立ち上がっています。胞子葉の方が高いということは、胞子を風に乗せてできるだけ遠くへ飛散させるための適応と考えられますが、イノモトソウは風のない所に生えるので、胞子葉を高くする必要がないと思えるのに不思議です。

多くの二型のシダでは、胞子葉が栄養葉よりも小さいことがふつうで、たとえばイヌガンソク、クサソテツ、コウヤワラビ、シシガシラなどを見れば、よくわかるはずです。

図③が正しいスケッチで、栄養葉の方が低く、胞子葉がずっと高く伸びていて、葉縁に胞子のうを包み込むので、多少幅が狭くなっています。図①は胞子葉の丈が低く、図②は両葉の高さが同じなので、ともに間違いです。また、図④は葉に胞子のうが散在していますが、イノモトソウはこのような胞子のつき方はしません。

### 乾燥させないのがコツ

イノモトソウは干天が続くと葉が巻いて、のちには枯れてしまいます。葉が巻き出したら、すぐに灌水《かんすい》してやると、見る見るうちに葉を伸ばし、元気になります。

多湿の日陰に移植すると、他の何物よりもよく伸び、緑の草木が少ない冬ほど美しく、十分に観賞に値するものです。

シダ類を美しく育てるには、薄い窒素肥料を少しずつ施用するのがよく、化学肥料が多すぎると枯れてしまいます。

### 植物の話題

広いガラス容器の中に煉瓦《れんが》を入れて、底部が水に浸るようにして板ガラスで蓋《ふた》をし、日陰におきます。そこに胞子を振り掛けておいておくと、前葉体から幼芽が伸びて一人前のシダになる過程が、順を追って観察できます。

前葉体は高等植物の花の最も大切な部分に相当し、ここに卵と精子とが作られ、受精の結果、幼芽が伸びるのです。

いま、私達がよく見ている植物は、同化養分を作る葉が花よりも断然多く、かつよく伸長しているのがふつうで、生殖器官の花や胞子をつける葉は小さく、ある時期だけに見られるものがほとんどです。

ところが、イノモトソウに限っては別格で、胞子葉が栄養葉よりも長く、ときには倍にも生長して、群落中では胞子葉ばかりが目立ち、栄養葉の影が薄いことがしばしばです。もちろん、この胞子葉にも葉緑素があるので、同化作用はしていますが、不思議です。

イノモトソウはごくふつうのシダですが、繁殖力が強く、生殖のみに狂走しているのを見ると、将来、ゴキブリとともに地球上を覆いつくすほどの精力に満ちた植物とさえ思えてしまいます。

イノモトソウの仲間は、熱帯から暖帯にかけて三〇〇種以上が分布する大きな属で、日本には東北地方の南部以南に、約三〇種が生育しています。そのうちのオオバノイノモトソウは宮城県まで生えていて、この属の分布の最北限となっています。

うそっ！ほんと？

# インゲンマメの葉は対生から互生に変わります

《正しいスケッチは何番？》

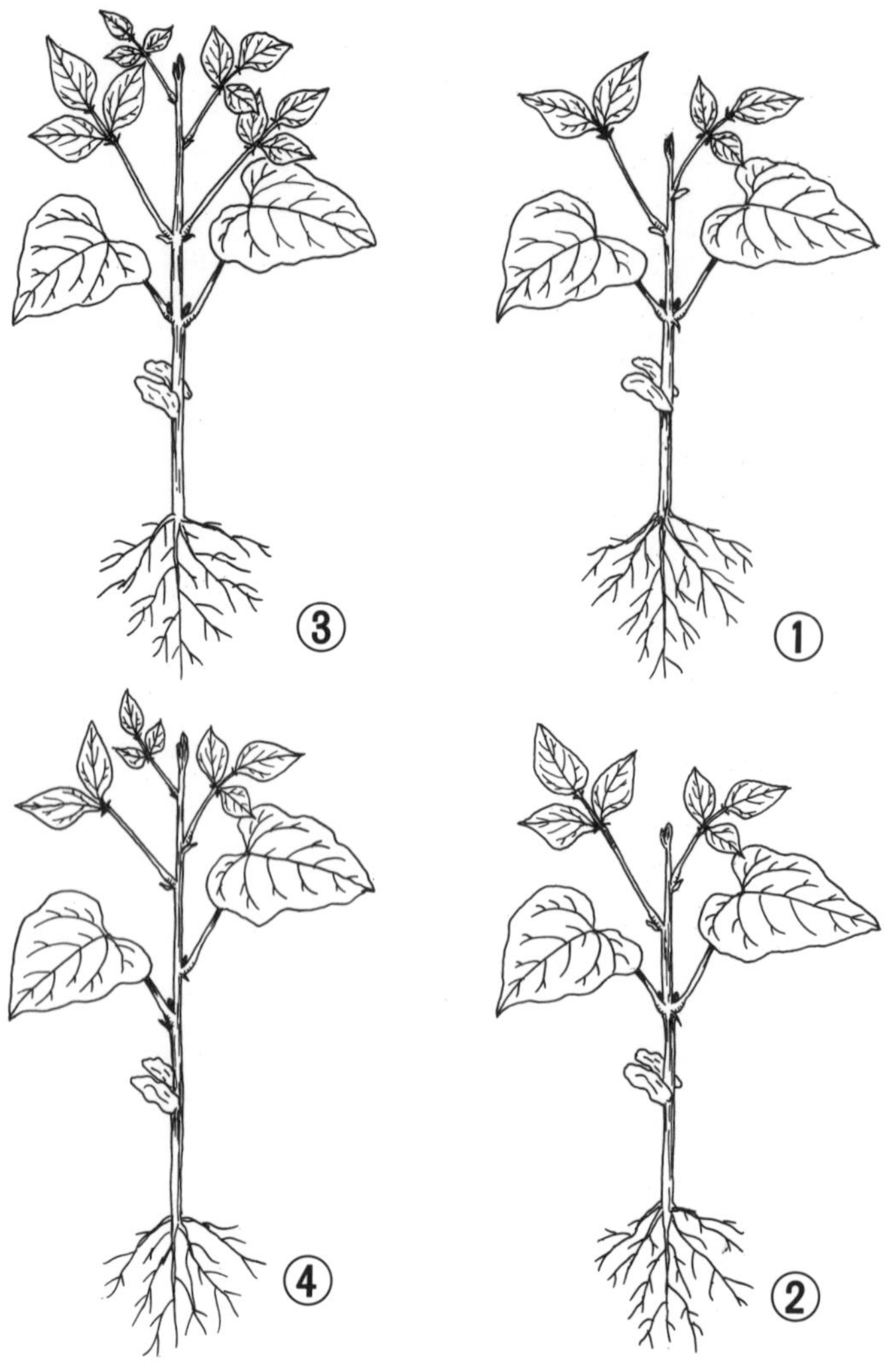


## インゲンマメ(一)

マメ科

マメ類の初生葉を第二期に伸ばす葉は、さまざまな変化を見せます。マメ科の多くは、第一葉が単葉で対生のことが多く、とくに第一葉と第二葉は対生状につくことが多いので、ともに「第一葉」と呼びます。この第一葉段階にもさまざまな形があり、互生になる種類もあります。

インゲンマメはごくふつうに栽培され、どこにでもよく育ちます。生育過程の形態上で大きな差を生じるので、子どもたちにとっては興味を持って観察できるよい材料です。

### 一作の周期が短い

インゲンマメは古い作物で、味にくせがなく万人向きです。そのうえ一作の周期が短いので、広く栽培され、とくに素人の家庭菜園にはもってこいの野菜です。しかも光周性がないので、小学校での栽培と観察用には第一等の材料です。

インゲンマメは種を蒔《ま》いてから収穫までが七〇～一二〇日と短いので、四月上旬に種を蒔きはじめると、年に三回も収穫ができることから「三度豆《サンドマメ》」とも呼ばれますが、連作すると収穫が著しく少なくなるので、二〜三年おきの輪作の必要があります。

インゲンマメの茎は蔓《つる》性のものと、蔓のない直立性のものがあり、蔓性のものは左巻きです。茎の巻き方について「反時計巻き」と表現することがありますが、現代の時計は左、または右巻きの両方が売られているので、適当な呼び方ではありません。

こんなとき、「アサガオ巻き」とか「台風巻き」と表現すると間違いがありません。ことに台風は日本の名物で、気象衛星「ひまわり」で撮った天気図がいつもテレビで放映され、この巻き方は変わることがないので最適でしょう。

## 観察のポイント

インゲンマメの第一葉は対生状につき、長い柄があって托葉《たくよう》は合わさって二枚、葉身は鋭《えい》形で、基部は大きく耳状に出っ張っていますが、斑紋はありません。光周性がないので、冬期以外は露地で、寒中はビニールハウス内でと、年中栽培されて市場に出荷されます。

図②が正しいスケッチで、第一葉が対生状につき、対生葉は単葉ですが、第三葉からは三枚の小葉からなる複葉になっています。図①は、第三葉が二小葉なので誤っています。

図③は、互生になるべき第三葉と第四葉が対生になっているので誤り、図④は、対生状につくはずの第一、第二葉が互生になっていることと、三小葉でなければならない第三葉が二小葉になっているので間違いです。

葉が対生、互生、単葉、複葉と、少しの例外もなく著しく変化していくことが、子どもの興味をそそる要因です。また、それが植物学上で原則的なことであるだけに重要です。

インゲンマメの発芽時の葉は対生状で、第三葉からは三枚からなる複葉に変わっていきます。発芽しはじめの単葉から対生状になるのは「二型遺伝」といって、若さと、若いときだけに働く遺伝子とが重なったときだけに見られる現象であると、ホルモン学者が説明しています。

## 植物の話題

インゲンマメは生物学の研究では大きな功績をもたらしていて、生化学の歴史上、最初に単離された酵素は、このインゲンマメからのウレアーゼ（尿素分解酵素）でした。また、ヒトの血液中の白血球を培養するとき、培地にこのマメから取った成分を加えたところ、白血球が分裂し、その分裂像を見ることによって、ヒトの染色体の構成を比較的簡単に調査することができるようになったといわれています。

インゲンマメの芽の先端は生長ホルモンに敏感なので、ジベレリン処理をすると蔓になって長く伸びます。一株のうちでも、日光を十分に受けると葉は濃緑色で質は厚くなりますが、日陰のものでは大形になって薄く、緑色も淡くなります。

「インゲンマメ」というと、分類学者はフジマメを、生理学者や農学者は本種を指すので、混乱します。

サヤインゲン（大きい方）と分類学者のいうインゲンマメ（フジマメ）

うそっ！ほんと？

# インゲンマメは葉を閉じたり開いたりします

《朝・昼・夕の順に並べられますか？》

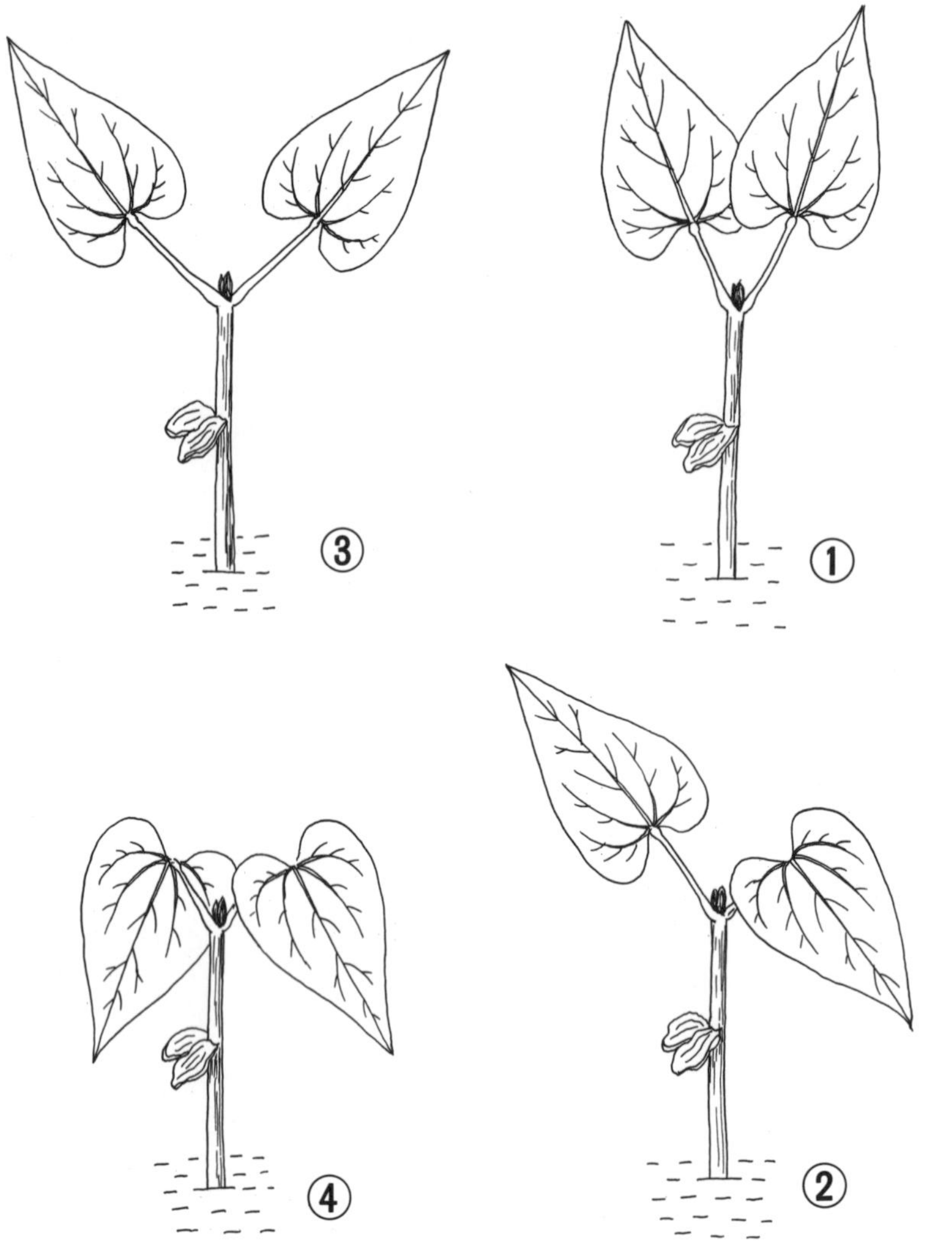


## インゲンマメ㈡

マメ科

インゲンマメは中央アメリカ原産の一年生草本で、一六世紀にヨーロッパへ伝えられ、日本へは江戸時代の初めに隠元禅師が中国からもたらしたといわれ、それが和名になっています。世界中で広く栽培され、マメ類ではダイズ、ナンキンマメに次いで多く、日本では北海道が主産地です。

インゲンマメは古い作物だけに、直立性のもの、蔓《つる》性のものなど、多くの品種があり、変異に富んでいます。また、若い莢《さや》を食べる品種と、完熟した豆を食べる品種があり、若い莢にはビタミン類やたん白質を多く含み、完熟豆には約六〇《パーセント》の糖質と二〇《パーセント》のたん白質を含み、煮豆や餡《あん》などの菓子原料にされます。

### 光に反応して開閉運動

マメ科の植物には葉柄の下端に節があって膨れています。この部分を「葉枕《ようちん》」といい、光と水分量の変化によって葉の開閉運動をするおもしろい性質があります。

インゲンマメの第一葉は、光の強さに対し

## 121　インゲンマメ (2)

てとくに敏感で、各小葉は太陽光を直角に受ける方位に静止しようとします。このとき、体内では主としてどこの部位が働くのでしょうか。

葉枕の組織は、茎や葉柄の中の基本組織である柔細胞の集合体で、この細胞は外部の変化の影響を受けやすく、葉枕ホルモンを作っています。日が適当に当たっているときは、この中に水分がいっぱい入って膨圧が高くなっていて、葉は起きています。ところが、光が弱くなったときは、葉枕ホルモンが少なくなり、葉枕の中の水分の流れがよくなって膨圧が減り、葉は眠った状態になります。

### 観察のポイント

観察しやすいマメ類は、インゲンマメ、ダイズ、クズなどのように大きい葉を持ったもので、一日中光が当たる所に植えつけるとよく観察することができます。そして、曇天の日と晴天の日との姿を比較させてみましょう。

図は夏のよく晴れた登校時、光の強いとき、弱いとき、それに午後四時ごろの姿を描いたものです。

図①は日の強い日中の姿で、強い光を避けて葉を直立させ、植物体の日焼けを防いでいます。図②は光の弱いときの日中で、そんなときでも、太陽のエネルギーを取り入れて最大の同化効率を上げようと、光に対して直角に葉を広げています。図③は朝の姿で、弱い日光をいっそう有効にする適応の現れといえましょう。図④は夕方の姿で、眠っている状態です。

それで、問題の順序は図③→①→②→④です。

図①のような状態や、山麓に生えたクズの葉が立ち上がって白い葉裏が見えるようなときは、気温がかなり高くなっているので、上着を脱ぐときです。学校ではそのような体験を通して、気温を体感できるよう生活指導がなされています。

### 畝を高くするのがコツ

マメ類は根に根瘤《こんりゅう》バクテリアが共生しているので、砂の混じった水はけのよい土質を選び、畝《うね》を高くして株間を離し、一粒ずつ蒔《ま》きます。水分の多い所や、粘質の土では、より高い畝にして畝間を広く取らないと、十分に育たず、収穫を得ることができないうえ、観察もしにくくなります。生育のよいものほど結果がはっきり出るので、興味深く観察することができます。インゲンマメはあまり窒素肥料が多すぎると、蔓ばかり伸びて結実しないので、施肥には注意を要します。

### 植物の話題

蔓性のインゲンマメの蔓を、支柱へ直立にくくりつけるか、左巻きの蔓を無理に右巻きに巻き替えてくくりつけていくと、ホルモンの一種のエチレンが生じて、収穫を一・八倍に上げたという記録があります。

このような記録時には、左巻きの標準型も同時に栽培し、巻き方を替えたものと、収穫量、その他について比較する必要があります。できれば数本ずつ植えるのが望ましいです。

その他は一一八ページを見てください。

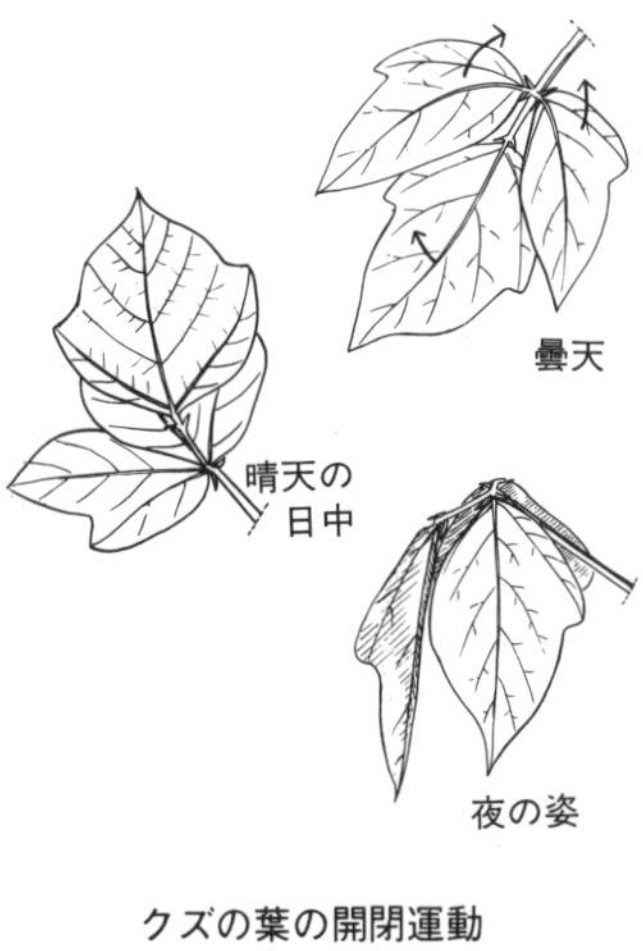


クズの葉の開閉運動

うそっ！ほんと？

# 桜切る馬鹿、梅切らぬ馬鹿？

《来春花が期待できるのは何番？》

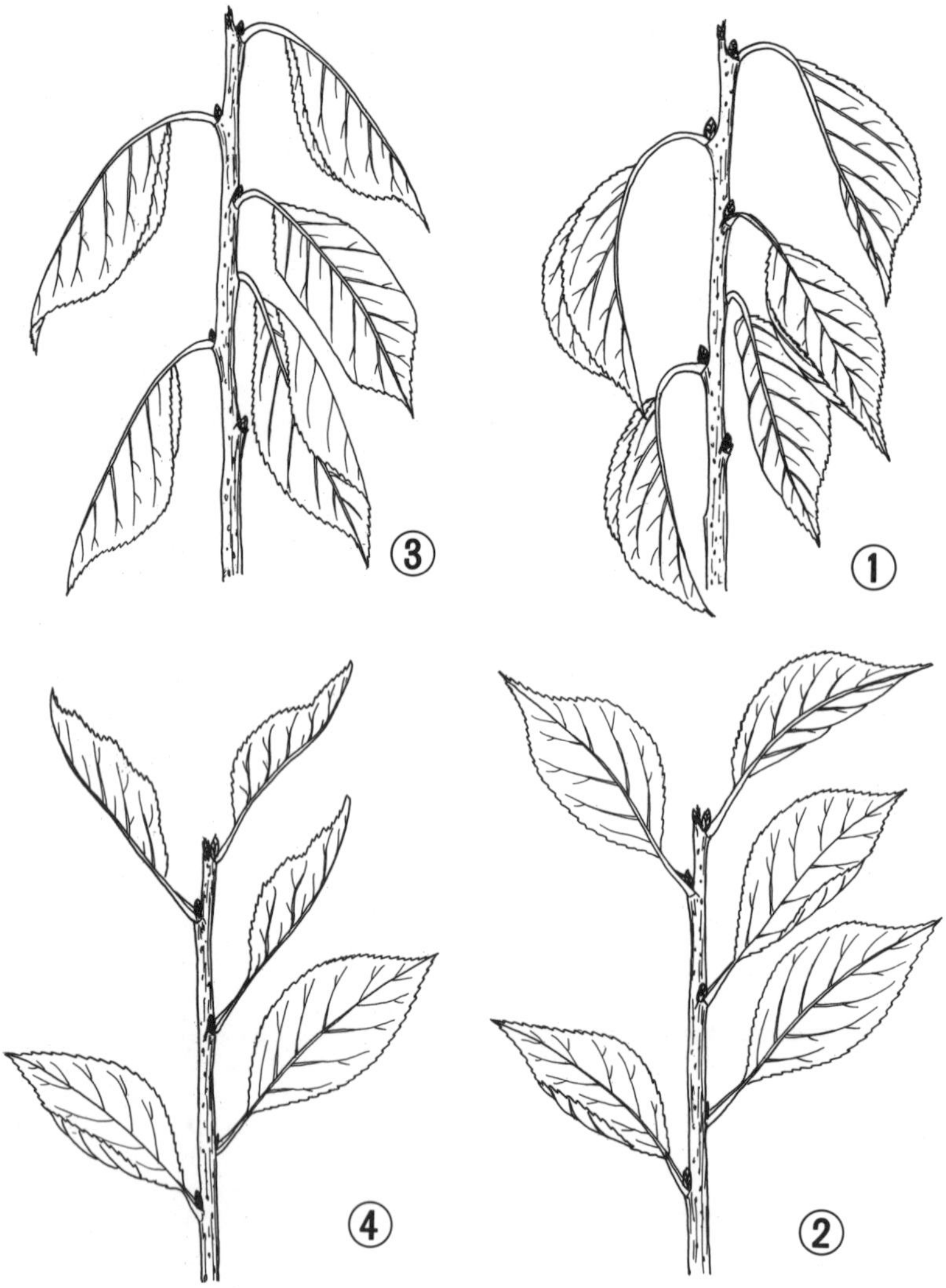


## ウメ

バラ科

ウメは「花の兄」といわれるように、年が明けて最初に咲く花です。品種によって花の咲く時期が多少異なりますが、「梅一輪　一輪ほどの　暖かさ」の句があるように、一～二か月にわたって一輪ずつ蕾《つぼみ》がほころびていきます。

三寒四温の冬の気候に合わせて、暖かい日に咲いた花にはメジロやハナアブが訪れ、結実が約束されます。サクラのように木全体がいっときに花開いたら、どのようになるでしょうか。もし、そのときに寒波がやって来たら、鳥や虫も来ないし、おしべやめしべも寒さで傷み、子孫を残すことができません。ウメが一輪ずつ咲いていくのは、寒さに対する適応なのです。

### 短枝に花蕾をつける

ウメを栽培すると、徒長枝がどんどん伸びていきます。そして思い浮かぶのは、「桜切る馬鹿、梅切らぬ馬鹿」の諺《ことわざ》です。この諺が普及しすぎたのか、ウメの徒長枝には花がつかないことから、たいてい根元で切られてしまいます。すると、翌年はもっと長い徒長枝が出て、いくら切り返しても花は咲きません。徒長枝は三分の一程度を残して切り、小枝(短枝)を出させるように作らないと、花はつかないのです。

ウメは枝の先端が短い刺となって生長を止めるので、頂芽はできません。

徒長枝が緑色のものは白梅系統、茶褐色の枝は紅梅系統の花をつけます。

ウメは早春に開花し、香りがよいことが特徴で、そのうちでも白花一重咲きは香りが高く、ことに夕方が最高です。

## 観察のポイント

ウメは短枝に花蕾《からい》をつけます。花芽の分化期は夏で、そのときに水分が少なくて日照時間が多いと、夏の終わりごろから葉が内側に巻いて下垂ぎみになり、葉の表面に光沢が出てきます。こういう状態になると、翌年は花が咲いて実がなるであろうと予想できるのです。

いずれも初秋のスケッチです。図①は、日照を十分に受けて花芽ができ、葉縁がわずかに上向したときの姿で、秋にはもっと葉が巻きます。腋芽《えきが》も太り気味で、花が約束されています。図③は、葉裏にアブラムシが発生したもので、被害が甚大になると葉が萎縮して小さくなり、いじけてきます。これぐらいだと被害の初期です。図②のような状態では、ほとんど花蕾をつけません。また、図④は若枝の徒長枝で、花蕾は期待できません。

なお、幹に点在する丸い小さい白点は皮目《ひもく》で、ここで呼吸をしています。

## 春先の寒風を避けて

ウメを植えるときは、日当たりのよいわずかな傾斜地で、強い風が当たらない所、ことに春先の寒風を防げる所を選ぶことが大切です。したがって、地下水の高い平地では結実は望めません。

春によくアブラムシがつき、葉を萎縮させるので、駆除に努めます。

ウメは自花不和合の性質が強いので、実を得たいときは、二本以上植える必要があります。

## 植物の話題

ウメは中国原産の落葉小高木です。奈良時代以前に遣隋使か遣唐使によってわが国に持ち込まれ、舶来品賞賛趣味と相まって、貴族を中心に愛好されました。

古代、ウメは実本位でしたが、その後は花を観賞する風潮に変わっていきました。皇居紫宸殿《ししんでん》の前庭には「左近の梅」が植えられ、花といえばウメというように、大宮人はその気品あふれる花をほめたたえ、『万葉集』ではウメは一一八首も詠まれ、ハギに次いで二番目に多く登場します。その後、天徳四年(九四〇年)の皇居炎上とともに焼失し、「左近の桜」に植え替えられて今日に至っています。

一九世紀初頭に著された『本草綱目啓蒙《ほんぞうこうもくけいもう》』には、ウメの品種三百余と出ていて、名実ともに日本の花木となっています。また、シーボルトのつけた学名も、「プルヌス・ムメ」で、いまでは世界中の人びとが、ウメは日本の原産だと思っているほどです。

ところが、東アジアでは人気のウメも、欧米ではあまり注目されていません。国民性による好みの違いでしょうか、おもしろいことです。

近年、ウメの栽培がさかんになり、梅干しが見直されています。梅干しに含まれるクエン酸には、疲労回復や老化防止の効果があり、食品の防腐にも優れているからです。

うそっ!ほんと?

# オミナエシの下葉はいろいろな形をしています

《正しいスケッチは何番?》

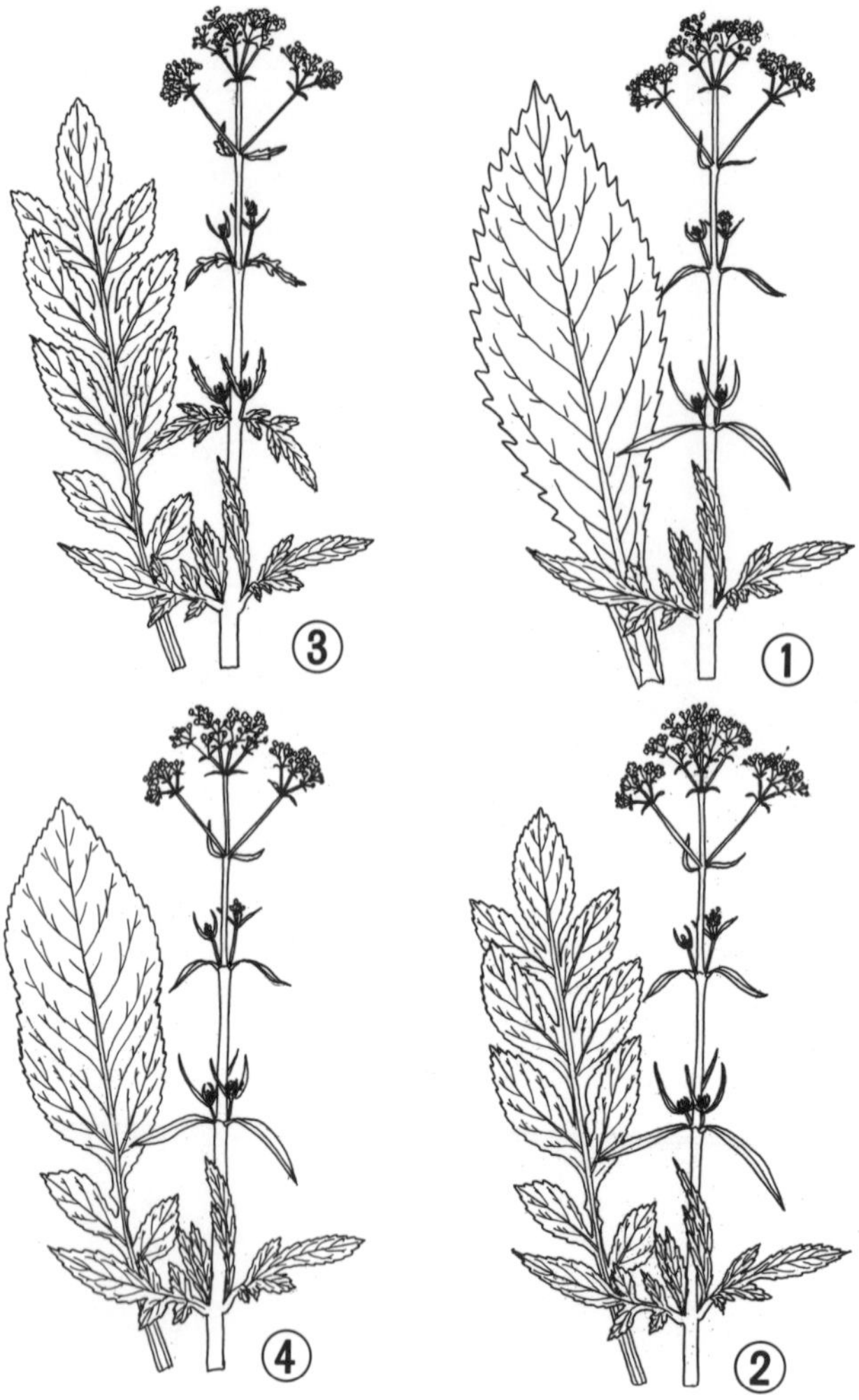


## オミナエシ

オミナエシ科

アワ粒を集めたような花を咲かせるオミナエシは、秋の七草の一種としてよく知られ、ススキやキキョウなどとともに、繊細な風情で秋の野を彩っています。『万葉集』には山上憶良の有名な秋の七草の歌のほか、一〇首以上にオミナエシが詠まれています。

オミナエシの細い茎は一メートルにもなりますが、必ず直立していて、曲がるなどということの嫌いな草本です。黄金色の小さな花が一面に咲いて、花軸から花梗《かこう》、おしべ、めしべまでが黄金色に染まって、じつに印象的です。風が吹くと、すんなりと伸びた草全体が揺れ動くので、いっそう優雅に見えます。

それに対して、白い花をつける近縁のオトコエシは、オミナエシに比べると花軸も太く、何となくゴツゴツとして、デリケートさを感じません。やはり名前のとおり男性的で、あまりたおやかな風情とはいえません。そのせいか、オミナエシの方はよく生け花に利用されますが、頑強なオトコエシを生けたものは見たことがありません。

## 五裂の花冠に四本のおしべ

オミナエシは日当たりのよい乾いた草原に生え、秋に茎の先端が細かく枝分かれして、黄金色の花をたくさんつけます。萼片《がくへん》は、花が終わってから発達して刺毛状になり、深く切れ込んで五～一五片に分かれます。花冠は五裂しますが、おしべは四本と異例な数です。子房は下位で、三室からなり、そのうちの一室だけが実を結びます。これらの特徴は、オトコエシでも同様です。

## 観察のポイント

夏の山はオミナエシの花には少し早いようで、地にへばりついて開花の準備中といったところです。

オミナエシの葉は「頭大羽裂《とうだいうれつ》」といって、先端の裂片が最も大きく、基部にいくにしたがって裂片が小さくなっています。図③は下葉の欠刻《けっこく》が深く、一枚の上部ほど裂片が大きくなっています。また、節ぶしの葉や苞葉のすべてに欠刻がついている典型的なタイプです。図②は、苞葉《ほうよう》が欠刻のない丸葉になっていますが、株によってこのようなものもあります。

図①の下葉は、花のない前年の新苗の葉のようですし、図④は、新苗からの移行型のようで、ともに花期の葉ではないように思えます。しかし、多くの株を見ると、下部の三節目ぐらいまでは、図の①から④までのどのタイプの葉もついているので、すべてがオミナエシの花期の正しい図といえます。

## 夏の摘芯がコツ

オミナエシは見た感じから受けるイメージよりもずっと丈夫な草で、栽培も容易です。植えつけは春先がよく、株分けや挿し芽、実《み》生《しょう》でもよくふえます。七～八月に摘芯《てきしん》すると、たくさんの枝が出て株立ちになり、低い丈で咲かせることができます。

## 植物の話題

オミナエシを生け花にすると、水に浸った茎葉は、二～三日すると腐って悪臭を放ちます。そんなところから、漢名は醤油《しょうゆ》の腐ったものという意味の「敗醤」が、オトコエシとともに当てられています。それで、生け花にしたときは、毎日水を変え、株元を切って生け替える必要があります。このとき、花器の中に漂白剤を二、三滴落とすとよいでしょう。

オミナエシの語源は、漢名の「黄（ウォン）如（ナ）稗（べ）子（シ）」が縮まったものという説、白米を男飯《おとこめし》というのに対して、黄色い小花を粟飯《あわめし》にたとえて、女が食べる飯の意味の「女飯《おんなめし》」が転じたものという説などがあり、「アワバナ（粟花）」の名は、いまも全国的に分布しています。やさしげな風情を美女にたとえて、「女郎花」の和漢名がよく使われています。

オミナエシとオトコエシはともに多年生草本で、オミナエシは秋に親株のすぐ横に数株の新苗を作りますが、オトコエシは長い匍匐《ほふく》茎を何本も出して、その先に新苗をつけます。オトコエシの新苗は、発根すると匍匐茎は枯れるので、それが確実に地面につく林縁や道端などに生え、草むらを好むオミナエシとは、生活の場を異にしています。

近似種のハクサンオミナエシは、山草愛好家がよく栽培します。枝の一方に短い毛が密生する縦線があり、下の方の茎は直立して無毛ですが、上部には短い毛が二筋生えているので、すぐ区別できます。観察眼を伸ばす材料としておもしろい植物です。

うそっ！ほんと？

# カイヅカの葉には鱗片葉と針葉とがあります

《正しいカイヅカの葉は何番？》

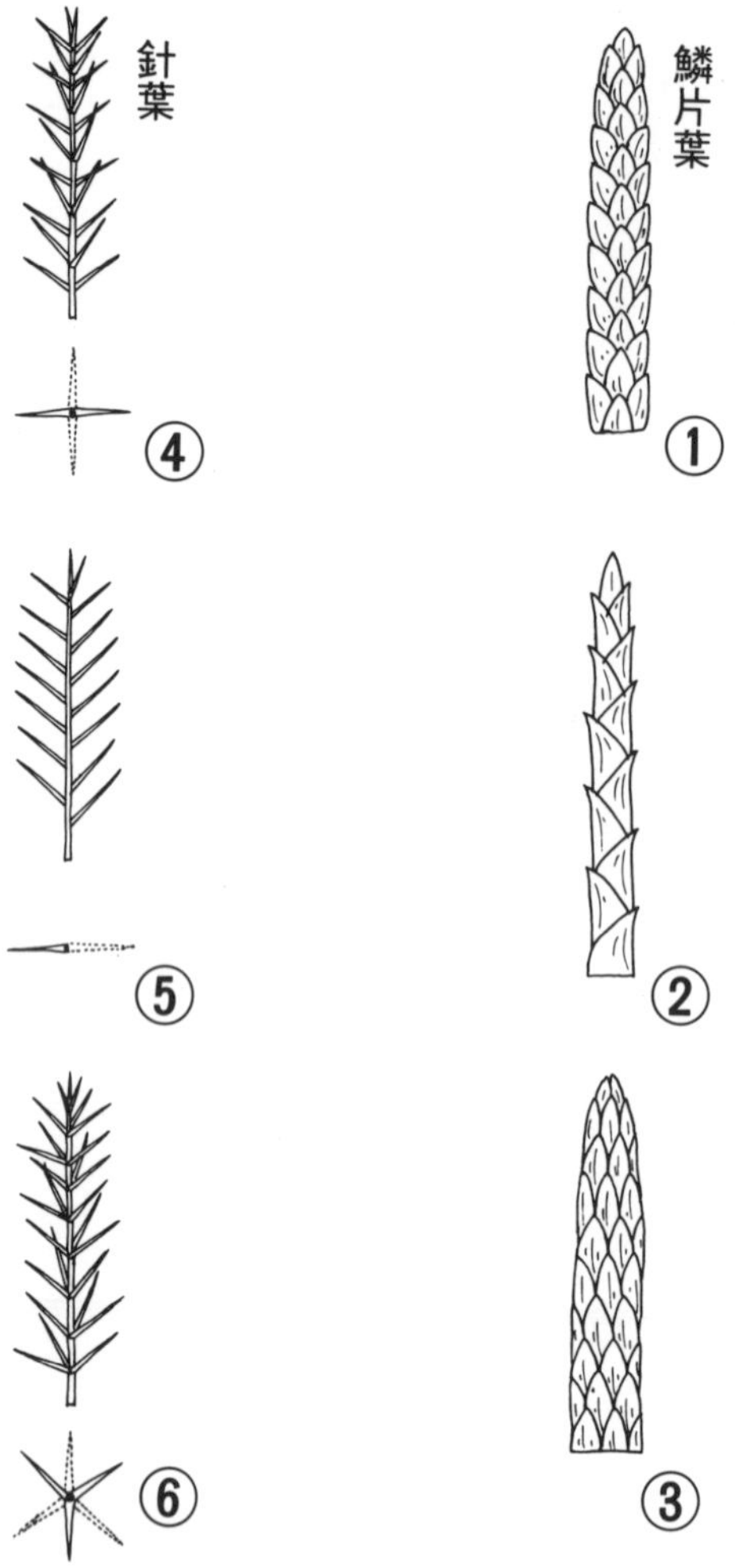


## カイヅカ （カイヅカイブキ） ヒノキ科

カイヅカはイブキ（ビャクシン）の園芸品種で、鮮緑色の鱗片《りんぺん》状の美しい葉を持ち、挿し木で容易に活着することから、今日のように広く栽培されるようになりました。ちょうど心理学者推奨のグリーンと緑化運動とがマッチして、一大流行を見ました。

カイヅカの母種のイブキは、太平洋側の海岸の砂地に生える常緑小高木で、ときに一〇メートルを超える大木になります。葉は針葉と鱗片葉の二型があって、若いときは針葉ですが、老木になると鱗片葉ばかりになります。

前川文夫博士の説によると、大昔、土器で作った甑《こしき》の穴からコメやアワが漏れ落ちるのを防ぎ、また、蒸気だけは通るように、イブキの柔らかい枝葉をパッキングとして用いたので「息吹き」の意味で、湯気や蒸気と結びついての語源だそうです。いうなれば、イブキは大昔の台所の必需品だったのです。

### 反向日性を示す木

カイヅカは樹形が尖塔形となり、若い枝の鱗片葉が鮮緑色で美しく、先端がねじれて北を指します。いわゆる反向日性を示す木ですが、イブキの枝はねじれません。

　カイヅカの若枝が北を指して伸びるのは、植物ホルモンのオーキシンが多く含まれているからで、オーキシンは濃すぎるとかえって伸長を抑えてしまいますが、日の当たる側から当たらない側に移動して適当な濃度となり、細胞壁の伸長を促すので、先が北を指すことになります。一般の植物で、根が背日性を示す原理とまったく同じです。

　カイヅカやイブキは通常の葉はなく、若い茎の突起が葉に代わって光合成をします。俗に「葉」といわれるものには二つの型があって、鱗片状のものと針状のものとがあります。

## 観察のポイント

　カイヅカは幼樹と老樹とでは、まったく形態を異にしています。発芽したばかりの株や、剪定《せんてい》して若芽を出した枝には、スギのような針葉が対生、あるいは三輪生してつきます。それらが交互につくので、全体として見ると針状の葉が四列、あるいは六列になって並び、硬くて痛いのでとてもつかめません。

　ところが、年を取ってくると、葉の形がまったく変わってしまいます。長さはずっと短くなり、先端の尖《とが》りが影をひそめて鱗片状になり、茎にぴったりとくっついてしまうので、茎は一本のしなやかな棒のようになります。

　図①は、鱗片葉が相対してつくので老木の枝、図④は針葉が対生、図⑥は三枚が輪生するので、ともに若い木の枝で正しい図です。図②、図③のように鱗片葉が互生、または輪生したり、図⑤のように針葉が互生したりするようなことはありません。

## 排水のよい所に

　カイヅカは垣根によく植えられます。排水のよい花崗岩質の土壌に生育し、とくに関西では自然形にむくむくと育ったりっぱな植栽が多く見られますが、どういうわけか、関東や九州に植えると、この美しさはなくなってしまいます。

　生け垣に植えたカイヅカのうちの一本が枯れたとき、補植してもなかなかうまく育ちません。それは植え替えによって新しい根の先端にネマトーダ（線虫類）がつくためです。そんなときは元気な苗を鉢植えのまま補植し、安定してから鉢を割って根を傷つけないようにすれば、よく活着します。

　垣根に植えたときは上部の徒長枝を気をつけて剪定し、下枝は絶対に切らないことが、美しい生け垣を作るコツです。

　カイヅカの繁殖は、挿し木でします。挿し穂を取る親木は、七～八年生までのものでないと、うまく根づきません。

## 植物の話題

　カイヅカは若木や、剪定して新しい芽が出ると針葉になり、古枝では鱗片葉になります。この針葉になるのは二型遺伝によるもので、若さと、若いときだけ働く遺伝子が重なったときに、初めて針葉になるのだといわれています。

　針葉は原始的で、発芽時のままの形で、同じ木では下部の枝によく出るし、樹勢が弱ると出やすくなります。ちなみに、イブキは直立した枝に針葉が出ます。

　ナシやリンゴの果樹の病気に、赤星病があります。葉の表面に赤い星状の斑点を生じるもので、この病菌の冬胞子の中間宿主が、イブキやカイヅカなどです。だから、これらの果樹の近くにカイヅカを植えないことや、冬にカイヅカの消毒をして、病気を防ぐ必要があります。

うそっ！ほんと？

# カロリナポプラの葉はかすかな風にも神経質に反応します

《正しいスケッチは何番？》

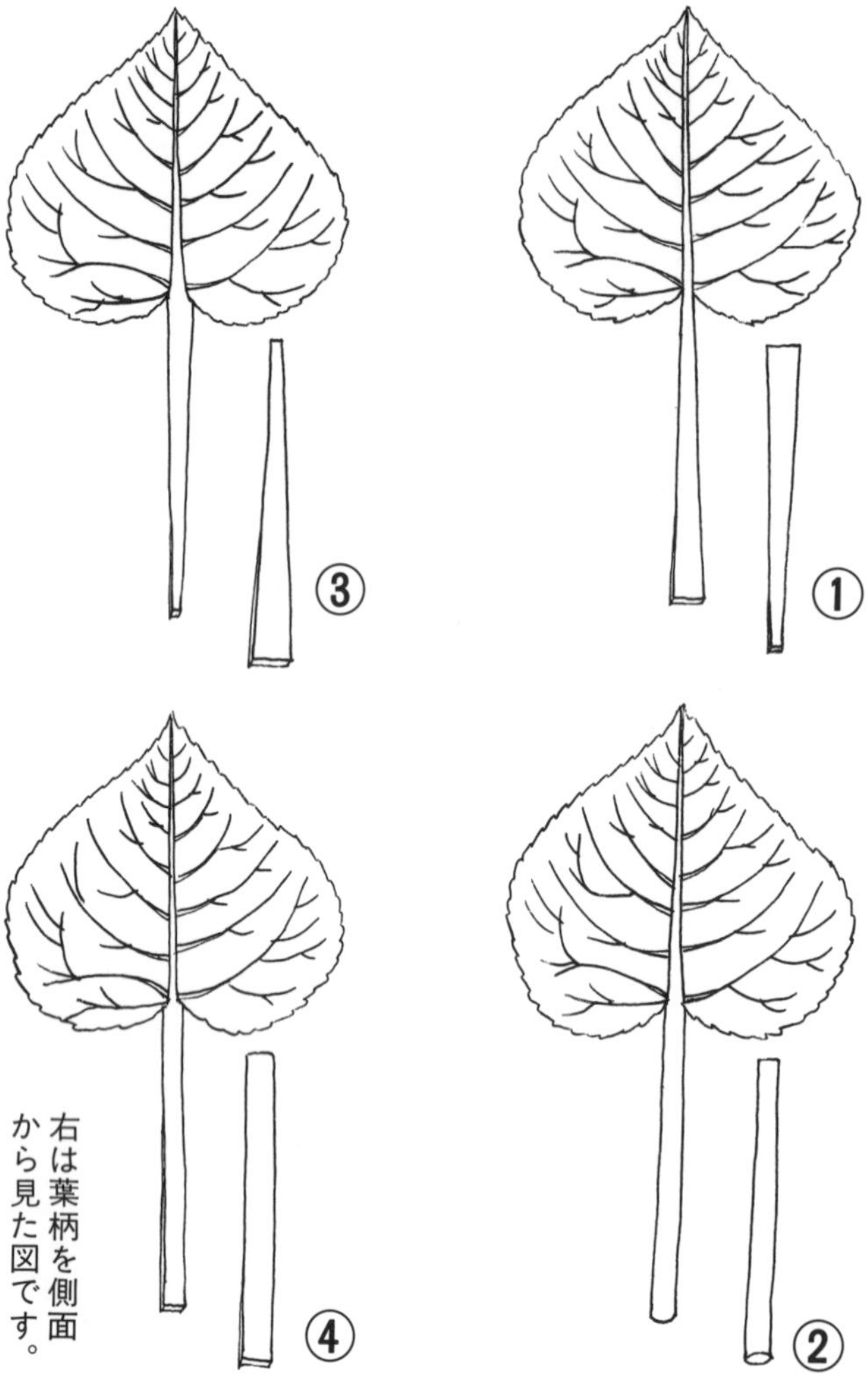


## カロリナポプラ

ヤナギ科

神戸市の背山である六甲山は、千メートル近い山で、海辺から屏風《びょうぶ》のように高くそびえ立っているので、神戸は日本中のどこよりも夕凪《ゆうなぎ》の顕著な所として知られています。

その町の街路には六十余種類の木々が植え込まれていますが、夕方になるとすべての街路樹の葉はピタリと静止し、海では背の青いイワシやアジなどが酸素不足で空中に飛び跳ね、キンギョは水面でアップアップします。

ところが、風もないはずなのに、カロリナポプラの葉だけがひらひらと揺れて、涼しさを感じさせてくれます。かすかな風をも感じる神経質な木であり、見る人の心に安らぎを与えてくれるさわやかな木でもあるので、神戸っ子の人気者です。

### 扁平な葉柄が特徴

カロリナポプラの葉が微風にもよくそよぐのは、葉柄に仕掛けがあるからです。というのは、長い葉柄が葉面と直角に扁平で、上下と左右の二方向に位置を変えて平たくなっているからで、セイヨウハコヤナギやヤマナラ

## 129 カロリナポプラ

シでも見られますが、カロリナポプラは葉柄がとくに長いので、観察に適しています。さらに、葉身が大きくて適当に重いことが、いっそう動きを神経質にしていて、左右にひらひらと揺れた葉どうしが触れ合って、さらさらという葉擦れの音が、涼しさを誘います。

### 観察のポイント

カロリナポプラは萌芽力が強く、剪定すると徒長枝が三メートル以上も伸びます。枝には著しい稜角があるのが特徴で、伸びていくにしたがって、葉もどんどん大きくなっていきます。葉柄を下から上へなでてみると、二方向に扁平になっていることがよくわかります。

図①が正しいスケッチで、葉柄を正面とその右側面から見た図です。すなわち、平たい面が二方向に存在しているのです。

図③は図①を逆にしたもの、図②は葉柄の丸いもの、図④は葉柄が全面的に平たいもので、どれもひらひらした揺れ方はしません。

### 挿し木で簡単にふえる

春、四月ごろにカロリナポプラの一年生の小枝を直角に一〇～二〇センチに切って、土中に五～六センチ挿しておくと、灌水《かんすい》をしなくても、一〇〇パーセント活着します。ただ、あまり早く二～三月に挿し木したり、肥料分が多すぎると、活着が悪くなります。苗の生長はとても早く、また、切り株や根からもよく芽を出して繁殖しますが、ポプラ類は高木になるので、庭木には適しません。

一般にポプラ類の根は浅く、台風時に倒れやすいので、被害を防ぐためにも、八月中旬に枝の間引きや、徒長枝の剪定《せんてい》をすることが望ましいといえます。

### 植物の話題

ポプラの仲間は雌雄異株の落葉高木で、北アメリカ原産のカロリナポプラは、明治初年にわが国に渡来し、街路樹や公園樹としてよく植えられています。

早春、葉に先だって雌雄の株とも長さ五～七センチの赤い尾状花序を下垂させますが、あまりにも高い所で咲くので、気づく人はほとんどいません。

五月ごろ、雌株は結実すると、いわゆる「柳《りゅう》絮《じょ》」と呼ばれる、綿毛をいっぱいつけた種を雪のように飛散させます。おびただしいときは、自動車のフロントガラス一面にへばりつくようなことがあって苦情が絶えず、消防署ではポンプ車を出動させて種毛を打ち落とす騒ぎになります。したがって、街路のような交通の妨害になる所では、断然雄株を植えるのが望ましいといえます。

雄株は雌株に比べると、芽吹くのが一か月ぐらいも遅れます。さわやかな初夏に、雌の木は緑の葉をそよそよと風になびかせているのに、雄の方は裸のままで突っ立っているといった光景がよく見られます。

「ポプラ」というのは、ヤマナラシ属の総称で、一般にはセイヨウハコヤナギ、カロリナポプラ、アメリカヤマナラシ、ギンドロなどを指します。セイヨウハコヤナギは雌雄の株で樹形が異なります。北海道大学の有名なポプラ並木はその雄株で、竹ぼうきを立てたような円柱形のスマートな樹形が人気です。

セイヨウハコヤナギの葉は、枝に密集してつくので、幹に近い内側につく葉は、日光がよく当たらないために、外側の葉に比べて、早く黄葉します。この現象は街路樹でよく見られ、夜も街灯やビル明かりなどで照らされている部分は、そうでない所と比べると、黄葉や落葉が遅くなります。

関西では暑さに強いカロリナポプラがよく植えられています。

# うそっ！ほんと？ クヌギは冬でも枯れ葉をつけたままです

《一～二月ころの正しいスケッチは何番？》

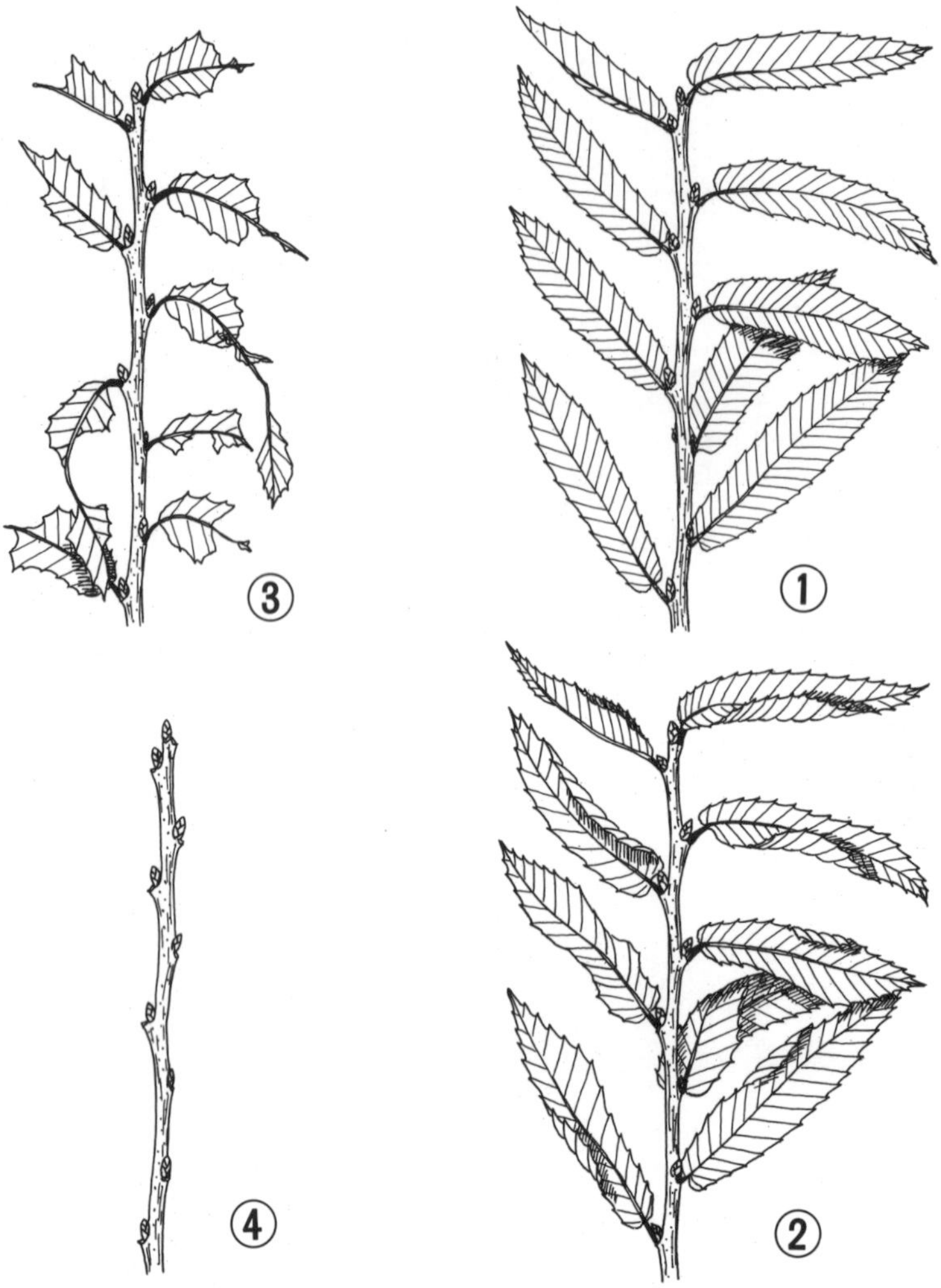


## クヌギ

ブナ科

子どものころ、小さい丘を越えて隣村へよく使いに行かされました。その途中はクヌギやアベマキなどが生えた雑木林を通らなくてはなりませんでした。

晩秋から早春まで、ふつうの落葉樹はすっかり葉を落として裸になりますが、ブナ科のクヌギやアベマキ、コナラ、クリ、カシワ、ナラガシワ、クスノキ科のヤマコウバシなどは、落葉せずに枯れた葉が枝についたままです。それらが寒風にざわめいて、いっそう淋しくというか、恐ろしささえ感じたものでした。

### 離層ができないために

丘を形作る雑木類は、多湿とか乾燥、粘土地とか砂地などといった特別の条件の所ではなく、ごくふつうの土壌に生えています。

クヌギやアベマキなどの木々は、長い冬の間、枯れ葉をつけたままでしたが、春一番が吹き荒れるころ、その強い風にあおられて、その葉を持ちこたえることができずに、葉柄から飛散させる木もあれば、萌芽するまでつけている木もあります。

カシワやナラガシワ、クリなどは枝が太い方ですが、ヤマコウバシやコナラなどの枝は多くが細いものです。こうした枝の細いとか太いといった条件と、この落葉のしかたとは関係がないようです。ふつうの落葉樹は、秋になると葉柄のつけねに離層ができるので、サラリと葉を落とすことができますが、これらの木々は、離層が形成されないので、うまく落葉することができないのです。

冬に梢《こずえ》についたままの枯れ葉を観察すると、葉柄と中央脈の基部に緑色が残っているのがわかります。

## もともとは南方系の植物

離層のできない木々は、ブナ科やクスノキ科などの南方系の植物に多いようです。高くそびえた梢の葉は、強い寒風によって、葉柄のあたりから飛ばされてしまいますが、風当たりの少ない枝の下の方では、なかなか木から離れません。関西の雑木林では、半分ぐらいがこんな状態で冬を越しています。

落葉樹でありながら離層ができないということは、これらがもともと暖地性の植物で、寒地の日本に生育するようになってから間がないとしか考えられません。おそらく氷河の退却時に海が干上がり、南方からナウマンゾウやアカシゾウが陸伝いにやって来た際に、ヒマラヤ系の植物もともに北上して、日本の暖地に生育するようになったのでしょう。

しかし、その後、冬の寒気に襲われたときに、これらの木々は離層を形成する性質を身につけていなかったので、上手に葉を落とすことができなかったのでしょう。これらの分布を見ても、日本とヒマラヤの植物に共通種があることなどを考え合わせて、十分に理解できると思います。

生物は環境に適応するなどとよくいわれ、適応性は種類によって遅速もあるかと思われますが、ブナ科やクスノキ科の植物を見ると、適応ということがそう簡単に行われるものでないということを物語っているようです。

## 観察のポイント

図②が正しいスケッチで、二月中旬現在、離層ができないために葉は枯れて巻いたまま枝につき、一枚も落葉していません。図④は、強い北風にあおられて葉柄から飛び散ってしまい、芽だけが残ったもの、図①は初夏から夏の状態、図③は、四月上旬に寒風の強い力によって葉身がむしりとられたものです。

## 植物の話題

冬に枯れた葉を落とさないブナ科の植物では、クリを除いてすべてが食べられない実をつけるドングリの仲間です。クヌギやアベマキのように二年で実が成熟するものと、コナラやカシワ、ナラガシワのように開花した年の秋に実ができるものとがあります。これらは晩秋の寒さに会うと紅葉し、ことにコナラやヤマコウバシはみごとです。

これらの木々の仲間はすべて葉肉が厚く、鉢物栽培時の腐葉土としては、最も優秀な有機物の供給源となります。

クヌギの仲間が生えている雑木林の中を散歩すると、クヌギやアベマキ、カシワなどの荒くひび割れした木肌と太い枝、クリの黒い肌、コナラの白い肌と細い枝、ヤマコウバシの滑らかな肌や小枝が横に広がる様子など、おもしろい観察ができます。

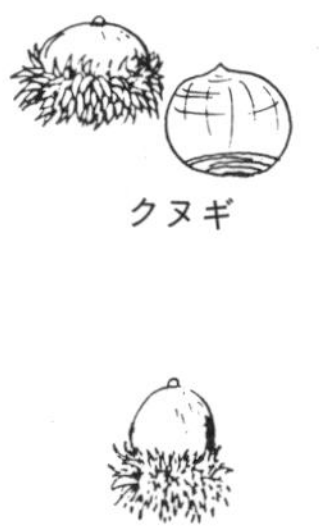

クヌギとアベマキのドングリ

うそっ！ほんと？

# ケンポナシの葉はコクサギ型葉序です

《正しいスケッチは何番？》

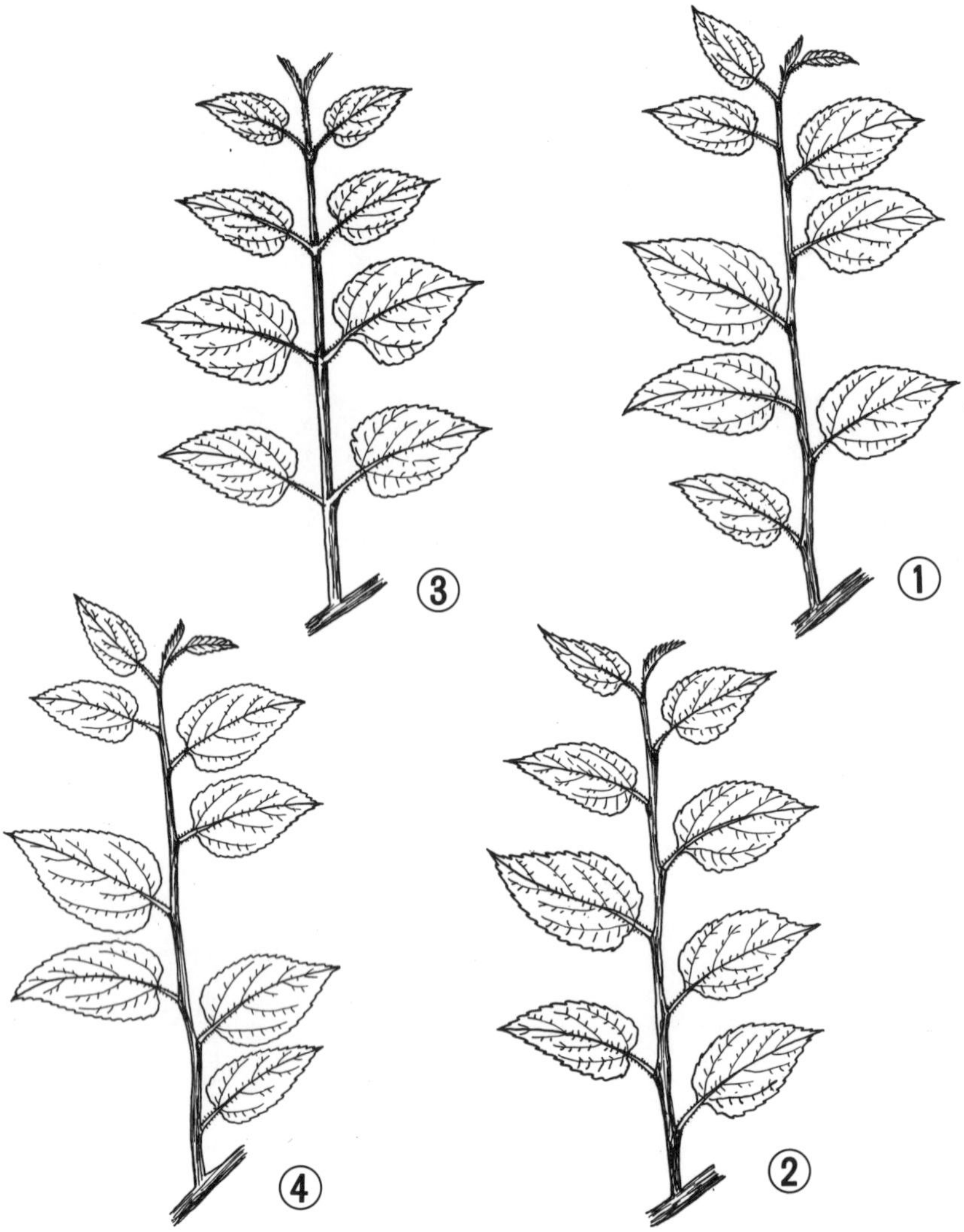


## ケンポナシ

クロウメモドキ科

遠い昔の子どものころ、村祭りのときにケンポナシを売っていて、それを買うのが楽しみの一つでした。ナシのような味がして甘く、ちょっと口に渋味が残りました。

いまも山麓を歩くとき、赤黒く熟して落ちたケンポナシの果軸や、黄ばんだ落ち葉を踏むと、少年時代を思い出します。

### 葉は二枚ずつ互生に

ケンポナシは山麓の浅い谷に沿った雑木林によく自生し、人里近くに多い落葉高木です。葉はカキによく似ていますが、基部の三脈がよく目立ち、枝に二枚ずつ交互につきます。

夏、小枝の先に散房花序を出し、淡緑色の小さな花をたくさん咲かせます。萼《がく》、花びら、おしべとも五個で、花びらは突き出たおしべを包んでいます。

### 観察のポイント

ケンポナシの枝の中央部を見ると、葉が二枚ずつ続いて交互についています。こういう葉のつき方を、前川文夫博士は「コクサギ型葉序」と名づけられました。不思議なことに、主軸から葉を出すとき、二枚ほどは一枚ずつ互生し、それから先は二枚ずつ交互につきます。すなわち、右へ二枚、左へ二枚というように繰り返すのです。このコクサギ型の葉序も、後には互生へと移行していくとのことで、正しいのは図①です。

そう思って観察すると、初めの二枚は互生しますが、そのうちにもとのコクサギ型葉序に戻っていきます。ちょうど私たちが人前に出たとき、初めのうちは行儀よくしていますが、しばらくすると日常のくせが出てくるのとよく似ています。

このような葉序を持つものには、コクサギ（ミカン科）、ヨコグラノキ、ネコノチチ（ともにクロウメモドキ科）、サルスベリ（ミソハギ科）、ヤブニッケイ（クスノキ科）などがあり、系統的なものではなさそうです。

下の図Kは、前川先生の図を模写したものです。右から輪生（1・2）、対生（3）、さらに互生（5）へと変わっていく様子を示しました。対生から互生の間に、コクサギ型葉序（4）が入ります（葉序の進化については、『ほんとの植物観察2』の一六一ページ「ヤマコウバシ」の項も参照してください）。

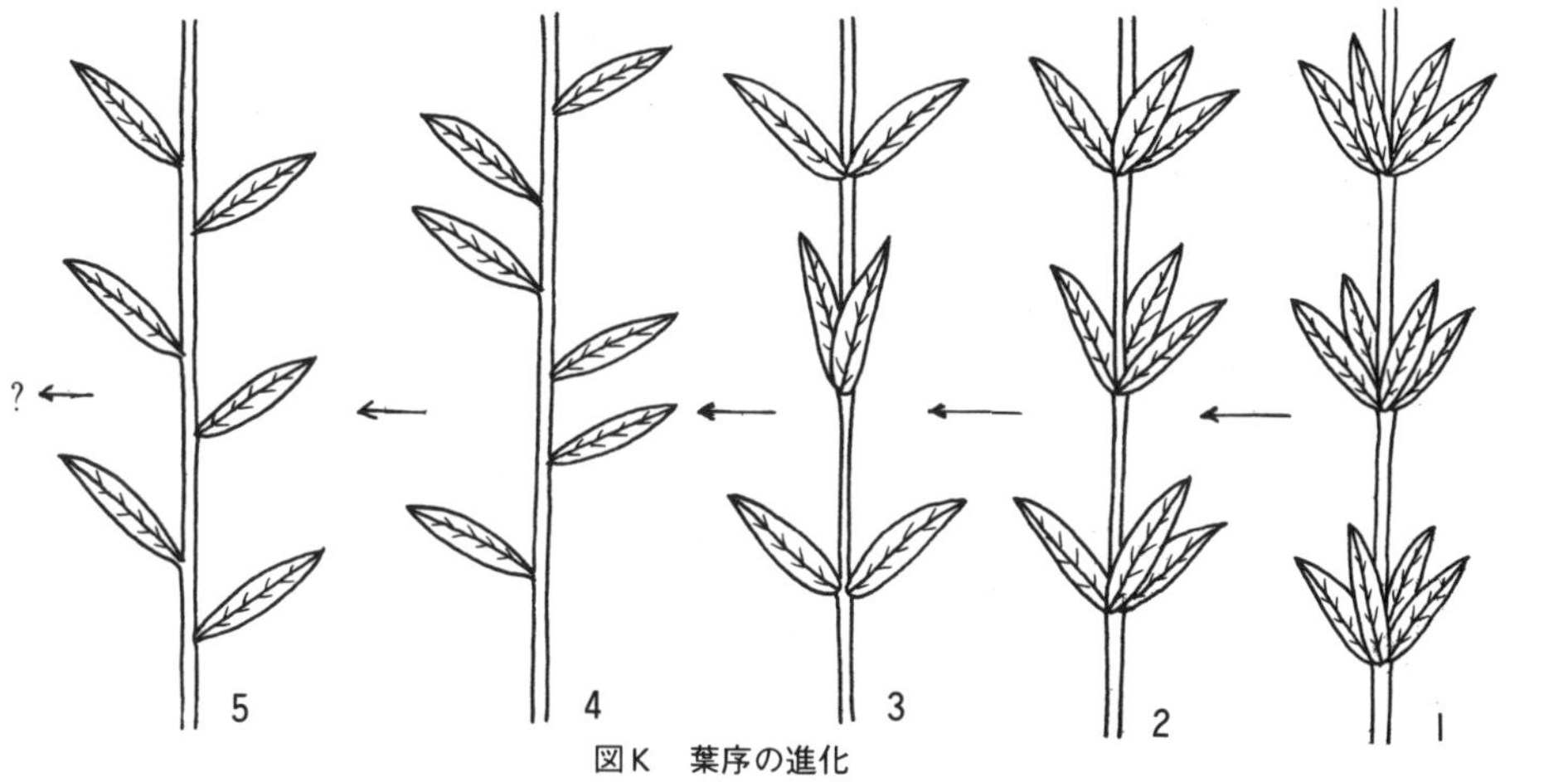


図K　葉序の進化

## 植物の話題

ケンポナシの食用部分は、果軸が肥大して肉質化したもので、食べると甘く、広い意味での実であろうと思われます。実というものはすべて花より上の部分が膨れたものですが、花より下の花軸が膨れたケンポナシも「実」といいます。花が受精し、のちに花軸が膨れて秋の末に赤褐色になり、甘く熟します。

左の図は膨れた果軸で、先端の丸いのが本当の実です。果皮は薄く、中に真っ黒で光沢のある種が三個入っています。食用部はタンニンを多く含み、酒を飲んだあとに食べると早く酔いが覚めるとか、酒盛りに先だって、それをしゃぶると悪酔いしないということで、農山村の人びとにとっては身近な植物の一つでした。今日では甘い菓子類のはんらんで、このような素朴なものは、ほとんど食べられなくなりました。

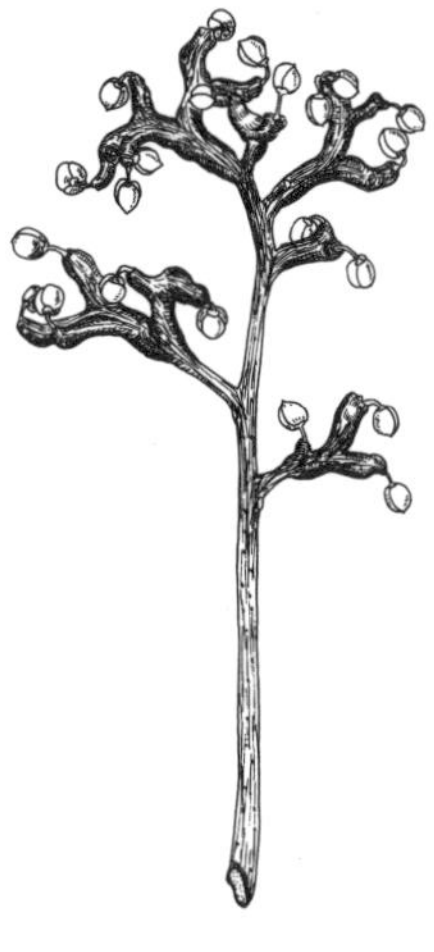

うそっ！ほんと？

# コダカラベンケイは傷つくほど子苗が育ちます

《子苗がたくさんできる順に並べられますか？》

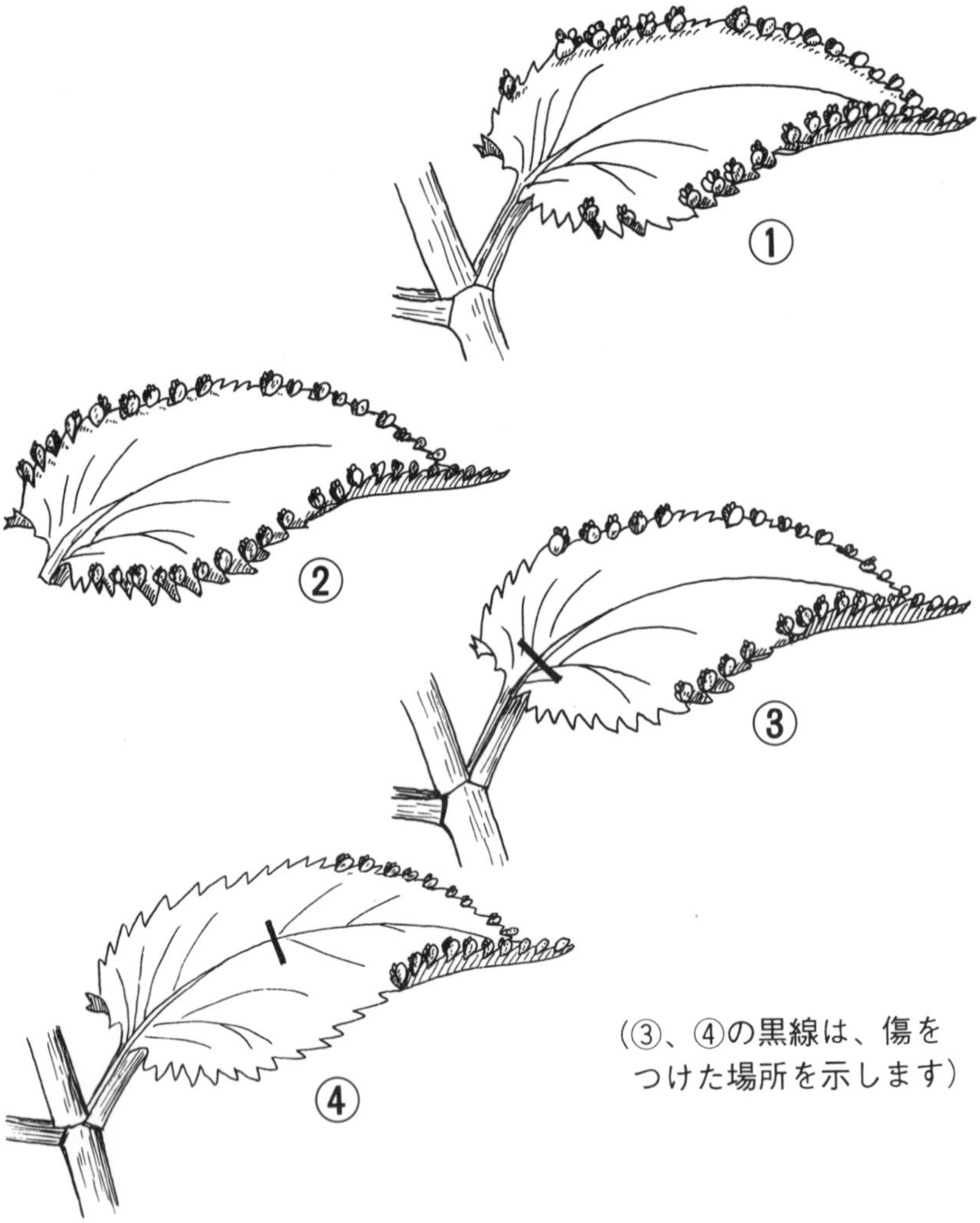


（③、④の黒線は、傷をつけた場所を示します）

## コダカラベンケイ（シコロベンケイ）

ベンケイソウ科

あらゆる植物のうちで、コダカラベンケイほど葉縁に不定芽（子芽）ができるものは他に見当たりません。一枚の葉に一〇〇個もの子芽ができることさえあり、誰もが異様なまでに関心を持つ植物です。

コダカラベンケイはマダガスカル島の原産で、八〇センチから一メートルの高さになります。葉は長さ約一五センチの長三角形で対生につき、多肉質で、貯水細胞がよく発達していて、若い葉柄には楯《たて》状の付属物がついています。

茎についたまま乾燥すると、葉縁に多くの子芽ができます。それを子宝にたとえたのが、和名の由来です。また「ハカラメ（葉から芽）」というおもしろい別名や、「エアプラント」、「幸福の草」などの名前でも売られています。

### 葉から芽が出る

多肉質の葉で作られたホルモンの移動が妨げられると、五〇～一〇〇個もある葉縁の欠刻に不定芽を作り、子苗の形成がさかんになります。ことに傷ついた葉からは子芽が出やすく、それに対して、茎についた葉からの子芽の形成は遅れます。

もちろん植物ホルモンが関係していますが、植物が正常なときには根から水分を吸収してC／N（炭窒素）率（植物体内の炭水化物の炭素と、窒素化合物の窒素との比率。これらは花芽の形成や開花期を決める一つの因子と考えられていて、栄養生長期は窒素が大きく、生殖生長期には窒素が小さくなります）が低くなります。葉柄などに傷を受けると窒素化合物が多くなり、無性芽を多く生じます。

## 観察のポイント

図④は、葉の中央脈の真ん中に切り傷をつけたもので、傷を境にして先端に子芽がよくついています。また、図③は、中央脈の基部に切り傷をつけたもので、葉縁の基部の方からたくさんの子芽が出ています。このことは、切断された中央脈から出ている支脈を見ると、図④のこともよく理解できると思います。図①は根がついているので、常に水分が十分で生長の方にエネルギーがいき、子芽の発達はずっと遅れます。図②は、葉柄の基部で切断したもので、水分の供給路が断たれたために子芽の発達がさかんになり、葉縁にたくさんの子苗ができています。

以上のことから、子芽の発達のよい順番は②→③→④→①です。

ところが、この比較にはちょっと困難なところがあります。というのは、温室や室内において水の供給が悪い場合は、図①のときも子芽がよくできるからです。これだけ大形のもので環境を均一にするのはむずかしく、それだけに慎重にやらないと結果が出にくいということになります。

## 通気をよくするのがコツ

コダカラベンケイは乾燥した砂漠地帯の多肉植物だけに、空中湿度の過多は葉の徒長や空中溺死を引きおこす恐れがあります。気温、湿度ともに上昇する春からは、温室やフレームの窓を開き、強風を避けて通気性をよくし、蒸れないように注意します。日光によく当てることと、あまり灌水《かんすい》しないことが栽培のコツです。

とくに冬は灌水をせず、縁の下などに置いて管理すると越冬します。

## 植物の話題

植物学では、頂芽と側芽のみを「定芽」といい、葉や根から出る芽を「不定芽」といいます。ところが、たくさんの小苗を生じたコダカラベンケイの葉縁を見ていると、定芽とさえ思えてしまいます。

コダカラベンケイのように葉一枚を挿して繁殖する植物は他に、サンセベリア、ベゴニア、クレソン、セントポーリア、トルミエアなどがありますが、その中でもコダカラベンケイは、一番よくふえる植物です。

近縁のセイロンベンケイ（トウロウソウ）も、葉縁からたくさん芽を出します。花筒が長く、この中に多量の蜜《みつ》を含み、砂糖のない時代には甘味料として利用され、海洋民族の移住時に絶えず持ち歩いて伝播した人里の帰化植物で、熱帯から亜熱帯に広く分布しています。

一八世紀のドイツの作家ゲーテは、自然科学の分野でも造詣が深く、すべての植物の器官は葉から由来したとする「葉原基説」を立てました。彼はセイロンベンケイが大好きだったと伝えられていますが、葉縁から小苗を生じるセイロンベンケイは、自説を立証するのに最適の植物だったのかもしれませんね。

うそっ！ほんと？

# ゴマの葉は花がつくと対生から互生に変わります

《正しいスケッチは何番？》

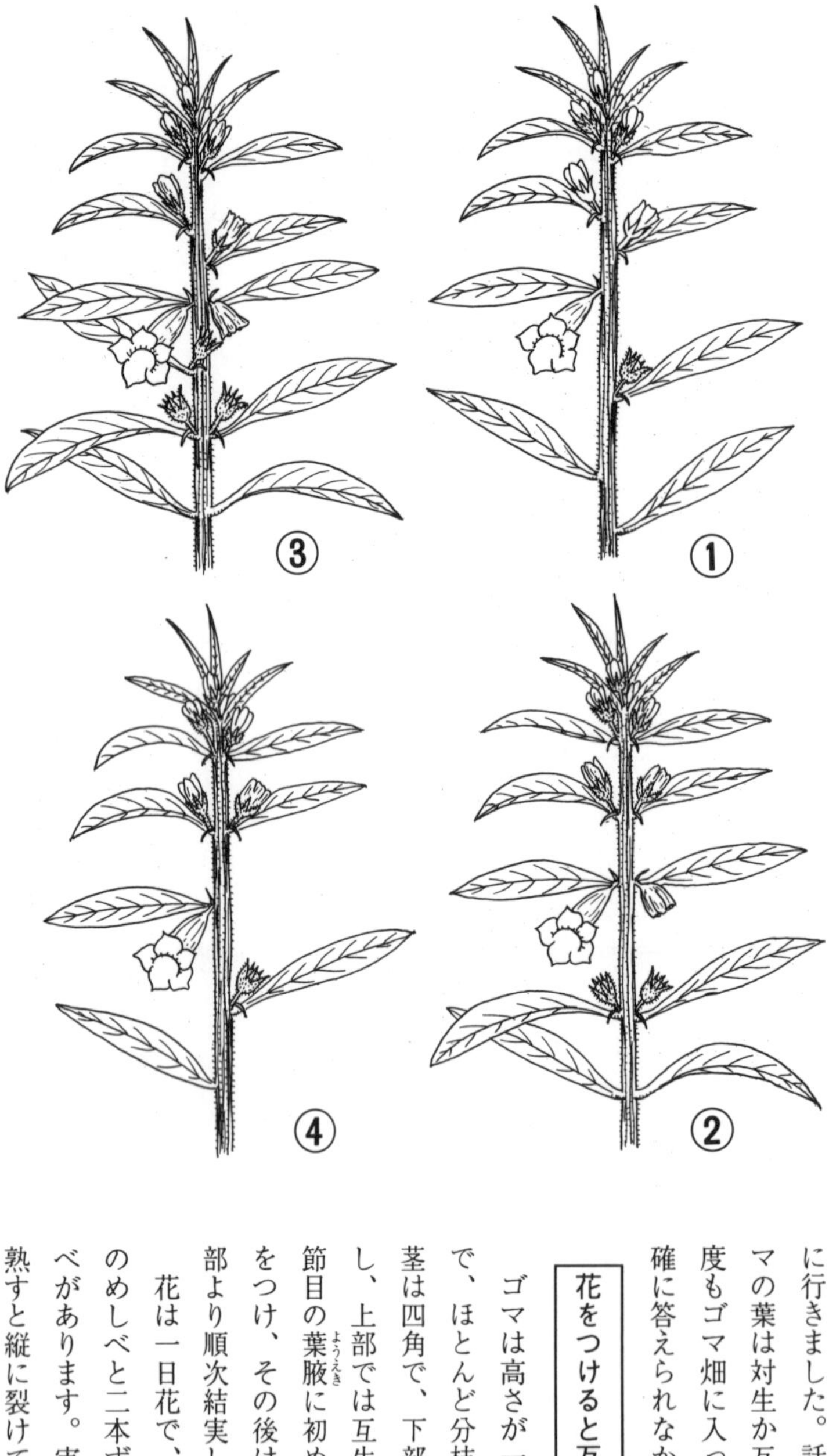


## ゴマ

ゴマ科

かつての農林省に勤めていた友人が、農村の食生活改善のためにゴマ栽培を奨励しようと、ゴマの栄養学を勉強して、ある村へ講演に行きました。話のあと、一人の老人が「ゴマの葉は対生か互生か」と質問しました。何度もゴマ畑に入って見ていたはずなのに、正確に答えられなかったと嘆いていました。

### 花をつけると互生に

ゴマは高さが一《メートル》内外にもなる一年生草本で、ほとんど分枝することなく生長します。茎は四角で、下部の葉はときに三裂して対生し、上部では互生につきます。夏に、七、八節目の葉腋《ようえき》に初めてピンク、または白色の花をつけ、その後は各節ごとに花が咲いて、下部より順次結実していきます。

花は一日花で、唇形の花冠の中には、一本のめしべと二本ずつ長さの異なる四本のおしべがあります。実は四角形で四室からなり、熟すと縦に裂けてたくさんの種がこぼれ落ちます。これが食用にする「胡麻《ゴマ》」で、シロゴマ、クロゴマ、黄金色のキンゴマなどがあり、カルシウム、リン、ビタミンEなどが、豊富に含まれています。

## 観察のポイント

発芽した若いゴマの苗は葉を対生状につけますが、生長して花蕾《からい》をつけるようになると、対生状の葉の一枚が外れて互生になります。このような変化はヒマワリ、キクイモ、オオイヌノフグリ、サギゴケなどにも見られます。

正しいのは図③で、小さいときは対生しますが、生長して花をつけるようになると互生になります。

図①は、開花枝が互生なので間違いです。図②のように対生葉の中で開花するものは絶対ないとはいい切れませんが、まず、実在しないでしょう。図④はまったく実在しません。

## 乾燥地を好む

ゴマはアフリカ原産で、高温と乾燥には強い植物ですが、多湿は嫌います。気温が二〇度ぐらいになったころに播種すると、二日ぐらいで芽生えはじめ、それが一〇日間も続くので、厚蒔《あつま》きすると間引くのに手間が掛かります。

下葉が黄変し、下部の実が二、三個裂開しはじめたら、茎ごと刈り取って乾燥させます。十分に乾いたら、棒などで軽くたたいて種を落とし、さらにごみなどを除いて、もう一度乾燥させます。

## 植物の話題

ゴマは栽培の歴史が古い作物で、紀元前三千年のエジプトでは、もうすでに栽培されていて、ゴマ油はミイラ作りの防腐剤にもなりました。インド、中国などへも早い時期に伝《でん》播《ぱ》し、西域の胡《こ》を経て伝わったので「胡麻」と名づけられました。日本へは六世紀ごろに伝わり、奈良時代には重要な作物として栽培され、その後も灯明《とうみょう》の油や食用油として広く利用されてきました。

ゴマの種には五〇《パーセント》前後の良質の脂肪と、二〇《パーセント》前後のたん白質が含まれています。脂肪の成分はリノール酸やオレイン酸などの不飽和脂肪酸で、悪玉コレステロールを除く働きがあるので、動脈硬化の防止になります。

ゴマは天ぷら油やマーガリンの原料などに用いるほか、化粧品や石けん、肥料などにも利用されています。また、強壮剤、緩下剤、解毒剤などの医薬品としても利用価値が高く小さな粒に栄養分が凝縮した万能食品です。

ゴマの成分ゴマリグナムの中のセサミンは、活性酸素を消去する強い抗酸化作用を持っていて、ガンの予防や老化防止にも効果があり、「食べる丸薬」として、近年、とくに脚光を浴びています。

ゴマの種は硬い食物繊維で覆われているので、食べる前に軽く炒《い》って擂《す》ると香りもよく、優れた栄養分をあますことなく吸収できます。食べものにゴマを振り掛けると味もよくなり、食欲増進にもなって一石二鳥、健康のため、大いにゴマを擂ってほしいものです。

このようにゴマは万能な健康食品でありながら、「胡麻化す」「胡麻を擂る」「胡麻の蠅」など、いい意味の諺《ことわざ》になっていないのが不思議です。

古代エジプトには、サバンナの農民のゴマ一粒と、エジプト商人のウシ一頭とが交換されたという信じがたい話があります。また、『アラビアン・ナイト』の中の「アリババと四〇人の盗賊」の話では、「開けゴマ」と呪文を唱えると、洞窟の重い扉がいともたやすく開きます。なぜ、ゴマなのか不思議ですが、昔からゴマには神秘的な力が宿っていると信じられ、その繁殖力や有用性は他の追随を許さなかったことも、神格化された理由でしょう。

うそっ！ほんと？

# コムギの葉はねじれて裏面が上を向きます

《正しいコムギのスケッチは何番？》

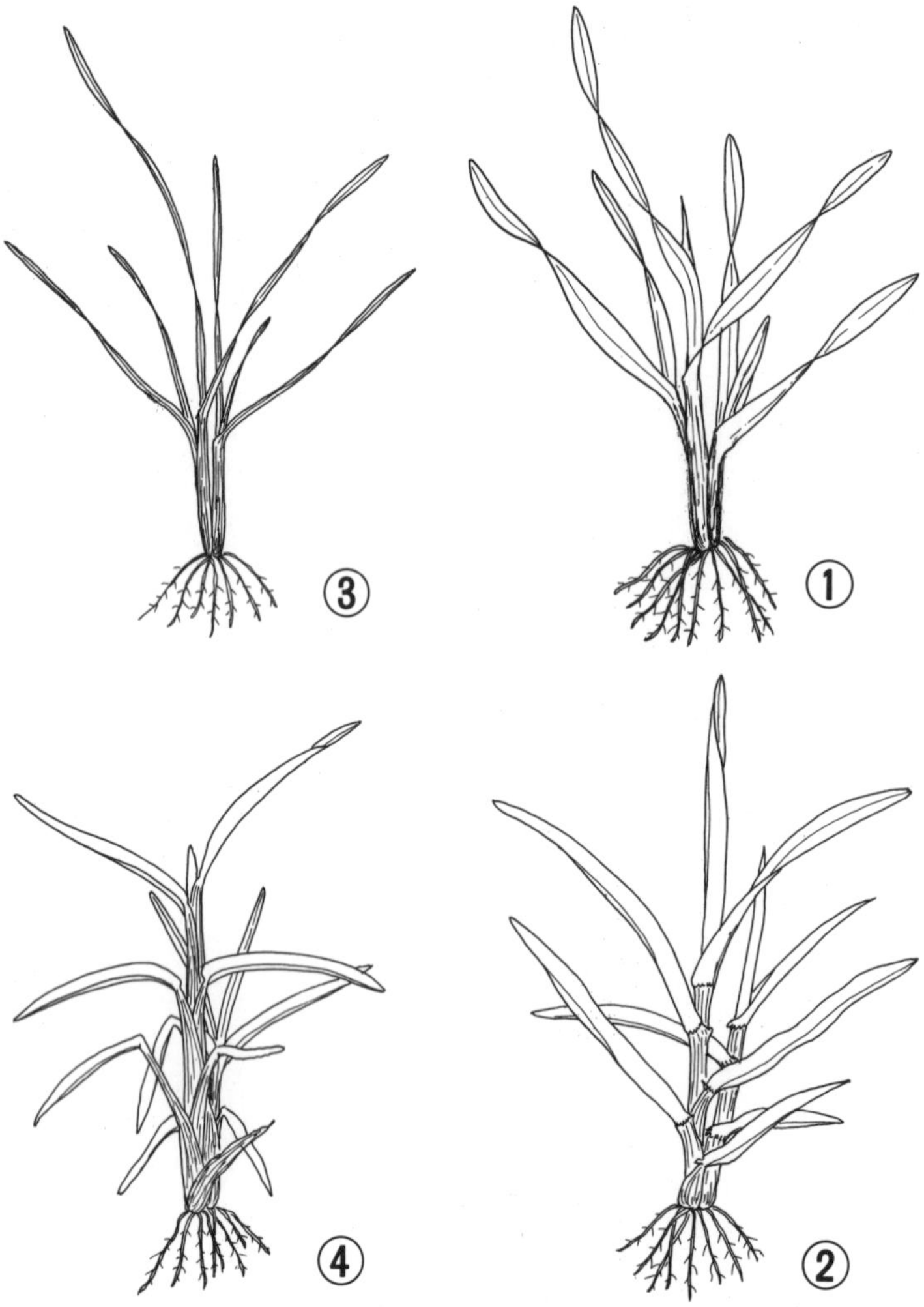


## コムギ

イネ科

昔は、とくに戦前までは、コムギやオオムギの栽培がさかんでしたが、近年はめっきり少なくなりました。それで、両種の苗の区別ができない人が多くなりました。

昔は、一～二月の寒い時期に数回麦踏みをしたものでした。ちょっとかわいそうなようですが、ムギの頭を踏むと新芽が折れ、よく分蘖《ぶんけつ》して収穫が多くなることを、昔の人は経験的に知っていたのです。今日の科学では、これはエチレンという物質が分蘖を促す結果だということがわかっています。

### 葉の裏面を上に向ける

麦踏みのころの苗を見ると、オオムギの葉は緑色が濃く、やや白みをおびていて、幅が広くて丈夫で、上面を向いて同化作用をしますが、コムギの葉は薄緑色で細く、基部でねじれて裏面が上を向いています。すなわち、葉の裏面で日光を受けていることになりますが、気孔の数は裏表ともほぼ同数あり、これはオオムギでも同じです。

## 観察のポイント

コムギの葉は捻性《ねんせい》が著しいと表現されるように、細長い葉が基部でねじれています。ところが、オオムギの葉は太短くて硬く、そのうえ真っ直ぐに伸びているので、すぐに見分けがつきます。

図①がコムギ、図③は細い葉をしたネズミムギです。これらの葉には捻性があって、生長すると裏面が上を向きます。

ネズミムギはユーラシア大陸の原産で「イタリアン・ライグラス」の名で牧草として栽培され、また、各地で野生化しているので、どこにでも見られます。コムギに比べて、ネズミムギはやや葉が細く、かつ光沢が強くて表面がピカピカと光っています。コムギやネズミムギの葉のような性質を持つものは、イネ科の中でも進化の遅れたグループです。

図②はオオムギで、葉の幅が広くて表が上向しています。

図④は人里植物の雑草オヒシバ（チカラグサ）です。これの四倍体のシコクビエは実が大きく食用となるので、四国の山畑などで栽培されています。

## 寒地では春に蒔く

コムギは暖地では一一月に種を蒔《ま》いて、翌年六月に収穫する冬コムギを、寒地では雪が解けた五～六月に播種《はしゅ》し、一〇月に収穫する春コムギを栽培します。これは暖地では長日植物、寒地では短日植物といって、種類は同一ですが、品種が違い、性質もまったく異なるものです。

## 植物の話題

コムギは雑種起源で、木原均博士によって、コーカサス地方が発祥の地であることが確認されました。ムギ農耕は一万年前にはじまったといわれ、現在、世界で最も生産量の多い穀物で、人口の半分近くの人々が主食として利用しています。

コムギは一年生、または二年生の作物で、一粒系、二粒系、普通系の三つに大きく分けられます。世界中で最も広く栽培されているパンコムギは普通系に、マカロニコムギは二粒系に属します。

コムギの主用途は小麦粉で、穀粒の性質によって、強力粉、中力粉、薄力粉に分けられ、パン、麺類、菓子、味噌、醤油などの原料になります。

オオムギは穂の形から、二条オオムギ、四条オオムギ、六条オオムギの三つのグループに分けられています。

穂が扁平な二条オオムギは、ビール醸造の麦芽に用いるので「ビールムギ」とも呼ばれます。穂が四角い四条オオムギは主に飼料に、穂が六角形に見える六条オオムギは、押し麦や引き割り麦にして米と混ぜて食べたり、煎《い》って麦茶にしたり、また醤油《しょうゆ》や味噌の原料にも用いられます。

ムギの穂には長い芒《のぎ》のあるものが多く、それも一粒に一本ずつあります。それで、和名は「ムレノギ（群芒）」の中略といわれています。芒には珪酸質の多い小さな突起が一面にあって、麦畑の中に入って遊ぶと、珪酸が毛穴に入るため全身がかゆくなり、服につくと洗濯をしない限りなかなか取れません。

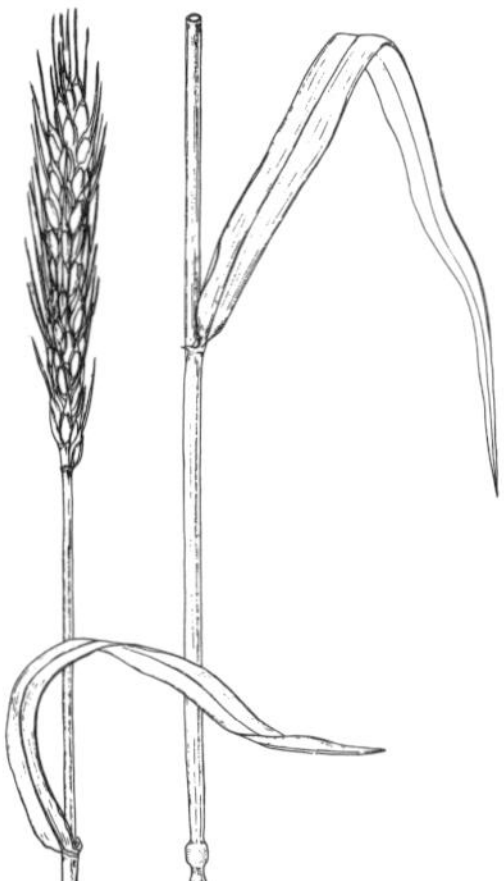

出穂したコムギ。葉が裏向きになっています。

うそっ！ほんと？

# サクラの種類は葉の形と蜜腺の位置で区別できます

《正しいオオシマザクラのスケッチは何番？》

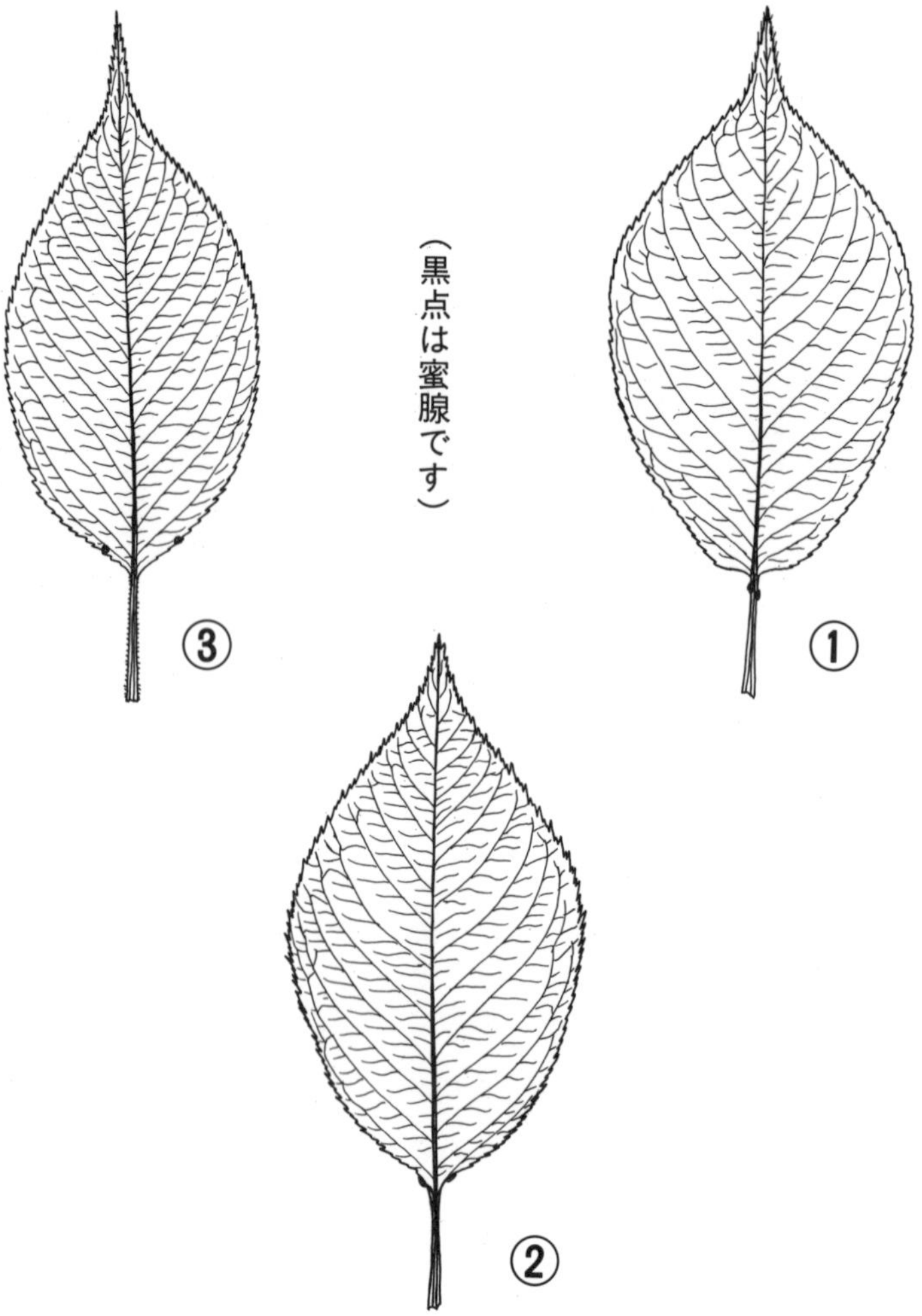


（黒点は蜜腺です）

## サクラ

バラ科

桜餅は芳しい香りを楽しむもので、葉ごと食べると、葉の塩味と餡《あん》の甘味とがミックスして最高の味になります。この芳香物質は「クマリン」といいます。桜餅に使う葉は、どんなサクラの葉でもよいというのではなく、オオシマザクラの葉です。

五月ごろ、オオシマザクラの若葉を摘んで塩漬けにします。このサクラは潮風に強く、幹も大きくなり、純白で気品にあふれた花をつけるので、広く栽培されていますが、もとは伊豆半島が原産です。ここでは若葉を摘みやすいように、株元から伐採して小枝を出させ、二《メートル》以内に低く栽培しています。

### 伊豆半島に自生

日本のサクラを大きく区別すると、ヒガンザクラ系とヤマザクラ系になります。ヒガンザクラ系は日本に広く分布し、ヤマザクラ系は地域的に限られて生育しています。ヤマザクラは西日本に多く、同系のオオシマザクラは伊豆半島を中心に自生しています。

## 観察のポイント

サクラの葉には「花外蜜腺《かがいみつせん》」といって、葉柄、または葉身の基部に蜜腺があり、その蜜腺の位置は、種類を同定するときの重要な手がかりになります。ふつう蜜腺は花の基部にあることが多く、甘い蜜を分泌して虫を呼び、花粉媒介に一役買っていますが、サクラの葉にある蜜腺は、どのような働きを担っているのか、よくわかっていません。

オオシマザクラの蜜腺は葉柄上に二個つき、葉身の幅の最も広い所は中央より上です。また、広く栽培されているソメイヨシノの蜜腺は、葉柄と葉身の接点につき、葉身の幅の広い所はオオシマザクラより下で、葉の中央部あたりです。さらにエドヒガンの蜜腺は、葉身基部の葉縁につきます。

図①がオオシマザクラで、葉身の最大幅の位置が葉の上半分にあることと、葉柄基部にある蜜腺の位置ですぐ見分けがつきます。図②はソメイヨシノで、葉身の最大幅の位置が中央部以下にあり、図③はエドヒガンです。

問題では三枚の葉とも同じ大きさで描いていますが、実際の大きさはソメイヨシノはオオシマザクラの七～八割ぐらい、エドヒガンはソメイヨシノの半分ぐらいです。

## 株元から枝を分岐させる

オオシマザクラはサクラの中では最も栽培が容易で、海辺から山地までどんな所にもよく育ち、少々伐採しても枯れることがありません。

桜餅用の葉は畑に栽培し、株元からたくさんの枝を分岐するように仕立てます。葉は五～六月の若いときに摘んで塩漬けにすると、酵素が働いて発酵し、クマリンの芳しい香りが出てきます。

また、秋に落葉して堆積したオオシマザクラの葉も、一週間ぐらいすると発酵してクマリンのよい香りを放ちますが、若葉の塩漬けには、およびません。

## 植物の話題

ソメイヨシノはエドヒガンとオオシマザクラの自然雑種です。葉は両種の中間で、葉や花柄、萼《がく》、花柱の中、下部に毛があるところはエドヒガンに、花軸があることや、萼片に鋸歯《きょし》があることなどは、オオシマザクラに似ています。花は葉が出る前に咲きます。

この自然雑種を、明治の初めに江戸の染井村の植木屋さんが新種として売り出してから、かれこれ一〇〇年あまり、いまでは学校や公園をはじめ世界中に広がり、華やかに春を演出しています。

ソメイヨシノの起源については、稔性が低いことから以前から雑種であろうといわれ、少しできる種からはエドヒガンに似たものが得られました。国立遺伝研究所の故竹中要博士は、伊豆のオオシマザクラとヒガンザクラとを交配して得たものの中で、美しいものを「イズヨシノ」と名づけられました。

ソメイヨシノは花は美しいのですが、テングス病に弱く、一般に寿命はあまり長くはありません。

オオシマザクラの花

うそっ！ほんと？

# シダレヤナギの葉は半回転しています

《正しいスケッチは何番?》

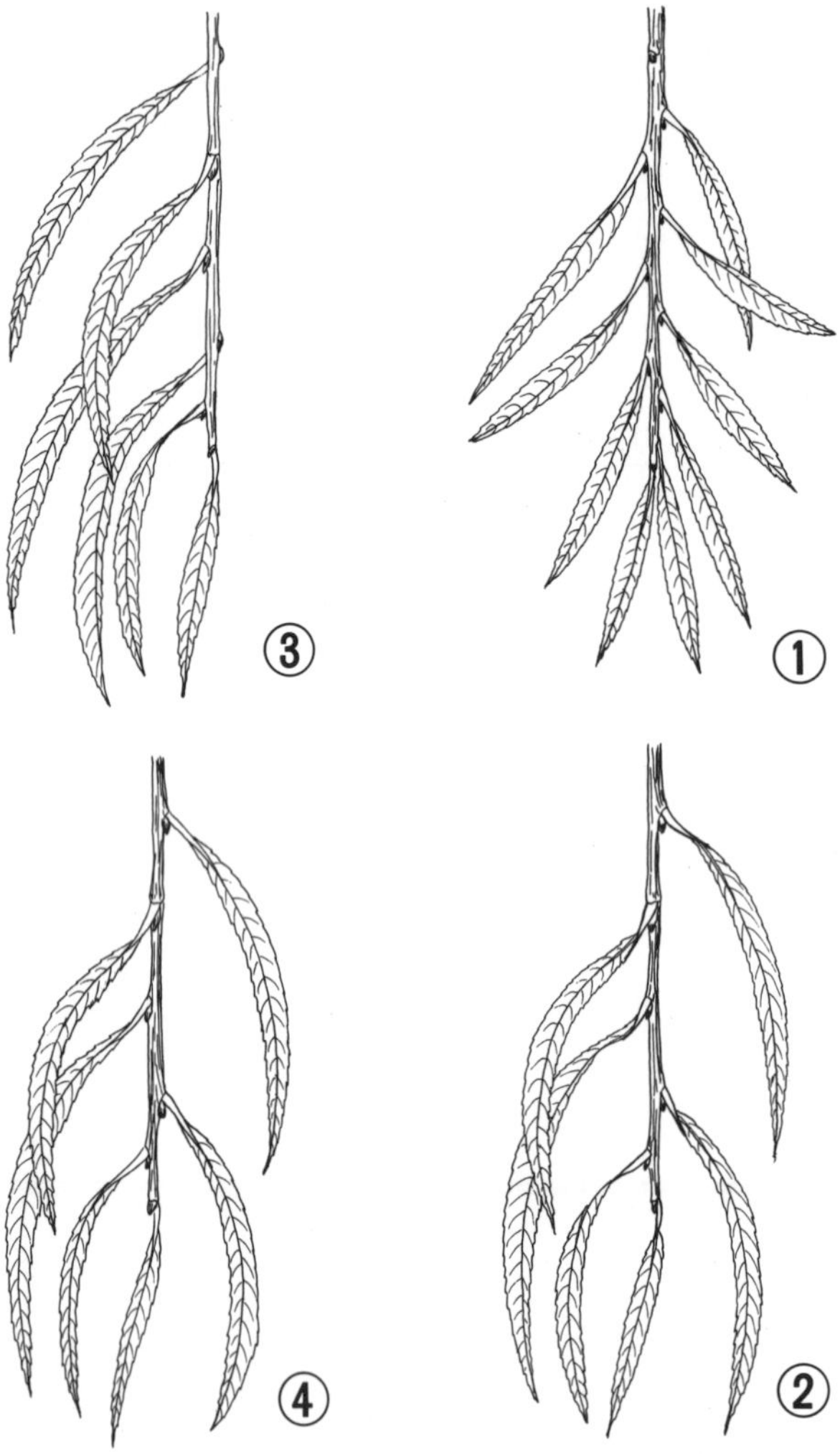


## シダレヤナギ

ヤナギ科

都会の自然で一番強く春の到来を感じさせてくれるものといえば、ヤナギの仲間でしょう。新春の床の間に飾られたウンリュウヤナギの黄花で目覚めるころ、市中では何百本と並んだシダレヤナギが、長い枝を真っ黄色に染めて下垂し、それが微風に揺れ動くさまは、「町が笑う」とか「川端が微笑する」という表現がピッタリの情景です。

春一番が吹き荒れて、ヤナギの花も終わりを告げ、やがて新葉が伸びて、グリーンのレースをまとったようになると、春もたけなわです。

ヤナギの仲間はすべて雌雄異株です。シダレヤナギの雄株は枝が長く垂れるので姿が美しく、「イトヤナギ」という別名も風情があります。真っ黒の花をつけるクロヤナギや、パーマをかけたような枝のウンリュウヤナギもみな雄株です。明暦の大火（一六五七年）、いわゆる振袖火事の火元であった江戸本妙寺《ほんみょうじ》境内に生えていたフリソデヤナギも雄株で、いまだに雌株は見つかっていません。花穂を包む芽鱗が真っ赤に色づいて美しいので、花屋さんでは「赤芽柳《アカメヤナギ》」と呼び、早春の花材として人気があります。

## 雄株は枝をよく伸ばす

シダレヤナギは日本で見られる植物の中では、一番よく枝が伸びます。枝というより、あまりにも細長いので「枝条」とか「柳条」といわれ、長いものになると三メートルを超します。このように元気よく伸びるものはすべて雄株で、雌株はせいぜい一メートル止まりです。

その雄の長い枝の葉腋《ようえき》ごとに蕾《つぼみ》ができて、花ざかりには一つの花穂《かすい》の長さが二～三センチにもなります。花は二個が癒合した一枚の小苞《しょうほう》に包まれ、雄花には二本のおしべがあり、花糸は途中までくっついていて、基部に二個の黄色い腺体があります。葯《やく》は黄色で、ほのかな男性臭を放つ虫媒花ですが、薄ら寒い早春のことだけに、昆虫類も少なく、期待はずれの感がないでもありません。

一方、雌花穂は一・五～二センチと短く、雌花には一個のめしべと一個の黄色の腺体があり、柱頭は二裂しています（下図参照）。

## 観察のポイント

シダレヤナギの枝は下垂するので、葉も垂れ下がります。その葉を見ていると、巧妙なしくみに驚かされることがたくさんあります。

図②がシダレヤナギの正しい姿です。どの葉も葉柄が半回転し、一八〇度ねじれて葉の表が外側を向いています。葉が開いて二～三日の間に葉柄を半回転させて、少しでも明るい光の方に向かって同化物質を作ることに努力しているのです。

図①は立った短い新芽を、下垂させて描いたもので、図①、③、④のようなシダレヤナギは実在しません。

## 雄株を水辺に植える

七九ページ「シダレヤナギ」の項を見てください。

## 植物の話題

シダレヤナギの葉は長さ五～一三センチ、幅一～二センチの線状披針形で、裏面は白みをおびています。ヤナギタデ、ヤナギヌカボ、ヤナギランなど、「ヤナギ」と名のつく植物の葉は、シダレヤナギの葉に似ているからです。また、柳眉《りゅうび》、柳眼《りゅうがん》、柳髪《りゅうはつ》、柳腰《やなぎごし》などと形容されるのもシダレヤナギの葉で、シダレヤナギはヤナギの仲間を代表する木です。

シダレヤナギの枝ほど急変転する植物は、ちょっと他には見当たりません。春が来ると、長い枝条にたくさんついた花穂は、旬日を待たずに芽鱗を脱いで、黄色の葯を伸ばします。そこへ春一番、花はすっかり落とされ、再度細い枝と化しますが、しばらくすると、また、新葉を枝一面につけるという忙しさです。

夏の間、涼しげに揺れていた緑の枝も、一一月の冷たい秋雨に打たれると一面に黄葉し、それがさらに旬日後の雨で、一度に葉を落として細い枝条と化し、まるで手品師そこのけに変身します。

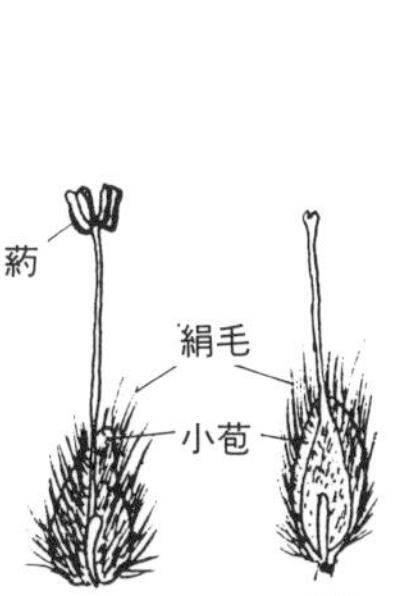

ネコヤナギ

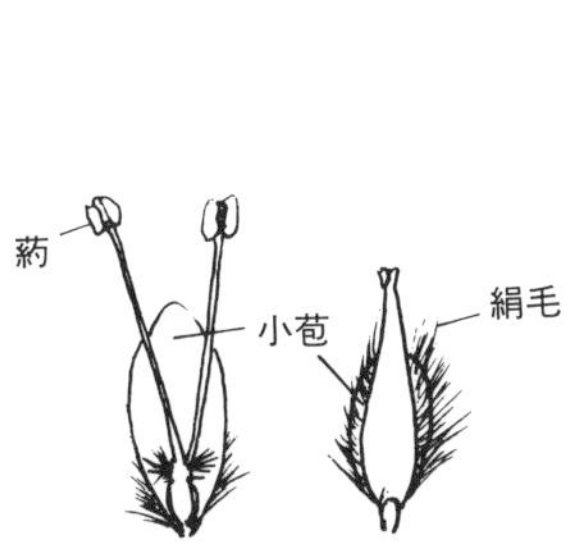

シダレヤナギ

うそっ！ほんと？

# セントポーリアの葉挿しは中ほどの葉が最良です

《再生能力の強いのは何番？》

③　②　①

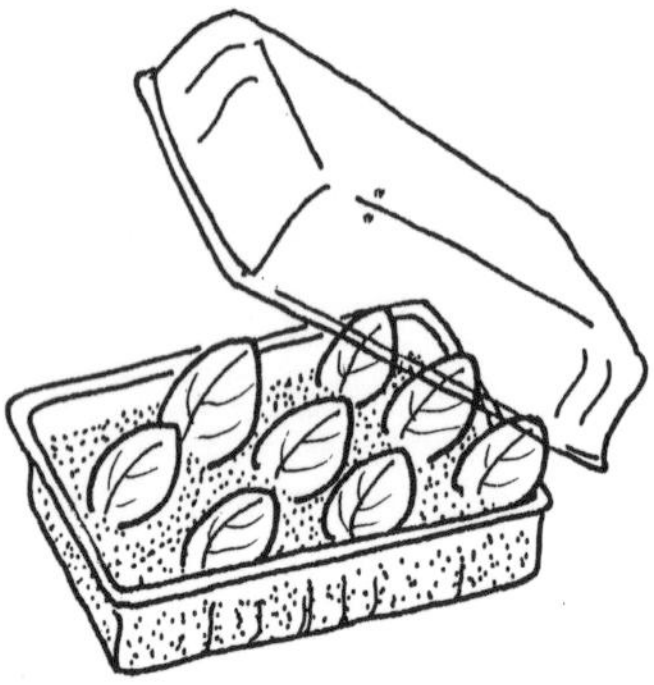

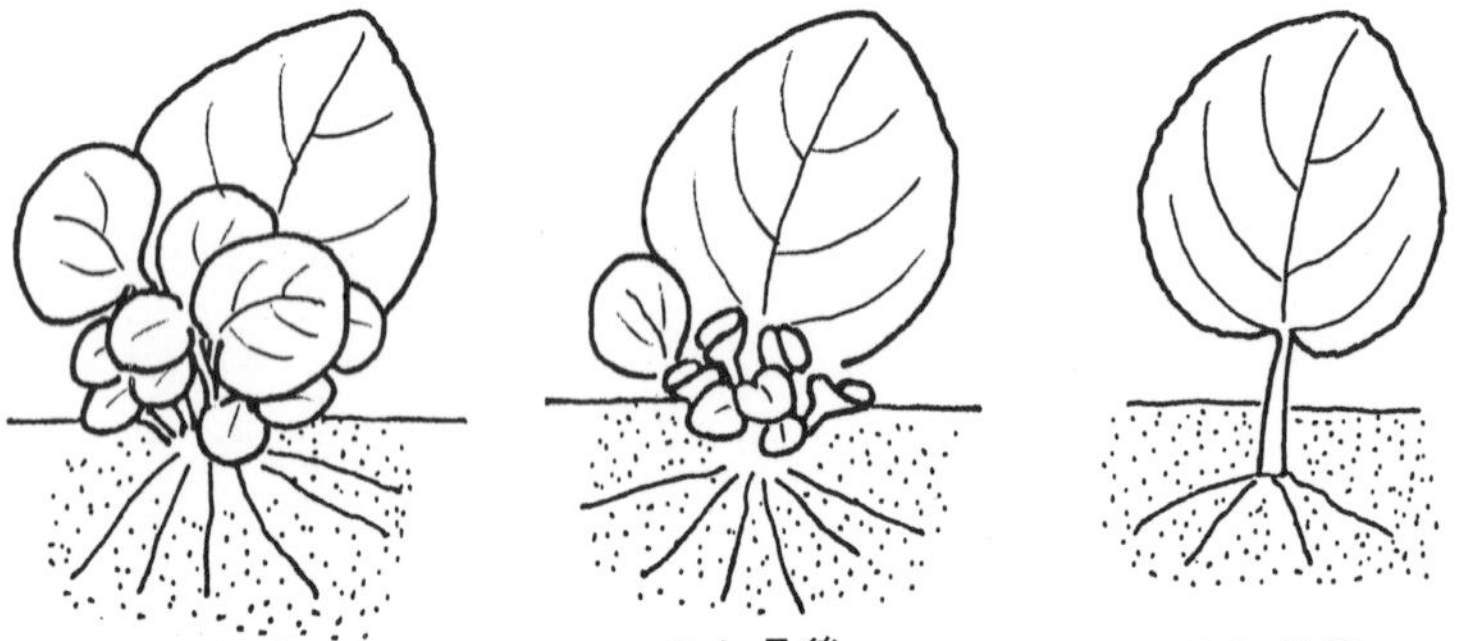

3か月後　2か月後　1か月後

## セントポーリア
（アフリカスミレ）

イワタバコ科

花屋の店頭でセントポーリアを眺めていたら、聞いたばかりの落語が頭に浮かびました。「日本の山で一番実力のあるのはどの山か」「それは筑波山《つくばさん》。つくばっても筑波山、突っ立ったら天も突ん抜くべえ」と、日本一の富士山を差しおいて、どの山よりも実力者だというのです。

セントポーリアを見ていて、ふとそんな気になったのは、葉一枚を挿しただけで、葉柄から芽と根が出て、一人前の植物になるというエネルギーあふれる驚くべき代物だからです。

### 葉挿しは中ほどの葉を

セントポーリアの葉は多肉質で、ロゼット状に四方に出て、中央に花をつけます。スミレの花の風情に似ているので、「アフリカスミレ」の別名もありますが、おしべは二本、子房は上位で、スミレの仲間とはまったく無縁のイワタバコ科の多肉植物です。

戦前から各国で栽培されていましたが、花は小さく冴えない紫色で、人気もいま一つでした。戦後、アメリカで雑種作りに成功し、各種の花色ができ、花も大きくなって、いまでは世界中で栽培されるようになりました。

　あまり太陽光線を必要とせず、室内でよく開花することが好まれ、とくに女性に人気があります。さらに葉柄で切って挿すと、簡単に活着するので、よい品種をどんどんふやせるのも人気の一つです。

## 観察のポイント

　セントポーリアのように葉から芽や根が出て繁殖するものは、ベゴニア、サンセベリア、コダカラベンケイ、セイロンベンケイなど、数えるほどしかありません。

　それではなぜ、葉から再生するのでしょうか。それは次の世代で頑張るために、実力を発揮しない未分化の細胞が潜んでいるからです。いい換えると、再生芽になる細胞が隠されているからなのです。

　最も再生能力が高いのは、図②です。葉脈を入れた部分の硬さの葉が、腐敗バクテリアに対する抵抗や再生能力が強いからです。図③は組織が柔らかで、バクテリアのために腐ってしまいます。図①は組織が硬すぎて挿し葉は腐敗しませんが、再生の度が低くなって発根しにくいです。

## 冬の越させ方がコツ

　セントポーリアはアフリカの原産で、寒さに弱い植物なので、越冬させるための最低温度が一〇度以上は必要です。温室やワーデアンケースなどがない場合は、日当たりのよい窓辺に置くなどして、保温に努める必要があります。栽培の適温は一五～二八度で、明るさを好む植物ですが、直射日光は嫌い、蛍光灯の明かりで十分育つので、室内で栽培するのに適しています。

　空気中の湿度は七〇《パーセント》ぐらいが理想的ですが、それだけの湿度を保つのはなかなか容易ではありません。プラスチック製の容器などに、スノコ砂利を敷いて水を入れ、その上に鉢を置いたり、ときどき霧を吹き掛けたりするとよいでしょう。

　灌水《かんすい》は鉢が乾いたらたっぷりとやります。多湿を好みますが、鉢の中が常に水びたしの状態だと、根腐れをおこして枯れてしまいます。施肥が十分だと、次々に花が咲き、年中楽しむことができます。

　繁殖は葉挿しか株分けで、葉挿しは四～五月と、九～一〇月が適していますが、温室があれば年中可能です。

　葉挿しは、まず葉身の下部から二～三《センチ》の所を鋭利なカッターで切ります。刃物がよく切れないと組織がこわれるし、柄が長すぎるとぐらつき、短くても不安定で活着しません。

　この柄を一・五～二《センチ》土に挿し込みます。イチゴパックなどの容器が、多数挿せて便利で、同じもので蓋《ふた》をすると、湿度が保たれて活着がよくなります。こうしておくと、三か月後にはよい苗ができます。

## 植物の話題

　セントポーリアは園芸界の花形です。こぢんまりしているので室内栽培に向き、品種が三千あまりという華ばなしさです。

　ふるさとはアフリカのタンザニアとケニアの高山の岩場です。一八九一年、ドイツ人のセントポール二世が海抜五〇《メートル》の石灰岩上で発見、彼を記念して、この花に「セントポーリア」という名前が与えられました。はじめ一八種の野生種が知られ、ほとんど無茎のものから、茎が直立するもの、匍匐性のものまであり、それらの人工交配によって今日のように数多くの品種ができました。戦後、彗星のごとく華やかに登場した植物の一つです。

うそっ！ほんと？

# ツタの葉はすべて複葉です

《正しい落葉のタイプは何番？》

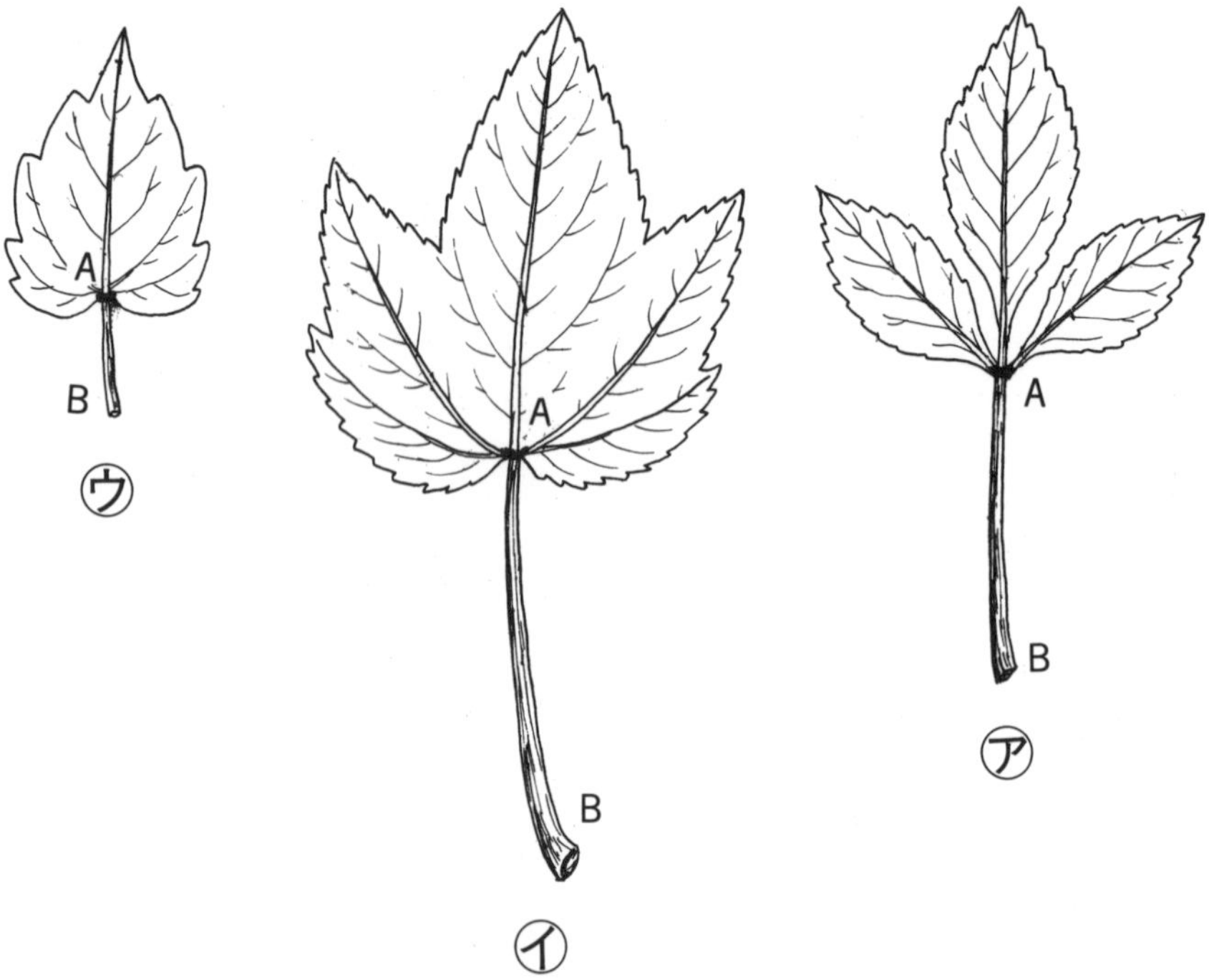


①A（最初に落葉），　A（最初に落葉），　A（最初に落葉）
②B（最初に落葉），　B（最初に落葉），　B（最初に落葉）
③A（最初に落葉），　B（最初に落葉），　B（最初に落葉）

## ツタ（ナツヅタ）　ブドウ科

焼けつくような夏の炎天下に、建物の壁一面に生い茂る瑞々《みずみず》しい緑葉のツタを見ると、頭の疲れが癒されます。たくさんの葉が瓦を葺《ふ》いたように空間に陰影を作って並び、微かな風にもリズミカルに動くさまは、見る人の心を落ちつけ、涼しさにあふれています。事実、蒸散によって壁を冷やし、都会の猛暑から私達を守ってくれているのです。

晩秋、ツタの燃えるような紅葉はひときわ鮮やかで、「つたもみじ」と形容されるほど人目を引き、一段と風情が増します。

### 一枚でも複葉？

ツタの葉は大きく分けて三つの型になります。花のつかない若くて細い茎、すなわち長枝につく葉は、図㋐のような三小葉からなる複葉で、一節に一枚ずつつきます。この葉は質が薄くて光沢もなく、赤みをおびた緑色をしています。充実した茎の短枝上につく葉は、図㋑のように三裂した大きな三叉状の葉（掌《しょう》状《じょう》単葉）で、短枝の先端に二枚ずつつきます。葉身は緑色でぶ厚くて光沢があり、葉柄は長いものでは二〇センチにも達します。それから出る徒長枝には、図㋒のような小形の丸い葉が出る傾向が強いようです。

ツタは一枚の葉でも、三叉状の葉でも、三小葉から成る葉でも、すべて「複葉」といいます。というのは、落葉するとき、まずAの部分（葉身）から落ち、数日してからBの部分（葉柄）が落ちるからです。このような落葉の形式をとるものは、見かけは単葉であっても、「複葉（単身複葉）」というのです。

## 観察のポイント

秋も遅くなると、いずれのツタの葉もAの部分に離層ができるので、そこから落ちます。図㋐のような三小葉から成るものは、この部分で三枚が別々に落ち、続いてBの所から落ちるので、四つの部分に離ればなれになります。図㋑のような三叉状の葉や図㋒のような小さな単葉も、Aの部分から落ちていきます。いずれの葉もAの部分が落ちて、数日たってから葉柄の基部のBから落下するので、①が正しい組み合わせということになります。

このような落葉形式のものは他に、ミカン、キンカン、ヤブガラシ、エビヅル、ノブドウ、アメリカヅタなどがあります。

## 十分に灌水する

ツタの植えつけは三月下旬、山野に入って、木にからまった直径一センチ内外の茎を二〇センチぐらいの長さに切って挿し木すると、すぐに発根して芽を出します。施肥と灌水《かんすい》とを十分にすると、夏には青々とした葉を茂らせます。

盆栽にしたいときには、長枝を切りつめると、大きく豊かな葉を茂らせます。

日陰でもよく育ちますが、日当たりがよいと美しい紅葉が楽しめます。

## 植物の話題

夏に、短枝の先に黄緑色の小さな両性花をたくさんつけた短い集散花序を出します。萼《がく》は切形で、花びらは五枚、おしべは五本、めしべは一本です。実は小さいブドウのようで黒紫色に熟し、葉が落ちたあとも枝先についています。えぐ味が強く食べられません。

昔は身近な植物で、平安時代の貴族の甘味料はツタから取っていました。早春、樹液が移動するときに、ちょうどヘチマの水を取るようにツタの茎を切断して樹液を集め、それを煮つめて利用しました。それで、古名は「甘《アマ》蔓《ヅル》」とか「甘葛《アマヅラ》」といいます。『枕草子』では、金属の器に氷室から出してきたかき氷を入れ、アマヅラを掛けたものが、とても高貴であるとか、芥川龍之介の小説『芋粥《いもがゆ》』では、ヤマノイモを切り込んだ粥をアマヅラの汁で煮たということが書かれています。

近年、大都市の「ヒートアイランド現象」が問題になっています。これはコンクリートのビルやアスファルト舗装の照り返し、冷暖房や自動車の排熱などによって、大都市の気温が上昇する現象です。

その緩和策として、いま、屋上緑化や壁面緑化が急速に広がっています。これは建物の屋上や壁面に植物を植えて、断熱や空気浄化を図る工法で、冷暖房費の節減やビルの美観向上に加え、屋上面や壁面の耐久性にもプラス効果があります。東京都では平成一三年春から、一定規模以上のビルに屋上緑化を義務づけたことで、全国の地方自治体から注目を浴びています。

生長の早いツタは、壁面緑化の優等生です。緑葉のカーテンから水分が蒸発して気化熱を奪うため、建物の中は外気温より一〇度前後も低くなります。真夏でも冷房なしの快適な暮らしができ、これは地球にやさしい取り組みといえます。

うそっ!ほんと?

# ナギは裸子植物なのに広葉樹です

《正しいスケッチは何番?》

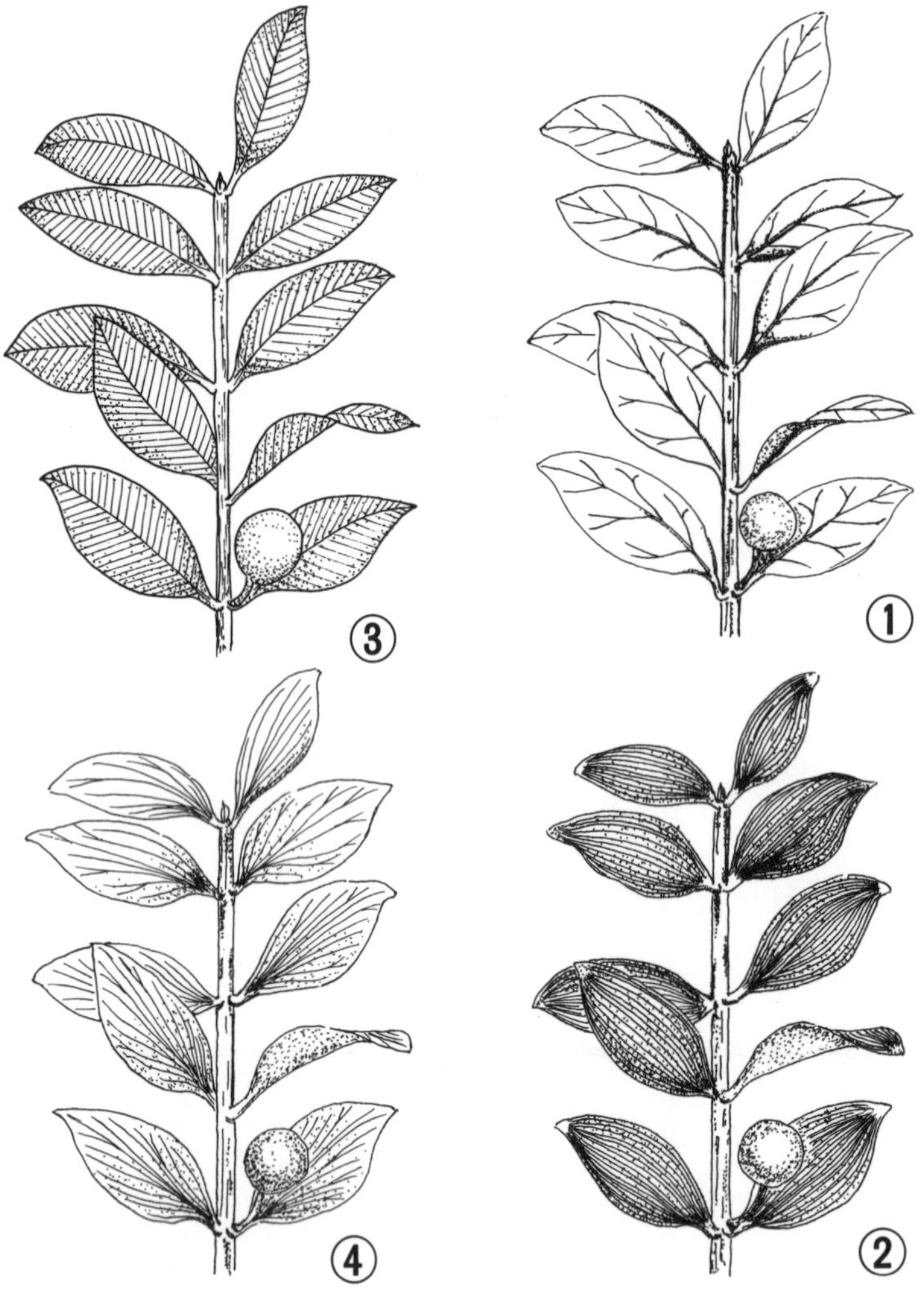


## ナギ

マキ科

ナギの葉は楕円形で長さ六センチ、幅二センチ、革質で表面に光沢があり、広葉樹の一種です。ところが、胚珠《はいしゅ》が裸出しているので、針葉樹のマツやスギなどと同じ裸子植物の仲間です。

北半球には温帯から亜寒帯にかけて、マツ科を主とした広大な森林が広がっていますが、ナギを含むマキ科は、主に南米や中米の熱帯を中心に分布していて、南半球を代表する裸子植物といえるでしょう。

### これでも針葉樹?

日本に分布しているマキ科の植物は、ナギとイヌマキの二種です。ナギは紀伊半島南部以西の暖かい地方の山中に自生する常緑高木です。

また、静岡県以西の神社や寺の境内によく植えられ、大木になっているのを見かけることがあります。なかでも有名なのは、奈良春日大社のナギの純林で、国の天然記念物になっています。これはいまから千年以上も昔に植えられたものが、環境に適応して繁茂したといわれています。ナギは耐陰性の強い陰樹で、幼時は日陰を好み、母樹の下によく発芽して純林を形成します。また、シカがこの木を食べないことも、生育を助ける要因となっています。

ナギは雌雄異株で、五月ごろ、前年に伸びた枝の葉腋《ようえき》に花をつけ、雄花は三つに分かれた花穂《かすい》に裸のおしべをつけます。雌花はふつう胚珠が一個つき、秋に直径一～一・五センチの白い粉をふいた青緑色の種（子房がないので実ではありません）がなります。

## 観察のポイント

ナギの木肌は、後生篩部《しぶ》が円形に剝《は》げる特性を持っているので、遠くからでもすぐに見分けることができます。

葉は対生で、節ごとに九〇度ずつねじれてつくので、二列に並んでいるように見えます。葉脈は平行脈で単子葉植物の葉に似ていますが、単子葉植物の葉には中央脈があります。ところが、ナギには中央脈がなく、葉の基部から先端に向かって、細い脈が二〇～三〇本も平行に走っています。ちなみに広葉樹の双子葉植物の葉は、ふつう中央脈から側脈が分かれ、さらに細かく網目状になっています。

図②がナギの葉で、中央脈がなく、葉の基部から先端へつながる平行脈が正しく描かれています。図①や図③は、葉脈が網目状になっていますが、これは双子葉植物の特徴で、ナギの葉ではありません。図④は、葉脈がイチョウのように二叉に分かれているので間違いです。

## 寒さと乾燥を避けて

ナギの種は発芽率が高く、実生《みしょう》でよく育ちます。一〇月ごろに種皮を剝《む》いて取り蒔《ま》きすると、翌年の春に発芽します。苗のうちは寒さと乾燥を防ぐのがコツです。

根に菌が共生するので、大木になってからの移植は困難です。

## 植物の話題

ナギは昔から熊野信仰の神木として神社に植栽され、いろいろなご利益があると信じられてきました。

その一つは、ナギの葉は脈の向きに引っぱる力には強く、なかなか引きちぎれないことから、夫婦の縁が切れないようにとの願いを込め、鏡の裏に入れてお守りにしました。また、会いたい人の姿が鏡に現れると信じられていました。そして、その強靱な葉は、弁慶の力でもとてもかなわないということから、「弁慶泣《ベンケイナ》カセ」「千人力《センニンリキ》」「力柴《チカラシバ》」などの別名も生みました。また、ナギは「凪《なぎ》」に通じることから、漁師が水難除けのお守りとして大切にしています。

奈良の春日大社では、その年に実ったナギの種から油を絞り、その油で神社の回廊の灯《とう》籠《ろう》を一夜灯します。その油煙を集めて七年間貯えておき、八年目の冬に墨に練り上げて作ったのが、有名な「春日墨《かすがずみ》」です。

ナギは年輪がきわめて不明瞭で、木理は緻密波状で耐久力が強いので、樹皮つきの丸太のままで床柱に用いたり、縁甲板、指し物材として貴ばれています。また、樹皮にはタンニンが多く含まれているので、皮をなめすときの染料として利用されています。

ナギには美しい白斑《しらふ》が現れる木があります。昔、体細胞が突然変異してできたものですが、知られている斑は、色素体の突然変異によるもので、白い部分、細かい散り斑の部分、緑の部分が不規則に出現します。このタイプの斑は、細かい散り斑の部分を残し、緑部や白部を切り落とさなければ、斑入りを保つことはできません。

うそっ！ほんと？

# バラの花の真下の葉は三小葉です

《正しいスケッチは何番？》

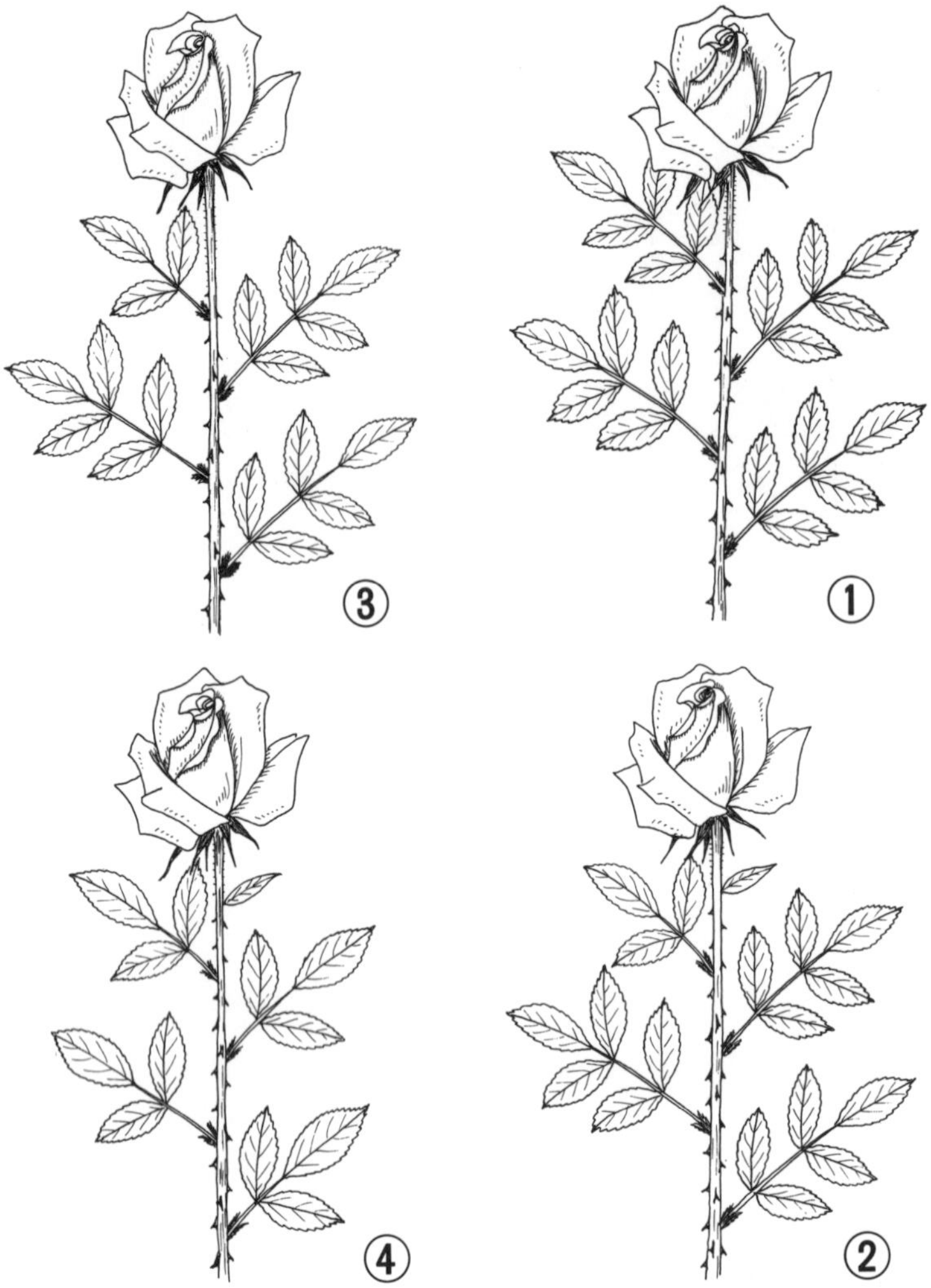


## バラ（セイヨウバラ）　バラ科

庭園で栽培するバラは、アジアとヨーロッパの各種のバラ間の交配によって作り出された雑種で、長い年月と多くの人々の努力と協力の賜物《たまもの》です。

バラは直立する低木が主ですが、蔓《つる》性のものや矮《わい》性のものなど、何千、何万もの品種が作り出されています。

バラはどれも美しい花を咲かせますが、蜜《みつ》を出さないためか、チョウの飛来がほとんどありません。しかし、花粉がたくさん出るので、ハナムグリが飛んで来て授粉します。

バラの花に顔を近づけると、甘い香りがジーンと脳裏に焼きつきます。この花から抽出したエッセンシャルオイルは、ローズ香水として世界中の女性をとりこにしていますが、とくに日本の女性がお気に入りのようです。

### 美しい花ほど鋭い刺

バラは高さ一～三メートルの低木ですが、蔓性のものは五メートルにまで伸びます。ほとんどの品種に鋭い刺《とげ》があって、四季咲きです。コウシンバラやモッコウバラなどには、刺がほとんどありませんが、刺のないものは春咲きが多く、秋咲きはわずかです。

「美しい花には刺がある」といわれるように、刺の鋭いものほど美しい花を咲かせます。

## 観察のポイント

ふつうバラの葉のつき方は、下の方は五小葉、最上部は三小葉と一枚の鱗片《りんぺん》状の小さな葉とから成っていますが、ときに最上の一小葉のないものがあります。温室栽培のバラでは多少乱れることもありますが、露地ものではだいたいこのように決まっています。例外の多い自然界のことですが、最上部が五小葉からなったものを、いまだかつて見たことがありません。

図②、③が正しいスケッチです。図②は上部に一小葉があって、次が三小葉、それ以下は五小葉から成っています。図③は蕾《つぼみ》の下が三小葉、それ以下が五小葉から成っていて、庭園に植えられているバラでは、この方が多いようです。

また、図①のようにすべて五小葉から成るものや、図④のように三小葉ばかりのバラもありません。

## 風通しのよい日当たりに

バラは花が大きくて美しいので、茎葉をつけて切り花にし、剪定《せんてい》によって更新しますが、施肥が少ないと短命になります。長く育てるためには、野生のヤマイバラ、ノイバラ、テリハノイバラなどを台木にして接いだ苗を用い、施肥を絶えず行うと最高といわれています。

日当たりと風通しのよい場所を選んで植えることが大切で、この条件がかなわないと、ウドンコ病や黒点病、アブラムシなどの病虫害の発生率が高くなります。植えつけに当たっては、まずよい苗を求めることが大切です。時期は一一月から二月下旬の間で、植え穴は深く掘り、有機物の元肥を入れて排水と保水をよくします。

## 植物の話題

バラの花には、赤、黄、白の三色の系統があり、三色の間で各色のものが作り出されています。このように一種類の花で三つの系統の色が出るようなものは、すべて雑種起源で人為的な植物です。

セイヨウバラはもともと一季咲きでしたが、一八世紀末に中国のコウシンバラ（ティー・ローズ）との交配によって、四季咲き性の多くの品種が作り出されました。「ハイブリッド・ティー」といわれる系統で、現在、最も多く栽培されているバラです。また、日本のノイバラは、ポリアンサ系やフロリバンダ系の房咲き性の作出や、耐寒性を持たせることに多大な貢献をしました。

一般に、温室栽培の高級なバラほど変異性が高く、大輪や中輪で最上葉が三枚になりやすい品種は少ないようですが、その代表はローズ・ゴジャール、チャーヌなどです。他の品種では、一枚のものや変異のものがたくさんあります。

また、野生型のバラで最上葉が三枚になりやすいものには、黄、または白花のモッコウバラやコウシンバラ、ロザ・リカなどがあります。なお、バラの近似種のナニワイバラと、その紅花品種のハトヤバラは、全部が三小葉からなっています。

昔はバラの刺を嫌って、生け花、ことに仏花には禁じられていましたが、品種改良が進んで優秀なものがたくさん出現するようになって、今日では生け花界での利用の第一位の座を占めています。

うそっ！ほんと？

# ヒイラギの鋭い葉で鬼も逃げます

《正しいヒイラギのスケッチは何番？》

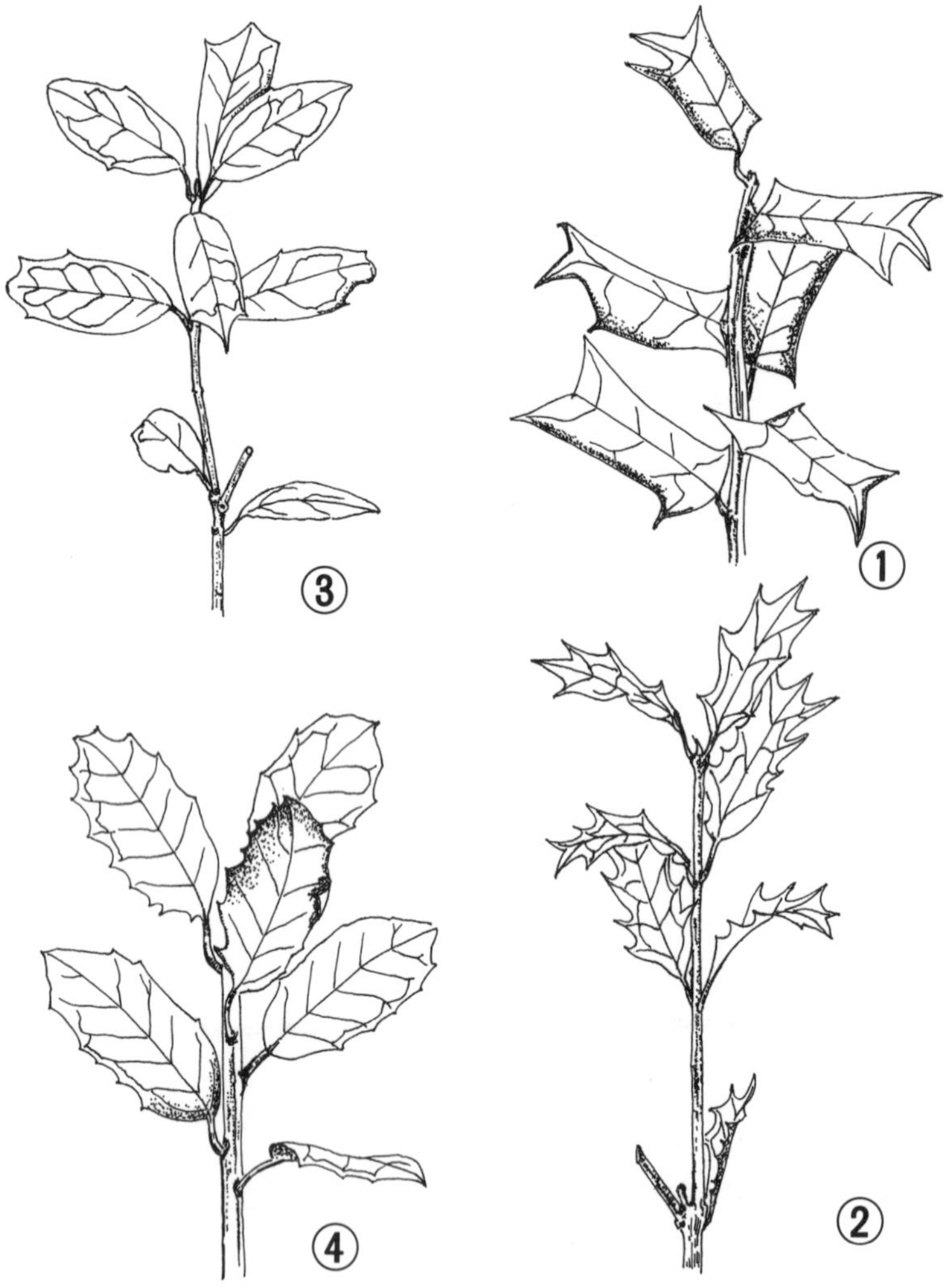


## ヒイラギ

モクセイ科

節分の日に腹をすかせた鬼が、とある家をのぞいたところ、戸口に挿してあったヒイラギの葉で目を突き、驚いて逃げ出したという昔話があります。

　葉に鋭い鋸歯《きょし》を持つヒイラギには、「鬼ノ目突キ」や「鬼刺《オニサ》シ」「鬼威《オニオド》シ」など、特徴を表した方言名がいくつかあります。古くから節分には豆撒《ま》きの行事とともに、門口にイワシの頭とヒイラギの葉を挿して、厄除けにしてきました。

### 実は翌年の夏に熟す

　ヒイラギは関東以西の山地に生える雌雄異株の常緑小高木です。初冬にギンモクセイによく似た白い花が、葉のつけねにかたまってつき、ほのかな芳香を放ちます。

　雌雄の花形は同じで、二本のおしべと一本のめしべがあり、雌花ではめしべが発達していて結実し、翌年の六～七月に黒紫色に熟しますが、雄花のめしべは未発達で、実はできません。

## 153　ヒイラギ

### 観察のポイント

ヒイラギの若い株や老木の刈り込んだ枝につく葉には、四～七個の大きく鋭い鋸歯があり、先が刺《とげ》状になっています。刺状の鋸歯は葉の変形物で、五〇～八〇年経るとなくなって丸い葉になり、同時に実もよくなります。植物も人の一生に似ていて、年を取るにつれて角《かど》が取れ、人格円満になることと似ていて、おもしろい現象です。

葉に刺状の大きな鋸歯がある若木を「オニヒイラギ」、または「オンヒイラギ」、全縁になった老木を「メヒイラギ」、「メンヒイラギ」と呼ぶことがあります。全縁のメヒイラギに、生長ホルモンの一種のジベレリンを噴霧すると、新葉は鋸歯が発達してオニヒイラギに変わることが知られています。つまり、葉の形が違っていても、メヒイラギとオニヒイラギは同じヒイラギなのです。

さて、本当のヒイラギ探しのポイントは、葉のつき方が対生だというところです。図②と図③が対生で、鋸歯の数や形から、図②がヒイラギ、図③はメヒイラギで、どちらも正しいスケッチです。

図①と図④は葉が互生で、モチノキ科の植物です。図①は中国北部原産のヒイラギモドキ（シナヒイラギ、チャイニーズホリー）、図④はヨーロッパ原産のセイヨウヒイラギ（ヒイラギモチ、ホリー）で、いずれも「ヒイラギ」という名前がついていますが、ヒイラギの仲間ではありません。クリスマスには、赤い実をつけた緑葉のホリーでリース（花輪）を作り、戸口や室内を飾ります。セイヨウヒイラギもヒイラギと同じように、株が古くなると鋸歯がなくなります。鋸歯のあるものを「ヒイ（おす）ホリー」、全縁のものを「シィ（めす）ホリー」といい、日本のヒイラギの呼び名と同じで、おもしろいことです。

### 梅雨時に挿し木でふやす

ヒイラギの繁殖は挿し木が簡単です。その年の成熟した若枝を、梅雨のころに挿します。実を取り蒔きすると、発芽まで半年から一年かかります。全縁のメヒイラギにできた種を蒔くと、先祖返りをして鋸歯のないオニヒイラギになりますが、挿し木をすると、刺のない丸い葉の株になります。

### 植物の話題

ヒイラギは陰暦の冬に花が咲くので、一般に「柊」と書きますが、葉の刺に触れるとヒリヒリと痛いので、痛みを表す「疼（ひいらぐ）」という意味から、「疼木」が語源です。

ヒイラギの葉には、白や黄色の斑《ふ》の入ったものや、葉が亀甲形になったもの、深裂してカエデのようになったものなど、いろいろな園芸品種があります。

また、ヒイラギの葉は葉脈標本をつくるのに適しています。ヒイラギは葉脈が硬くて強いので、四～五％の水酸化ナトリウムか、水酸化カリウムの液で一五～二〇分煮沸し、充分に水洗いをしたのち、目の細かい網にのせ、少し硬めの歯ブラシで軽くたたくようにして、軟らかくなった葉肉を除きます。水洗いをしてきれいに葉肉を取り、乾燥させてアイロンをかけると葉脈標本ができます。この他、ヒイラギモクセイ、タイサンボク、ハナズオウなどでも、きれいなものが作れます。

ヒイラギの材は黄白色で堅くて重く、かつ緻密で割れにくいので、古くから有用材として献進していたことが、『延喜式《えんぎしき》』に記されています。この材はソロバン玉や印材、くし、将棋の駒などに加工されています。

ヒイラギとギンモクセイの雑種にヒイラギモクセイがあり、生け垣や庭木に用います。

# うそっ！ほんと？ ヒマワリは日に回りません

《正しい観察記録は何番？》

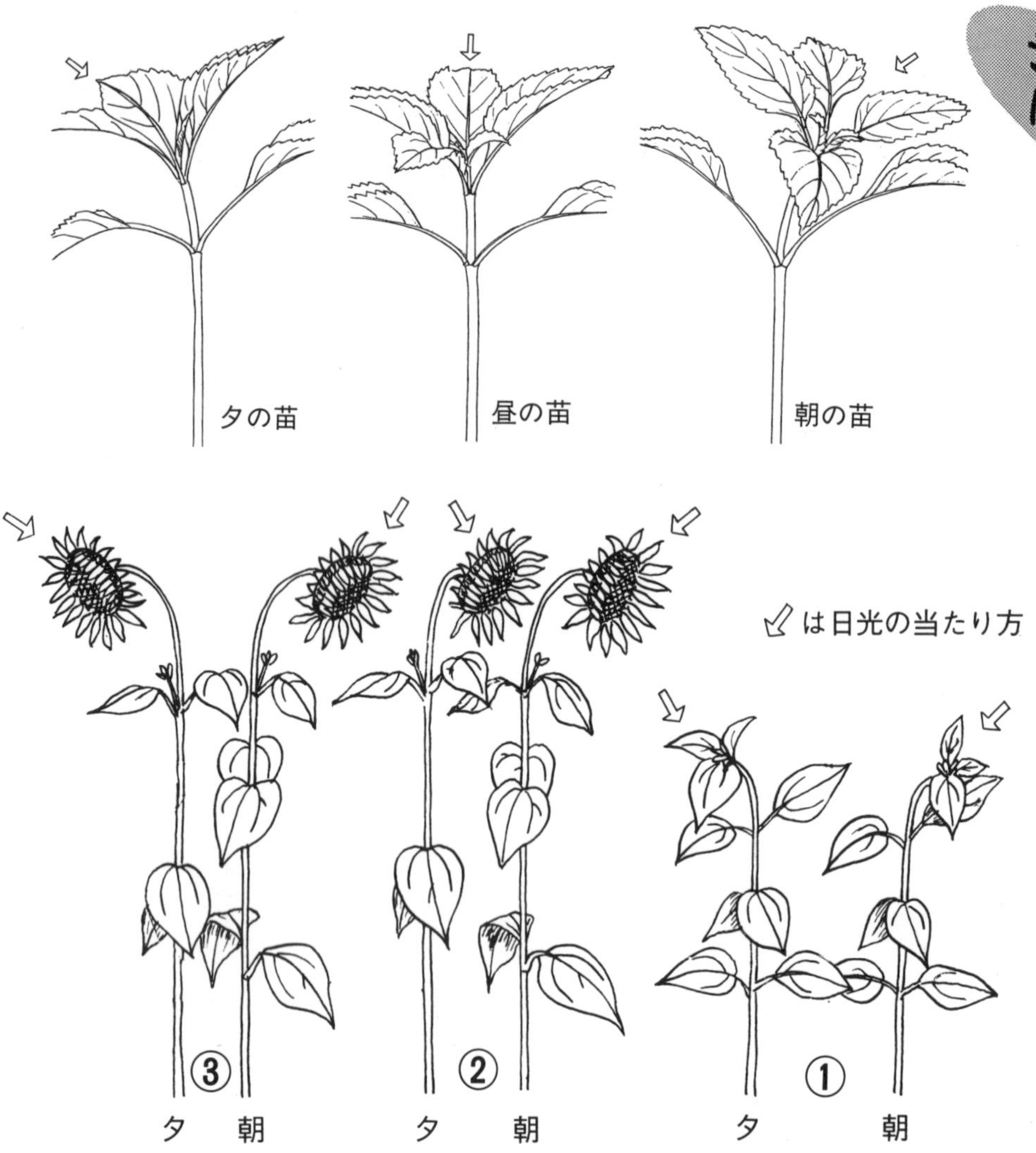


## ヒマワリ

キク科

ヒマワリは葉と花の運動が顕著で、楽しい観察材料です。百科事典類でヒマワリの項を見ると、「日に回る」と書いてあったり、「日に回らない」とも書いてあります。

実際は、若いヒマワリは「日に回る」のですが、開花すると回りません。多くの人は、大輪の花が咲いてはじめて「ヒマワリ」と認識するので、こういう人向けには「回らない」と書くのです。

### 小形のものは花が多い

高さが三メートルにもなる巨大なヒマワリは、頂部で分枝しますが、花数は少なく、それに対して、小形なものほど下部から分枝して多くの花をつけます。

観察記録をさせるには、大形の一重咲き品種を選び、頭状花を一つだけ大きく咲かせ、誰にも同じように見えるようにします。

### 観察のポイント

若いヒマワリが太陽光線を受けると、生長点でオーキシンという生長ホルモンを作ります。ところが、オーキシンは日光が当たらない側では濃度が高くなり、集中的に働いて反応点の細胞を刺激し、生長運動を続けます。オーキシンは、太陽の動きとともに移動するので、若い茎はつねに太陽の方を向いて、転頭運動（日回り）をすることになるのです。

　転頭運動は花蕾《からい》ができて伸長生長が止むころまで続きますが、花が開くとほとんどが東の方を向いたまま動かなくなってしまいます。つまりたいていの人が開花してヒマワリだと気づくころには生長が止んで、転頭運動は見られなくなっているのです。

　ところで右ページ上段の図は、右がヒマワリの稚苗が朝日を受けて東を向いたところ、中央は昼間の姿、左は夕日を受けて西を向いたところですが、さて問題は下段の図です。

　図①は若い苗、図②と図③は開花株、矢印は太陽光で、それぞれ朝と夕方のスケッチです。正しい組み合わせはどれでしょうか。

　図①の組み合わせは、光を受けて転頭運動をしています。図③の組み合わせは、すでに生長を中止しているのに転頭運動が継続中のように描かれていますが、開花中のヒマワリは一方を向いたままのはずです。

　したがって、正しい組み合わせは図①と②の組み合わせです。

　思い出すのは、イタリア北部をバスで走っていたときのこと、目の前にヒマワリ畑が広がりました。何万本もの大輪のヒマワリが、どれもこちらを見つめているようで、不思議な気分になりました。転頭運動をしなくなった花が、いっせいに東を向いていたのです。

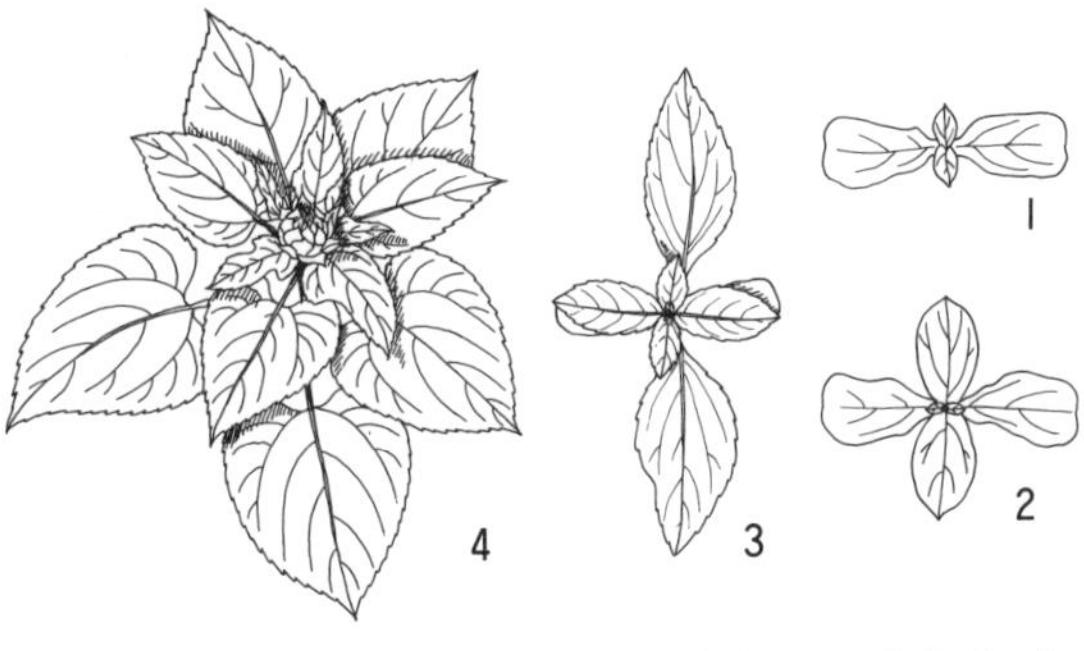


図L　葉序のずれ。1は子葉、2は本葉、3は本葉が4枚、4は花蕾をつけたもので、3、4はずれができた。

　一日中よく日の当たる所にヒマワリの種を蒔《ま》くと、子葉の上に本葉が十字対生に重なって生育します。ところが、半日陰ではその関係がずれすぎるので、十字対生がよくわからなくなります。上の図Lの1と2は、十字対生に伸びたところ。3は生長点の茎自体が右に回りはじめたために、本葉の二枚目から十字対生に乱れが現れ出したところ。4は花蕾をつけたものを上から見たところで、乱れがひどくなり、四～七節ごろから互生に変わります。これはすべての葉に日が当たるようにというか、同化効率を最高に上げるように並んでいるのです。

　なお、この図のヒマワリは右旋性ですが、左旋性のものもあり、その率は半々です。

## 日陰側の細胞が伸びる

　ヒマワリは茎の両側の生長差が著しいので向日反応を示し、日陰側の細胞がよく伸びます。栽培時にはこの差をいっそう大きく出させることが大切で、草丈を長く伸ばすために、土を一五～二〇チ《セン》ぐらい深耕し、元肥《もとごえ》を入れて覆土し、その上に種を蒔くようにします。

## 植物の話題

　若いヒマワリは明るい間、東から西へと太陽を追っていますが、夜中の一二時にはちゃんと東を向いています。まさに習慣化されているといえましょう。

# うそっ!ほんと? ホオズキは対生する葉が不釣り合いです

《正しいスケッチは何番?》

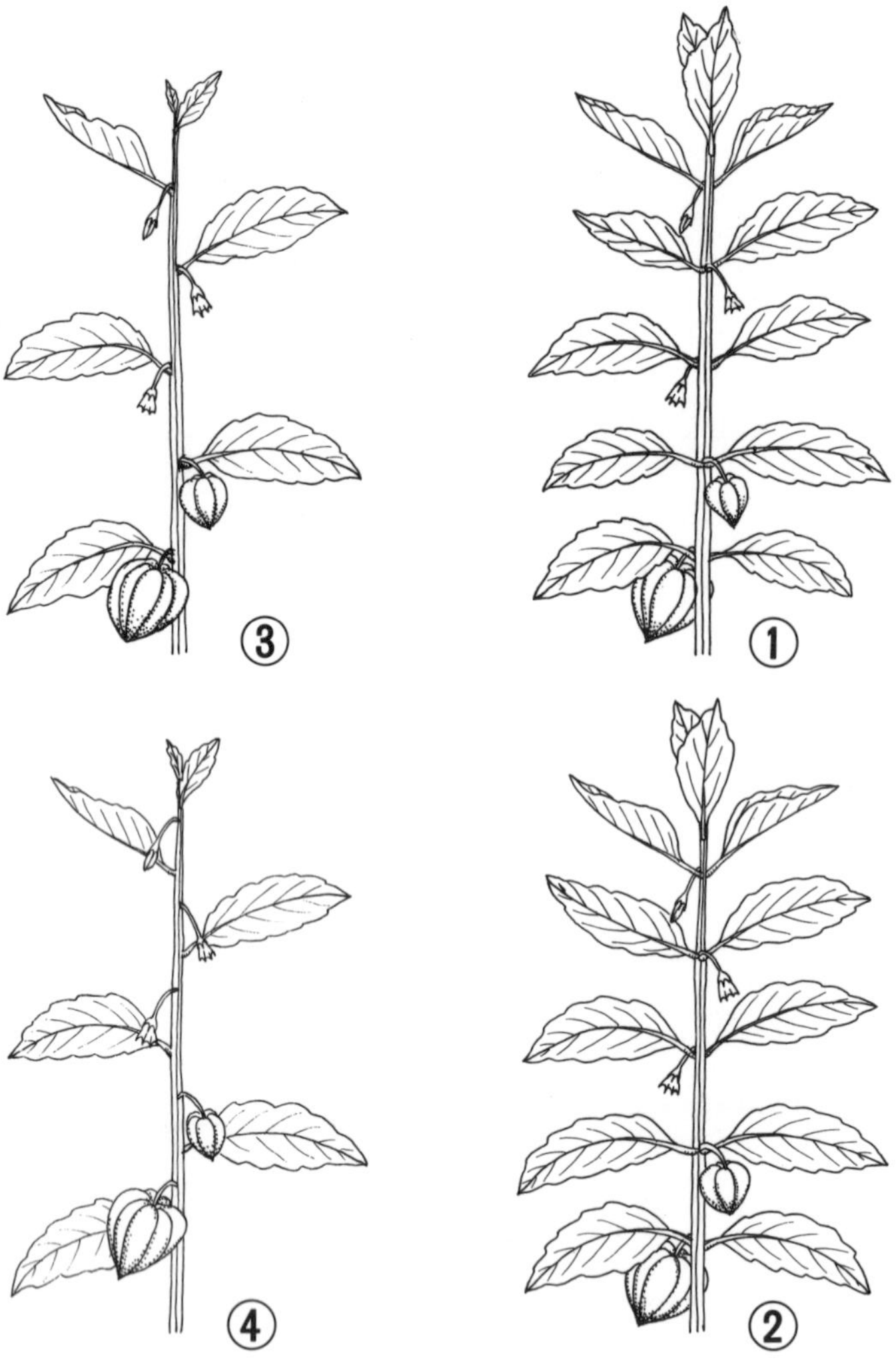


## ホオズキ

ナス科

最近は家庭菜園や貸し農園がさかんで、植えられる植物も多種多様です。和名や科名を知っていると、栽培もうまくいきます。たとえばナスやトマトはもちろん、ピーマンやジャガイモ、ホオズキなどもナス科の植物で、これらは連作を嫌うなどといった予備知識があるのとないのとでは、栽培に大きな差が出てきます。

### 萼が伸びて実を包む

ホオズキは東アジアの原産の多年生草本で、古い時代にわが国に渡来したといわれています。

春の新葉は単葉を互い違いに四、五枚出し、それからあとは二枚の葉が相接するので、一節に葉を二枚ずつ対生しているように見えます。そして、その中央に花をつけ、咲き終わると萼《がく》がどんどん伸びて、ついには実を包んでしまいます。秋になると、その萼が真っ赤に色づいて観賞の対象となります。

## 観察のポイント

ホオズキは高さが六〇～九〇センチで、ほとんど分枝することがありません。

一節に二枚ずつ葉を側出するようになると、それらの葉には必ず大小の差ができてきます。

ホオズキはもともと二叉する葉の遺伝子を持っていて、ある生長をとげるまでは単葉で、それも小さい鱗片《りんぺん》からしだいに大きくなり、あとから出た葉は、初めの葉とは似ても似つかない葉となります。こうした単葉を四、五枚つけると、初めて遺伝子の能力を発揮し、葉柄、葉身が二叉し、その中央に花をつけるようになります。すなわち、若い葉が伸長するとき、若さに働く遺伝子が重なってくると、初めて葉が二叉し、さらに花をつけるようになると考えられていて、これを「二型遺伝」といいます。

正解は図①で、葉に大小があり、二叉した葉柄の中央から花、または実が出ています。図②は葉に大小がなく、図③は単葉なので、ともに間違いです。ホオズキはナス科の植物ですが、図④のように節間から花軸が出るようなことはありません。

## 虫害を防ぐのがコツ

ホオズキは日当たりがよく、やや湿気のある所に育ち、一度植えると地下茎を伸ばしてどんどんふえていきます。

萼を「頬《ほお》」に見立てた名前といい、これによく虫がついてしばしば網目状になります。ときどきマラソンやスミチオンを掛けると、虫害を防ぐことができます。

## 植物の話題

ホオズキは夏、直径約一・五センチのクリーム色の花を下向きに咲かせます。萼は浅く五裂した短い筒状で、花が終わると大きくふくれていきます。萼の生長はかなり早く、花後二日で実を包み、その後、二五日ぐらいで萼は実とともに赤く熟し、実の中には白い小さな種がたくさん入っています。種や実をすっぽりと包み込む萼は、まるで過保護の親のようで、英名はラブ・インナ・ケージ、「箱入り娘」と訳されています。

ホオズキの赤く色づいた萼は、提灯《ちょうちん》のように見えるので「鬼灯」と書き、古名を「アカカガチ」といいます。

江戸時代にはホオズキ売りが流行しました。いまも毎年七月、東京浅草寺《せんそうじ》の四万六千日の縁日には、ホオズキ市が立ち、大勢の参《さん》詣人《けいにん》でにぎわいます。

ホオズキは漢名を「酸漿」といい、地下茎は「酸漿根《サンショウコン》」、または「登呂根《トロコン》」といい、鎮咳や利尿薬にします。

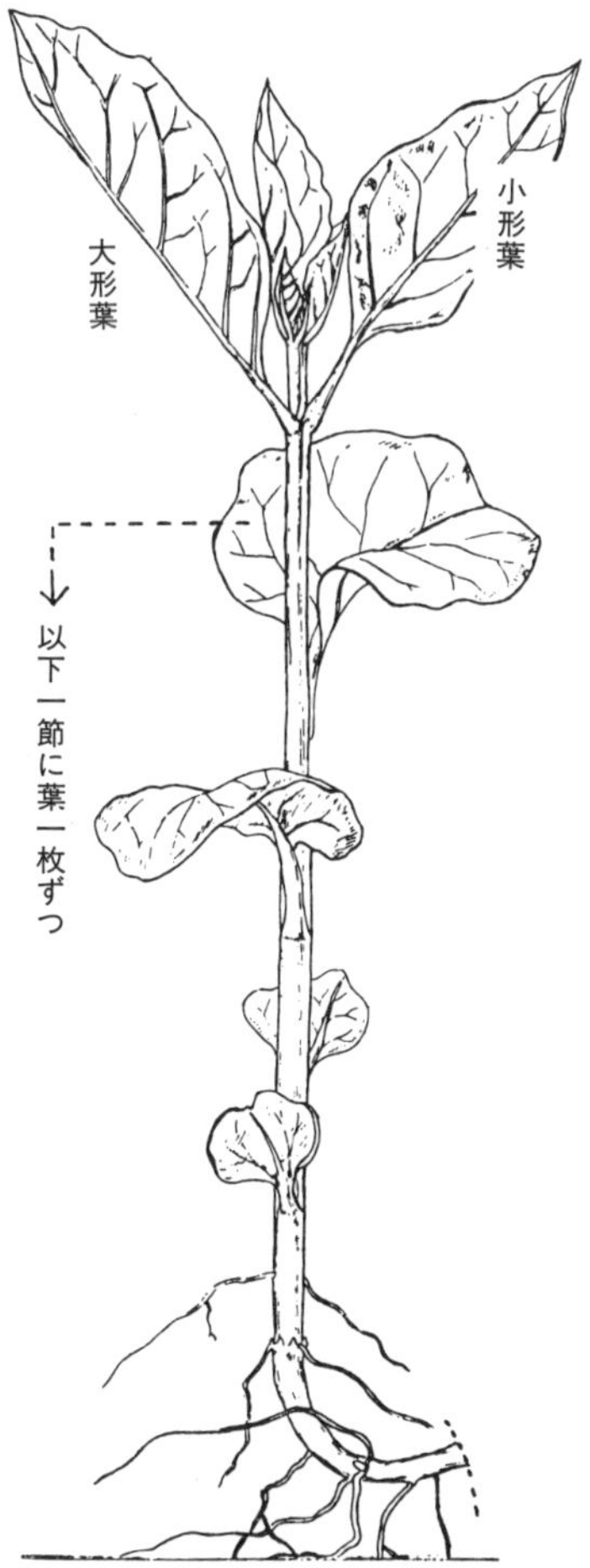

うそっ！ほんと？

# オオバコには主根がありません

《正しいスケッチは何番？》

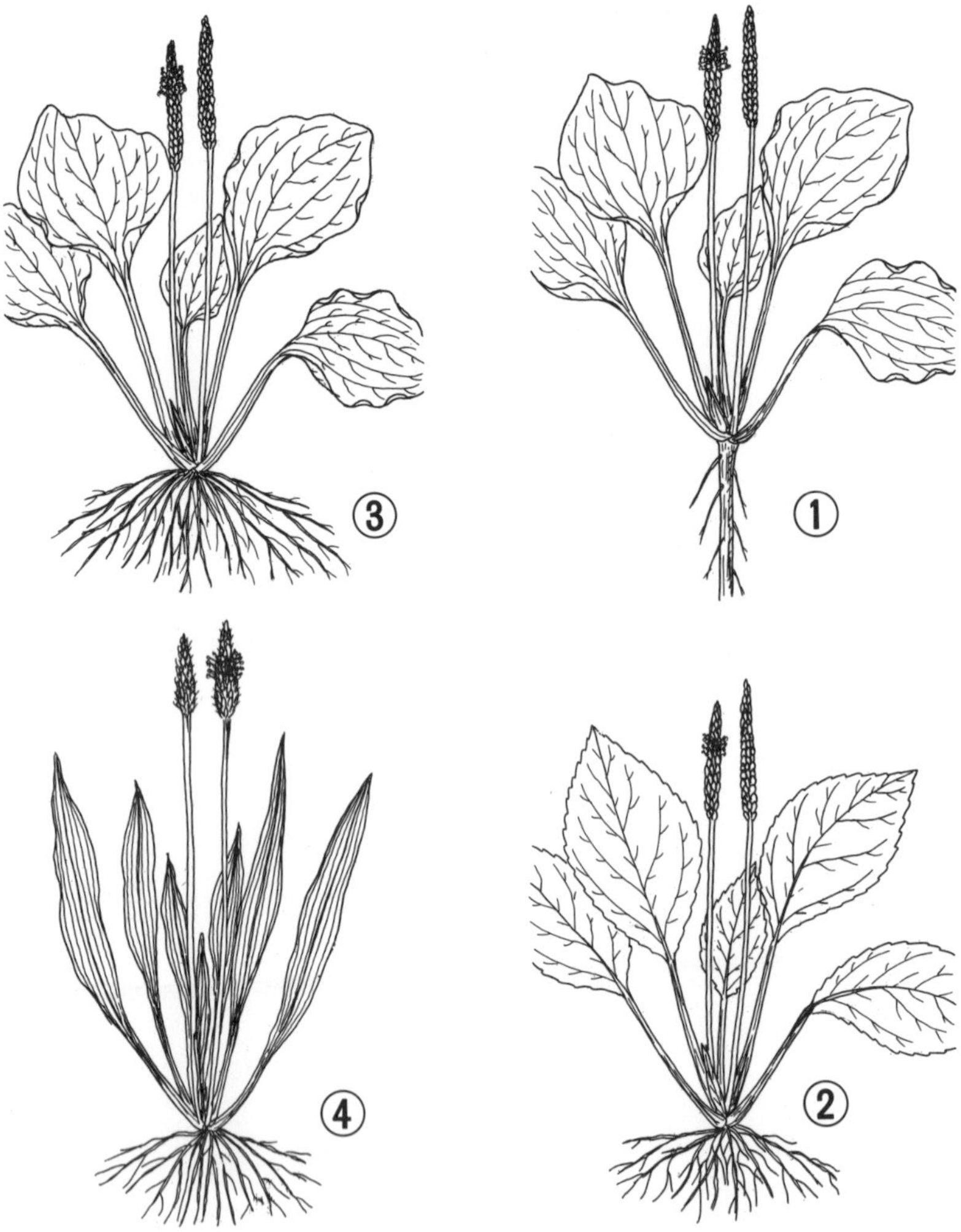


## オオバコ

オオバコ科

オオバコは日本人の足です。この草が生えている所は、それがどんな山奥であっても、人が歩いた道といえます。

山で迷っても、オオバコさえ生えていれば、もう人家が見つかったも同じだと安心できるほどです。というのは、オオバコの種は乾くと硬くなりますが、雨や露などで湿ると粘液が出て、ガマの卵そっくりになります。これが靴の裏などにくっつき、歩くたびに種が運ばれ、ばら蒔《ま》かれるので、あちこちに生えるのです。

このように人類と生活をともにする植物を、「人里植物」といい、オオバコはその代表です。

### 五本の平行脈が特徴

オオバコの葉には長い柄があって、すべて根生です。葉身は大きくて幅が広く、五本の平行脈が走っていて、その間を支脈が網状脈のように埋めています。平行脈と網状脈の中間的な存在です。

春から秋にかけて、葉の間から一〇〜二〇

センチの穂状花序《すいじょう》を出し、多数の小さな花が下から上に向かって次々と咲いていきます。一つの花には四個の萼片《がくへん》と、その下に鱗片《りんぺん》状の苞《ほう》葉《よう》が一個つき、花冠の先は四裂しています。

花は四本のおしべと一本のめしべを持つ両性花ですが、めしべが先に熟す「めしべ先熟花」として知られています。実は熟すと中央部で横に割れ、触れると蓋《ふた》が取れて、中から小さな種がこぼれ落ちます。

オオバコはすべて風媒花で、おしべとめしべが別々に熟すことによって自花受粉を防ぎ、より強健な子孫を残すように努力しているといえましょう。

多くの生物では、自家受精を避けるような仕組みが発達していて、特殊なものを除き、自家受精を避けたものだけが、生存競争に打ち勝つことができるのです。

## 観察のポイント

オオバコは発芽すると、双子葉植物の通性として、一本の根が太くなって土の中に伸びていきます。それを「主根（ゴボウ根）」といい、オオバコも例外ではありません。ところが、どういうわけか、生長しても主根は太くならず、単子葉植物のような細いひげ根ばかり広がっていきます。

図③がオオバコです。葉に五本の平行脈があり、根はひげ根です。根も葉脈も異質で、オオバコは双子葉植物の常道をいかない桁はずれの植物のようです。三本出た花穂《かすい》の右は結実、左は中央上部まで開花中です。

図①は根が違います。北方のエゾオオバコでは主根がよく発達しますが、オオバコではそのようなことはありません。図②は葉が網状脈なので間違いです。図④はヨーロッパ原産のヘラオオバコに似ていますが、ヘラオオバコは図①のような主根を出すので違います。ヘラオオバコは近年、日本各地に広く生えています。

## 変わりものを栽培

オオバコはありふれた雑草ですが、いくつかの園芸品種があります。葉身の発育が不均等なため、一方が短縮してサザエの殻のように巻いて横にねじれたサザエオオバコ、原型からの先祖返りで小型のチャボオオバコ、花穂が三、四本に分かれたヤグラオオバコ、葉に斑《ふ》が入ったフイリオオバコなどがあります。斑入り品はよく売られていますが、夏の暑さにはとくに弱いようです。

## 植物の話題

オオバコの種は、地面や道路などのよく踏み固められた所だけに生えるおもしろい性質があります。漢名を「車前草」、その種を「車前子」といい、漢方ではせき止めや利尿薬にします。粘液に包まれた種が、車輪にくっついて運ばれることからの名前でしょうが、まだ車も通ったことのない道の前に生えるというのは、いかにも中国人らしい命名です。学名のプランタゴも「足跡」に由来するラテン語で、「足の裏で運ぶ」という意味です。いずれも繁殖力や伝播力の強さに注目した名前で、洋の東西を問わず、共通の語源を持つというのは興味深いことです。

オオバコは海抜一〇メートルから数千メートルまで、極めて広い高度範囲で生育が可能です。最近の高地への分布拡大は、登山者の足への種の付着がかなり大きく影響しているようです。通常、山岳地域の植物は、海抜高度によって異なった種がすみ分けるか、同種であっても高山の亜種に変化していることが多いのですが、オオバコはそのような変異をせず、低地から高山帯までの道端に生育しています。どんな所にも順応する、したたかな植物です。

うそっ！ほんと？

# オモトの根と葉は瓜二つです

《正しいスケッチは何番？》

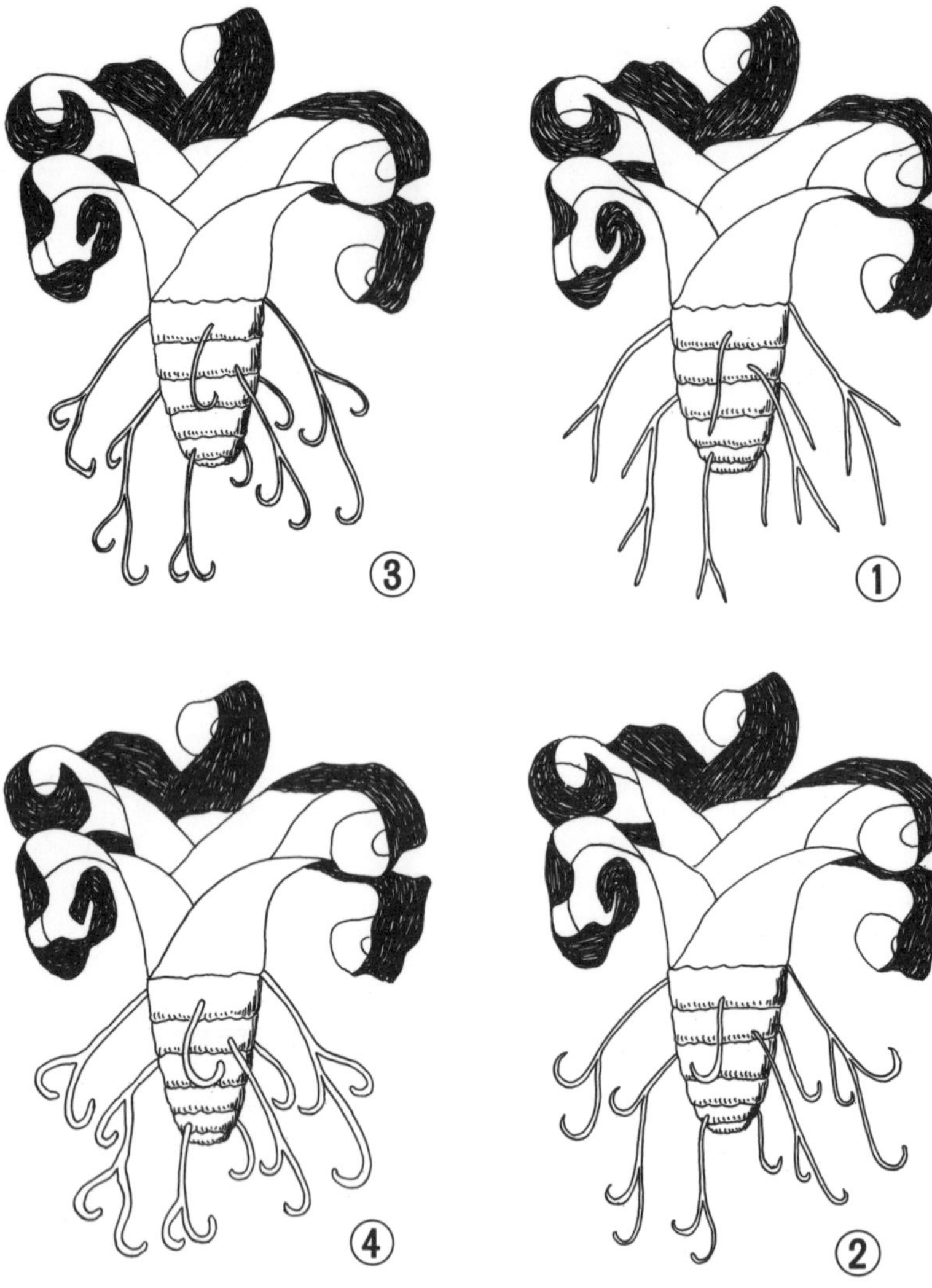


## オモト　ユリ科

古典園芸植物のオモトは、いまも根強い人気があります。変異性に富み、鉢物として手頃なものだけに、昔から投機の対象となって、狂乱的な流行を呼んできました。

オモトがあまりにも高価になったことから、幕府は嘉永五年（一八五二年）に売買の禁止令を出しましたがどこ吹く風、安政六年（一八五九年）には肥後で一四四種の『万年青《オモト》番付け』が出版されたりして、いっそう市場をあおりました。

明治時代に入って再び爆発的な人気を呼び、明治一五年（一八八二年）には『万年青銘鑑』が出版され、「天光竜《テンコウリュウ》」という品種は一本で一万二千円にもなりました。当時、米一升（一・八《リットル》）が八銭で買えたのですから、想像を絶する大金です。あまりの事態に憂慮して、京都府や大阪府では警告を出して鎮静化をはかったということです。

### 重厚さのある緑葉

オモトの葉は年中緑葉で重厚さがあり、さらに実が美しいこともあって、多数の園芸品種が作られています。葉の艶《つや》、縞《しま》の各種、珍しい形態など、すべてに観賞価値が高い植物です。

　葉は根茎から左、右、左、……と交互に抱き合いつつ伸長し、この重なり方は狂うことはないようです。

### 観察のポイント

　オモトのうちの「獅子葉《シシバ》系」は、葉が外側に巻いて獅子が敵にいどみかかる姿に似ています。この葉が外に巻くということは、葉面の表の方が裏面より生長がよいということです。ところが、根にも同じ性質があって、図③の根のように先端が必ず内側に巻きます。考えるまでもなく同一個体だから当然のことで、これが正しいスケッチです。図①の根は真っ直ぐに伸びているし、図②は根の巻き方が逆で、外へ外へと巻いているので、ともに実在しません。図④は根の巻き方は正しいのですが、あまりにも太すぎるので違います。

　図に見られるように、根は二股、二股と、割合規則的に分岐して伸びる性質があり、単子葉植物としては珍しい形態です。このような性質は、イチョウやハスの葉脈、クラマゴケやマツバラン、トウゲシバなどの茎と根にも見られますが、概して化石植物といわれる古い植物に多い形態です。

### 半日陰で排水をよく

　オモトを栽培するときは、半日陰に置いて排水をよくするように努めます。砂が汚れてくるので植え替えは大切で、春と秋の二回行いますが、多忙などの理由で一回のときは必ず秋にします。また、冬の寒気に当てないことや、春はよく灌水《かんすい》をすることなどが育て方のコツです。

### 植物の話題

　オモトをはじめヤブコウジ、マンリョウ、ラン、カンノンチクなどはブームに乗った極端な代表です。これらの鉢栽培はいろいろな品種を植えて、観察眼を伸ばすところにそのおもしろみがあります。ブームを追わない心がけも大切です。

　中国では結婚のとき、花嫁はオモトの鉢植えを持参し、いつまでも若くて初々《ういうい》しくあるようにと永遠の美しさを祈り、花婿はランの花を贈って、このランのように永久に芳しい香りを放つように新鮮であってほしいとの願いを込めます。

　また、墓場には大葉のオモトを植えて、「人生至る所に青山あり」と永遠の安らぎを祈る風習があり、これらの風習は中国だけでなく、日本でも見られます。

　高価なオモトの斑《ふ》にボタン斑というのがあって、葉の真ん中に大きい白斑がつきます。この斑はウイルスの感染によっておこりますが、青い葉の中の真っ白い斑はみごとなものです。このりっぱな白斑は鹿児島県の桑畑や、長野県のリンゴの株もとに置いておくとよくできるといわれていますが、その原因はわかっていません。

　オモト作りで新しい変異（芸という）を一株中におさめると、「一芸十倍」という言葉があるとおり、一つの芸で価格が一〇倍にはね上がります。斑入り、襞《ひだ》などの芸が一〇もあると、もとの何万倍もの価格になります。さらにおもしろいことに、芸の多いものほど小形になります。

　奇形品を楽しむには、冬に温室に入れるとバランスを崩し、よく変わりものが出るので、多芸のものを買うには、春より秋が安定しています。春に買うと、ときに元に戻ってしまうことがあります。

うそっ！ほんと？

# サツマイモの新芽は茎に近い所から出ます

《正しい観察記録は何番？》

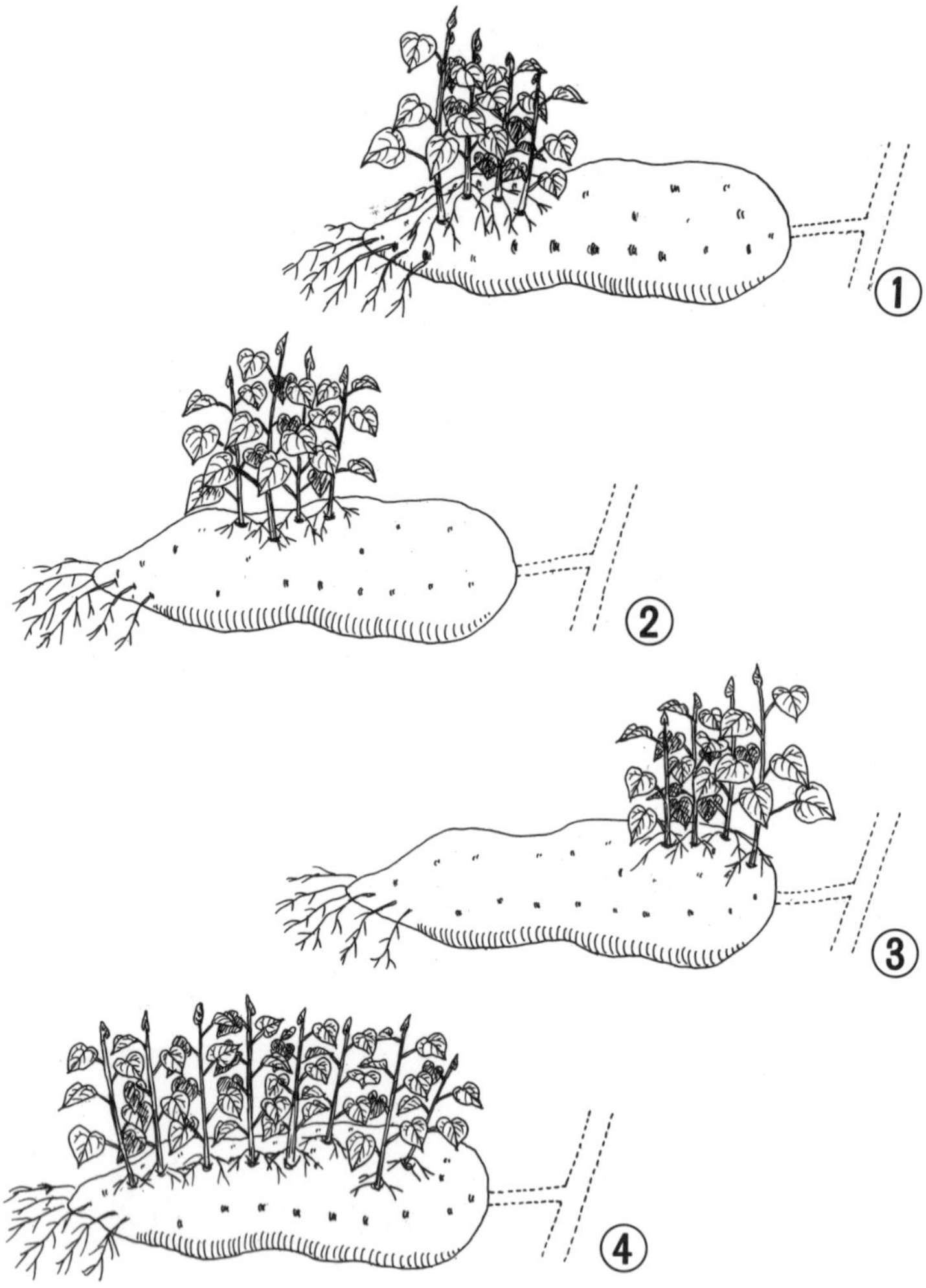


## サツマイモ

ヒルガオ科

近ごろ幼稚園や小学校低学年、家庭などで、サツマイモの鉢栽培がさかんです。幼稚園児に、アサガオの花作りはなかなかむずかしいものですが、サツマイモの葉の栽培はいたって簡単で、ときどき水を与えるだけでよく育ちます。

八月の下旬から九月上旬に市販の芋を求めて鉢に植え、晩秋から机の上に置いておくと、美しい葉が長く鑑賞できます。秋の夜長、読書などで疲れた目と頭の回復のためには、美しい緑が一番効果的です。その緑にサツマイモが選ばれた理由は、栽培が容易だからです。

### 芋は根の肥大したもの

サツマイモは熱帯アメリカの原産で、日本へは一七世紀の初めに琉球を経て九州に伝わり、飢饉や戦争のときには、多くの人々の命を救いました。いまも広く栽培され、大切な食糧であることには変わりありません。

サツマイモの苗を地植えにすると、茎は蔓《つる》状になって二メートル、あるいはもっと長く伸びますが、鉢作りにすると長くても五〇センチ止まりなので、植木鉢の四方に蔓が垂れ下がるように作るとおもしろいです。秋になって気温が低下しても、屋内の電灯の光だけで十分に育ちます。

ひと口に「芋」といっても、由来は種類によって異なります。サツマイモの芋は根、ジャガイモは茎、サトイモは塊茎がそれぞれ肥大したものです。

## 観察のポイント

秋の収穫時にサツマイモの根を見ると、細いもの、少し膨れたもの、食べられるようになった太いものなど、いろいろな段階の芋が連なっています。とくに茎の先端から数えて五、六、七番目の葉の根元に生長ホルモンのオーキシンが最も多く、これらから大きな芋ができやすいようです。

芋は根の肥大したものなので、芋を植えつけたとき、茎から離れた末端部には根が出て、茎に近い所からは芽が出ます。これを「極性」といい、茎に近い所が出芽の場です。「頂芽優勢」に従って、茎に近い先端の芽ほど勢いよく伸びます。

図③は頭、すなわち、茎に近い方から芽が出たもので、先端ほど芽がよく伸びているので正しいスケッチです。だから、芋を逆に立てると腐ってしまいます。

茎に近い芽ほど勢いよく伸びるので、図①、②、④はすべて間違いです。

## 灌水だけでよく育つ

秋にサツマイモを栽培するときは、五、六号鉢に植えます。肥えた土を用い、灌水《かんすい》するだけで施肥の必要はありません。

また、空きびんに水を入れて、頭を上にして立てておいてもよく育ちます。このとき、びんを黒い紙で包んでおくと、いっそう根の発育がよくなります。左図のように芋に二本の箸《はし》を直交させて挿しておくと、安定します。

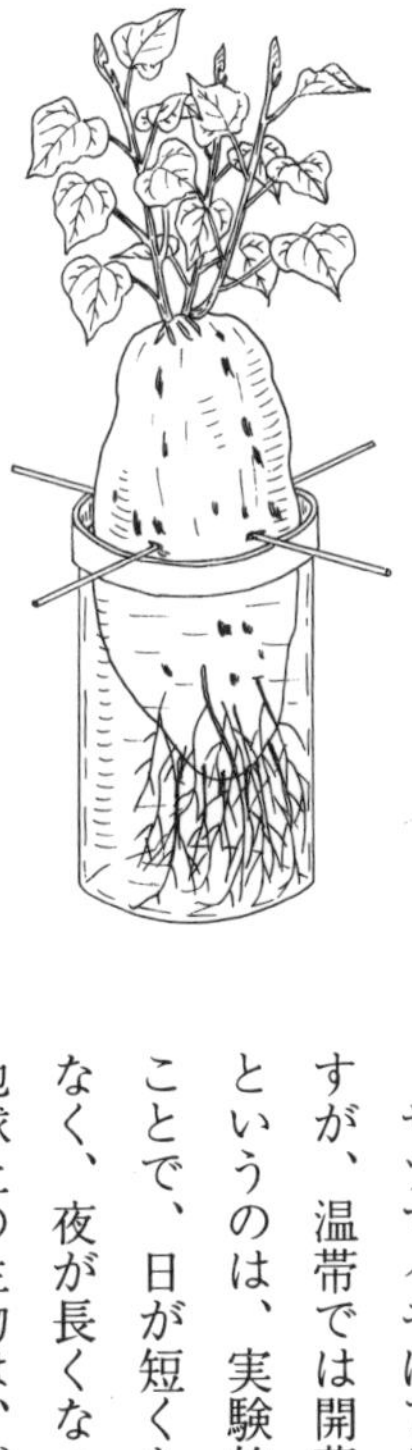

## 植物の話題

市販のサツマイモは俵《たわら》などに入れて貯蔵するので、芋が傷んで頭と尻の見分け方がむずかしいことがあります。そんなときは水中に投入すると、頭の方がわずかに浮くので見当がつきます。

水の中に入れても、個体によって頭と尻の区別がつけにくいものがあります。このときは、おがくずの中に芋を横にして埋めておくと芽が出てくるので、この時点ですぐに植え直すとよいでしょう。

寒さが加わってくると、戸外に置いたままにしておくと霜にやられ、葉が真っ黒になって腐ってしまいます。室内に取り入れて、日中はガラス越しの日光に当ててやるとよく生長し、秋の夜長を美しい緑で楽しむことができます。

サツマイモはアサガオと同様に短日植物ですが、温帯では開花はまれです。「短日植物」というのは、実験的には「夜長植物」ということで、日が短くなったから開花するのではなく、夜が長くなったから開花するのです。地球上の生物は、だいたい明暗の二四時間周期に適応しているので、実験してみないと、本当の性質はわかりにくいものです。

サツマイモは鹿児島県や沖縄県で品種改良が行われています。それはこれらの地方では開花時にも温度が高く、生長がよいからです。

うそっ！ほんと？

# タンポポはゴボウ根を長く伸ばしています

《正しいスケッチは何番？》

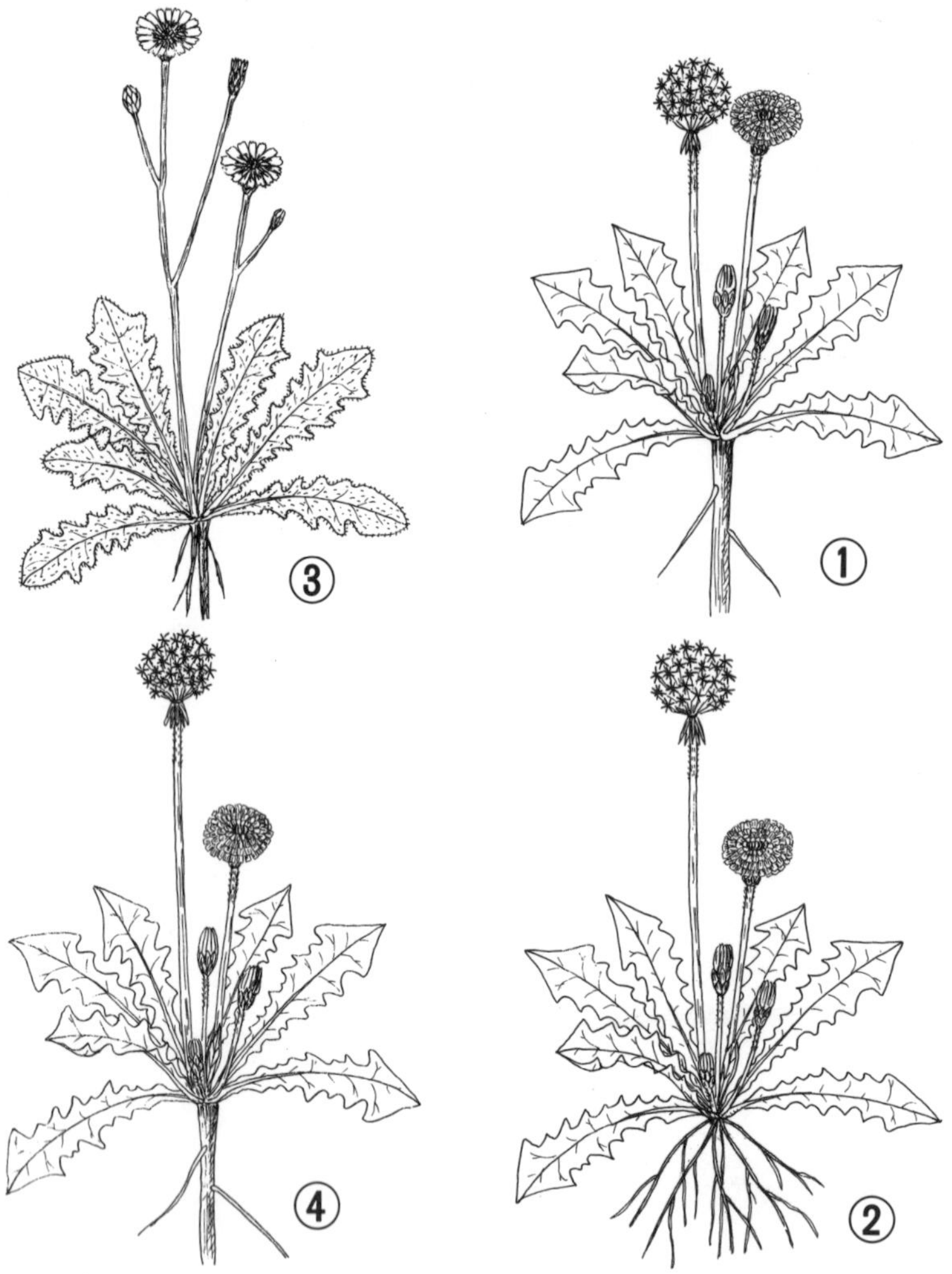


## タンポポ

キク科

タンポポは、一名「ツヅミグサ」ともいいます。花軸を切って水につけると、切り口が反り返って鼓《つづみ》のような形になり、それを打ったときのタン、ポン、ポンの音の連想から、タンポポの名がついたとか、冠毛が綿を丸めたタンポポに似ているからともいいます。

明治時代の初めに欧米から入ったセイヨウタンポポは、いまでは日本中至る所に群がって生え、年中花が咲くので、タンポポはいっそう身近な植物となりました。

### 朝開花して夕方しぼむ

タンポポは多年生草本で、茎が短くて根生葉が放射状に出ています。

根は二〇センチ、あるいはもっと長く伸び、茎的な性質を多分に持っているので、一センチほどに切ってもよく再生します。このとき、根の上部を上にして置いておくと、上の形成層からは芽を、下の形成層からは根を出して一個体を作ります。極性の発達したよい例です。

花は朝の五～六時に開き、夕方の四～六時には閉じてしまいます。すなわち、日光が当たると開き、日没とともに閉じる開閉運動を繰り返しながら花軸は伸び続けます。

花が終わると、果軸とともに子房の柄と毛状の萼《がく》（冠毛）が伸びていきます。ことに果軸は、実が熟れ出すと急に伸びます。この性質は、他の植物では見られないぐらい珍しいことです。そして、冠毛が開いて落下傘のようになって実の運搬をしますが、雨の日には開きません。

## 観察のポイント

「タンポポ」という名はこの仲間の総称で、日本産は約二〇種あり、すべて総苞片《そうほうへん》が頭状花にぴったりとくっついていますが、西洋種は外縁の総苞片が外側に反り返っているので、すぐに見分けられます。

さらに在来種は長日性で春にだけ開花しますが、西洋種は中日性で年中開花しています。

図④が正しいタンポポで、開花を終えて結実すると、花軸はどんどん伸びて開花時の倍以上にもなります。実を飛ばす目的からいうと、最高の方策でしょう。また、太くて長い主根が、一本だけ伸びます。

図①のように開花中のものと、実になったものとが同一の長さになることはありません。図②は、単子葉植物に見られるようなひげ根なので間違いです。図③は帰化植物のブタナです。春から秋まで黄色の花を開くことや、葉の形や大きさ、群がって生えることなどで、タンポポとよく混同されます。

## 植物の話題

近年、タンポポの世界に異変がおきています。日本在来のタンポポと、外国から入ってきたセイヨウタンポポやアカミタンポポとの勢力争いです。市街地を中心に西洋種の侵入が激しさを増し、在来種を制圧する勢いです。この一〇〇年間に西洋種がふえた理由は、年中開花し、虫の介在なしに単為生殖で結実する、すなわちクローン種《だね》であること、一つの頭状花にできる実の数が在来種の五〇～一〇〇個に対して、一五〇～三〇〇個と圧倒的に多いこと、実は軽いので遠くへ飛ばされ、落ちるとすぐに発芽して分布を広げること、市街地のような乾燥した裸地でもよく育つことなどがあげられます。

いい換えれば、虫もいない、乾燥した悪環境では、在来種のタンポポは生育できないということです。この両者の関係を調べることは、自然がどの程度残っているかというバロメーターになります。

最近、各地で「タンポポ調査」が行われています。在来種と西洋種の分布状況を繰り返し観察調査することによって環境の変化がわかり、それを知ることはよりよい環境作りに役立つはずです。自然を残した環境は、在来のタンポポばかりでなく、私たちにとっても住みよい環境です。タンポポ調査は人と自然の関わりを考えるよい機会といえましょう。

ところが、平成一四年の環境省の自然環境保全基礎調査によると、西洋種といわれてきたものの八割以上が、在来種との雑種で、それも全国的に広がっているとか。外観はセイヨウタンポポでも、いまやほとんどが雑種ということです。

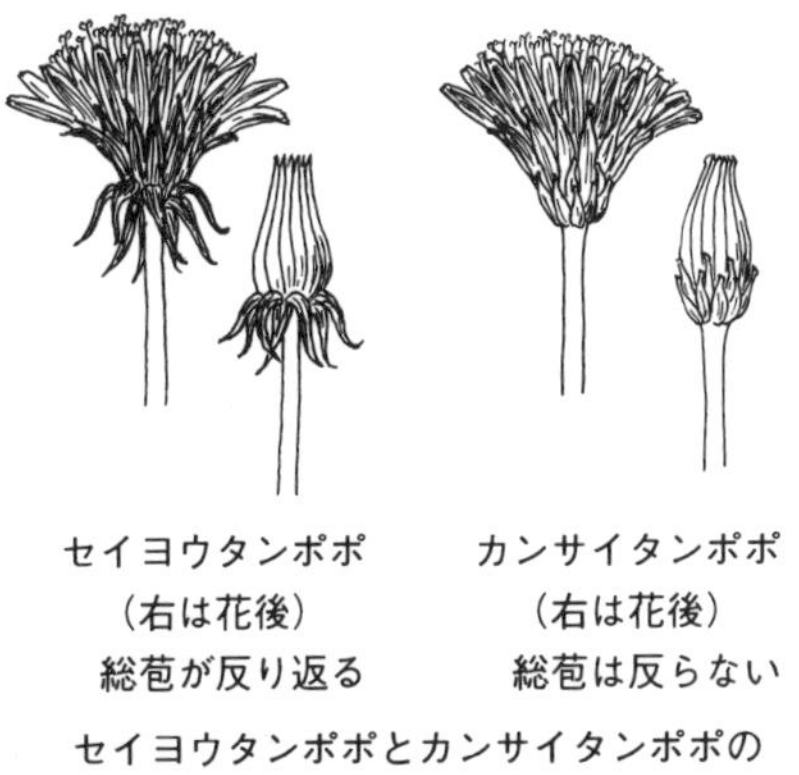

セイヨウタンポポ（右は花後）総苞が反り返る　　カンサイタンポポ（右は花後）総苞は反らない

セイヨウタンポポとカンサイタンポポの見分け方

# さくいん

著者紹介

**室井　綽**（むろい・ひろし）

1914 年，兵庫県赤穂に生まれる．1938 年，盛岡高等農林学校（現，岩手大学農学部）卒業．1962 年，農学博士（北海道大学）．現在，富士竹類植物園長，兵庫県生物学会名誉会長，姫路学院女子短期大学名誉教授．研究分野は，竹の分類，植物の生態．

**【著書】**『タケ類・特性観賞栽培』（1963 年，加島書店），『竹』（1973 年，法政大学出版局），『タケ・ササ』（1977 年，日本放送出版協会），『竹・笹の話』（1979 年，北隆館），『図解動物観察事典』（共著，1982 年，地人書館），『図解植物観察事典』（共著，1982 年，地人書館），『竹を知る本』（1987 年，地人書館），『竹の世界 Part 1，2』（1993 年，1994 年，地人書館），その他．

**清水美重子**（しみず・みえこ）

1949 年，大阪市に生まれる．子供のときに東京，京都，松江，奈良，神戸などに移り住むうち，それらの土地の植物に興味をもつ．現在，兵庫県自然環境保全審議会委員，兵庫県生物学会顧問，朝日カルチャーセンター（大阪，芦屋，川西）講師，ＮＨＫ文化センター（大阪，神戸）講師，神戸新聞文化センター講師，協同学苑講師，緑花文化士．

**【著書】**『六甲山の花』（共著，1981 年，神戸新聞出版センター），『六甲の自然』（共著，1982 年，神戸新聞出版センター），『知恵の食物学』（共著，1985 年，地人書館），『知恵の調理学』（共著，1985 年，地人書館），『ひょうご暮らしの歳時記（春～冬）』（共著，1985 ～ 1988 年，神戸新聞出版センター），『生きている武庫川』（1996 年），『生きている猪名川』（1999 年），『生きている揖保川』（2001 年），（以上，共編，野生生物を調査研究する会），その他．

**ほんとの植物観察　1**

2003 年 5 月 20 日　初版第 1 刷
2009 年 9 月 20 日　初版第 3 刷

著　者　室井　綽
　　　　清水美重子
発行者　上條　宰
印刷所　平河工業社
製本所　イマヰ製本

発 行 所　株式会社　**地人書館**
〒 162-0835　東京都新宿区中町 15 番地
電　話　03-3235-4422
ＦＡＸ　03-3235-8984
郵便振替　00160-6-1532
URL　http://www.chijinshokan.co.jp
e-mail　chijinshokan@nifty.com


ISBN978-4-8052-0712-3 C0045